精品系列教材

Foundations of Computer
Network Technology

计算机
网络基础

微课版

唐继勇 龙兴旺 ◉主编

刘桐 刘思伶 孙梦娜 杨玉迪 ◉副主编

人民邮电出版社
北京

图书在版编目（CIP）数据

计算机网络基础 ：微课版 / 唐继勇，龙兴旺主编
. -- 北京 ：人民邮电出版社，2024.7
名校名师精品系列教材
ISBN 978-7-115-63917-2

Ⅰ．①计… Ⅱ．①唐… ②龙… Ⅲ．①计算机网络－
高等学校－教材 Ⅳ．①TP393

中国国家版本馆CIP数据核字（2024）第049992号

内 容 提 要

本书摒弃传统计算机网络教材以层次为线索的组织方式，采用针对具体应用的组织方式。全书共
6 个模块，分别是走进网络精彩世界——计算机网络概述、规划网络宏伟蓝图——网络体系结构、构
筑网络高速公路——数据通信基础、构建网络共享平台——局域网技术、扩展网络立体空间——网络
互联技术，以及续写网络美丽篇章——Internet 的应用。各模块的名称与实际应用相结合，可以使读者
直观地感受网络技术。各模块均包含若干动手实践环节，便于读者操作并提升相关技能。同时，本书
还配有丰富且优质的教学资源，供读者使用。

本书可作为高等院校计算机网络技术专业及相关专业计算机网络基础课程的教材，也可作为各类
培训班、计算机从业人员和计算机网络爱好者的参考用书。

◆ 主　　编　唐继勇　龙兴旺
　　副主编　刘 桐　刘思伶　孙梦娜　杨玉迪
　　责任编辑　顾梦宇
　　责任印制　王 郁　焦志炜
◆ 人民邮电出版社出版发行　　北京市丰台区成寿寺路 11 号
　　邮编　100164　电子邮件　315@ptpress.com.cn
　　网址　https://www.ptpress.com.cn
　　保定市中画美凯印刷有限公司印刷
◆ 开本：787×1092　1/16
　　印张：15　　　　　　　　　　　2024 年 7 月第 1 版
　　字数：442 千字　　　　　　　2024 年 7 月河北第 1 次印刷

定价：59.80 元

读者服务热线：(010)81055256　印装质量热线：(010)81055316
反盗版热线：(010)81055315
广告经营许可证：京东市监广登字 20170147 号

　　党的二十大报告提出：坚持把发展经济的着力点放在实体经济上，推进新型工业化，加快建设制造强国、质量强国、航天强国、交通强国、网络强国、数字中国。2024 年，是网络强国战略目标提出 10 周年，也是我国全功能接入国际互联网 30 周年。今天，计算机网络与各个行业有机融合，新产业、新技术、新业态不断涌现，计算机网络也迎来了更加广阔的发展空间。与此同时，社会对计算机网络人才的需求也越来越迫切。我国要实现从"网络大国"到"网络强国"的飞跃，人才是关键，教育又是人才培养的关键，计算机网络基础课程在网络人才的教育中发挥着重要作用，它已成为计算机类专业及相关专业的学生必须掌握的基础知识，同时是广大从事计算机应用和信息管理的人员应该掌握的基本知识。

　　本书的编写团队进行课程研究的同时，还探索出一种让课程素养新理念"进教材、进课堂、进头脑"的教学思路，以全面贯彻党的教育方针，落实立德树人根本任务，培养德智体美劳全面发展的社会主义建设者和接班人。本书在编写过程中体现了以下 4 个特色。

　　（1）校企双元开发，贯彻职业教育人才培养要求。计算机网络基础是一门基础课程，教材内容应面向真实岗位又高于岗位需求。因此，本书在对相关行业动态和企业用人需求充分调研的基础上，由一线职业教育教师教学团队和知名网络技术相关企业的专家组成教材编写团队，共同将新技术、新工艺、新规范融入教材内容，保证教材内容的高质量和前沿性。

　　（2）创新编写体例，符合学生认知学习规律。本书采用模块化的编写结构，符合学生的认知规律和学习规律。编者通过用网络知识的"真"，务岗位需求的"实"，探网络发展的"新"，赏网络技术的"美"，进而重构了 6 个模块。另外，每个模块规划了多项教学主题，将每项教学主题作为授课单元，授课教师可根据教学时长、专业方向和学生的学习兴趣进行个性化教学，满足不同专业学习计算机网络基础课程的多元化需要。

　　（3）融入学思元素，落实立德树人根本任务。本书的编写团队从计算机网络概念内涵和技术演进角度，聚焦中华优秀传统文化传承和思辨思维养成的主线，在书中用多种方式融入学思元素，以期提高学生的信息素质和专业素养，引导学生从中华优秀传统文化的高度去认识网络，在帮助学生掌握计算机网络技术相关知识的同时，引导其树立正确的价值观和职业观。

（4）创新教材形态，课前课中课后一体化。本书设计了"学习目标""课前评估""动手实践""课后检测""拓展提高"等教学指导环节。同时，本书编写团队倾力打造了丰富、实用的教学资源，建立了线上与线下学习结合、理论学习与实践学习一体、自学与自测兼备的多元学习资源，力图构建"以学为中心"的教学模式。编写团队对与本书同步的课程标准、电子课件、电子教案、实践安排及课后检测等部分也进行了模块化处理和内容优化，进一步体现本书在应用上的整体价值。

本书由重庆电子科技职业大学唐继勇、龙兴旺任主编，刘桐、刘思伶、孙梦娜和四川鼎盛无际网络科技有限公司杨玉迪任副主编。其中，模块 1 由龙兴旺编写，模块 2 由刘思伶编写，模块 3 由孙梦娜编写，模块 4 由唐继勇编写，模块 5 由杨玉迪编写，模块 6 由刘桐编写。

限于编者水平，书中难免存在不妥之处，恳请广大读者不吝赐教，以便编者对本书进行修正。编者联系方式：402316186@qq.com。

编　者

2024 年 2 月

目 录

目 录

模块

6 续写网络美丽篇章
——Internet 的应用 **198**

学习情景 198

模块1
走进网络精彩世界——
计算机网络概述

01

学习情景

有人说："没有联网的计算机只不过是一座无用的信息孤岛。"可见计算机网络（Computer Network）在信息社会中具有举足轻重的作用。计算机网络的发展经历了从低级到高级、从简单到复杂、从地区到全球的过程，"网络才是计算机"已经变成现实，网络彻底颠覆了人们的生活、工作和学习方式。当然，如果读者有志成为网络从业者中的一员，对网络的了解就不应该仅仅停留在它的应用层面。要想通过网络来满足我们的需求，必须掌握计算机网络背后的技术原理。对于毫无技术背景但同时期待在这个行业施展拳脚的人来说，难免需要经历一个从无到有的积累过程。

学习提示

本模块是总领全书的一个概述性章节，思维导图如图1-1所示，分为4个主题，即认识计算机网络、计算机网络的表示、计算机网络的组成和分类，以及计算机网络的发展和趋势，帮助读者对当下的热点概念建立认识，把握网络行业技术发展的脉搏。

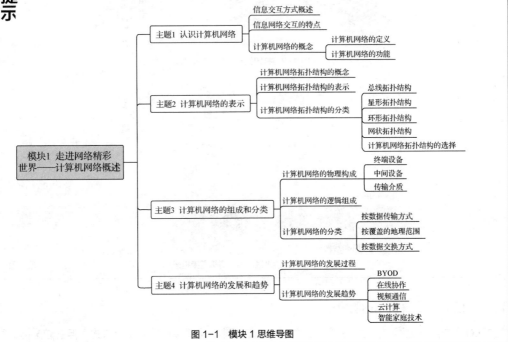

图1-1　模块1思维导图

2

主题1 认识计算机网络

学习目标

通过本主题的学习达到以下目标。

知识目标

◎ 了解信息网络交互与社会发展之间的关系。

◎ 理解计算机网络的定义。

◎ 掌握计算机网络的主要功能。

技能目标

◎ 能够使用计算机网络学习与工作。

◎ 能够描述计算机网络的通用定义。

素质目标

◎ 从计算机网络概念的角度，引导学生认识网络蕴含的优秀传统文化思想。

◎ 从计算机网络应用的角度，引导学生认识计算机网络对于人类社会的重要性，引导学生认同自己的社会身份，肩负相应的社会责任。

课前评估

在百度搜索引擎中搜索"计算机网络"，了解计算机网络的相关定义，判断图1-2和图1-3中哪一幅图反映了计算机网络的概念。IBM兼容机是指与IBM的个人计算机（Personal Computer，PC）兼容的计算机。

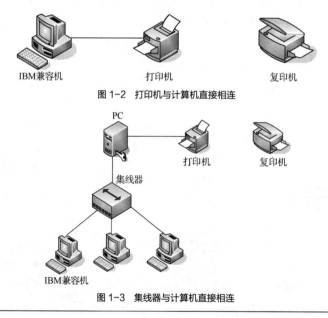

IBM兼容机　　　　打印机　　　　复印机

图1-2　打印机与计算机直接相连

图1-3　集线器与计算机直接相连

1.1 信息交互方式概述

在社会发展的进程中，语言交互是人类最早、最基本、最直接的信息交互方式，但它较难描述复杂的事情和抽象的问题，文字和印刷术的出现弥补了这一空缺，大大促进了社会进步。传统文字信息交互主要通过书店、图书馆、邮政等实现，具有信息量大，能够系统记载和传承，易于传递、学习和共享的优点，但实时性差，难以有效地和计算机、工业自动化等结合起来。

现在，我们生活在信息网络中，信息交互方式不但种类多，而且对社会发展所带来的影响更加深刻。我们熟知的互联网就是信息社会中最重要的信息交互方式。据统计，80%以上的人通过互联网浏览新闻或者收集信息；40%以上的人经常通过电子邮件或搜索引擎来交互信息；90%以上的人在工作和学习中依赖互联网。很多行业已经被互联网深刻地改变了，如网上支付让现金在一些地区使用的比例逐渐减小，电子商务和网上购物已经对传统购物方式产生了压倒性影响，开展世界范围内的网络直播会议变得容易等。信息网络不仅改变了现代社会的工作与生活方式，还产生了新的社会组织形态、商业模式和人际交流模式。

1.2　信息网络交互的特点

网络中能够传输或存储的可识别数字符号统称为数据（Data）。全世界数据容量以每两年翻一番的速度递增，不同类型数据的展现形式不同，常见的展现形式有文字、语音、图像、视频等。现代社会需要广泛解决生产、服务的协同处理问题，如电子商务的营销、物流、支付，政府服务，交通控制，工业控制等。不难发现，信息交互（Information Interaction）不仅发生在人的身边，还深入到了社会的各个角落。同时，信息交互的对象不限于人与人之间，还可以发生在人与物之间，甚至物与物之间。信息交互要求有很高的时效性，如果重大事件的新闻要到第二天才能看到，那么传播这条新闻就没有太大价值。另外，信息交互不光涉及个人隐私的问题，还会涉及国家安全的问题，所以信息交互对安全性也有很高的要求。从方式上看，信息交互呈现多样性的特点，如有一对一（单播，Unicast）、一对多（多播，Multicast）、一对所有（广播，Broadcast）和多对多等形式。

1.3　计算机网络的概念

从前面的讨论可知，网络是信息社会中信息交互和应用的重要基础。这里的网络通常是指有线电视网、公用电话网和计算机网络，其中发展最快并起核心作用的是计算机网络。

微课

微课 1.1

1.3.1　计算机网络的定义

计算机网络不但与信息通信技术和计算机技术紧密相关，还和数学、物理学、社会学等有关联。到现在为止，计算机网络的精确定义并未统一，目前普遍可以接受的定义如下：计算机网络是以资源共享为目的、自治、互联的计算机系统的集合（Set）。这个定义从计算机网络实现的互联目的、联网对象和操作方法 3 个角度描述了计算机网络的基本特征。现实生活中的计算机网络示意图如图 1-4 所示。

图 1-4　现实生活中的计算机网络示意图

1.　互联目的

组建计算机网络的目的是实现资源共享和信息交互。对计算机网络而言，资源所在的计算机系统对用户是不透明的，当用户访问网络中某个计算机系统资源时，需要明确指定该计算机系统；在分布式系统中则是根据计算任务的需求，自动调度系统中的计算资源，这一过程对用户而言是透明的。从这里可以看出，计算机网络和分布式系统之间是有区别的。

互连和互联是计算机网络教学中会经常涉及的两个术语，它们之间是有区别的。互连（Interconnection）强调的是计算机与计算机、计算机与交换机、计算机与路由器等设备之间的物理连接；互联（Internetworking）则更加强调计算机之间在互连、互通基础上，能够实现互操作（Interoperation）。

2. 联网对象

计算机网络是由计算机、服务器、工作站等联网对象构成的自治系统。自治系统是指能够独立工作并提供服务的系统。需要注意的是，一台计算机和利用该计算机的接口连接多台外设组成的系统不能称为计算机网络，因为外设的工作必须在计算机的控制下才能提供服务。但如果这些外设是网络设备，如网络打印机，则该系统可称为计算机网络。

3. 操作方法

计算机网络使用合适的操作方法，通过传输介质将联网对象和传输设备连接起来，由功能完善的网络协议、网络操作系统等将其有机地联系到一起，才能实现计算机之间的通信。

计算机网络可以被理解为（　　　）。

A. 执行计算机数据处理的软件模块

B. 自治的计算机互联起来的集合体

C. 多个处理器通过共享内存实现的紧耦合系统

D. 用于共同完成一项任务的分布式系统

1.3.2　计算机网络的功能

时至今日，计算机网络的应用领域越来越广泛，计算机网络的功能也不断扩展，不再局限于资源共享和数据通信。计算机网络的功能可概括为以下 5 个方面，其主要功能示意图如图 1-5 所示。

微课

微课 1.2

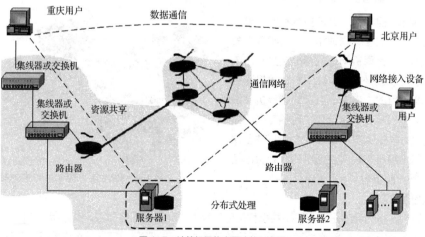

图 1-5　计算机网络主要功能示意图

1. 数据通信

数据通信（Data Communication）是计算机网络最基本的功能之一，如通过网络发送电子邮件、发短信、聊天、进行远程登录及开展视频会议等。

2. 资源共享

资源共享（Resource Sharing）是计算机网络的核心功能，计算机网络能使网络资源得到充分利用，这些资源包括硬件资源、软件资源、数据资源和信道资源等。

3. 分布式处理

分布式处理（Distributed Processing）是指将要处理的任务分散到各台计算机上运行，而不是集中在一台大型计算机上，这样不仅可以降低软件设计的复杂性，还可以大大提高工作效率和降低成本。

4. 集中管理

对地理位置分散的组织和部门，可通过计算机网络来实现数据的集中管理（Centralized Management），如数据库情报检索系统、交通运输部门的订票系统、军事指挥系统等。

5. 负载均衡

负载均衡（Load Balancing）是指当网络中某台计算机的任务负荷太重时，可通过网络和应用程序的控制及管理，将任务负荷分散到网络中的其他计算机中，由多台计算机共同完成。

动手实践

研究网络协作工具

网络协作工具使人们能经济、高效地协同工作，而不受地域或时区的限制。

1. 网络协作工具

网络协作工具包括文档共享软件、网络会议软件等。

（1）列出两种以上目前在使用的网络协作工具。

（2）列出至少两个使用网络协作工具的原因。

2. 腾讯文档

腾讯文档是一款可多人同时编辑文档的工具，支持在线Word、Excel、PPT/PDF等多种类型的文件收集，可以在PC端、移动端等多类设备上随时随地查看和修改文档，打开网页就能查看和编辑文档，并可在云端实时保存文档，权限安全可控。

（1）新建一个通讯录Excel文档，允许班级所有学生同时编辑该文档。

（2）新建一个Word文档，只允许某个人在线编辑该文档，且有版权保护。

3. 以人为本

以人为本的网络重点关注网络对个人和企业的影响。网络技术进步或许是当今世界最重要的变革，在这些技术进步所创造的世界里，物理限制越来越小，障碍也越来越小。网络改变了社会、商业和人际交往的方式，网络通信的即时性促进了全球社区的形成，而全球社区又进一步推动了不同地域或时区人们之间的社会互动。

请谈谈以人为本的网络对人们产生的影响。

课后检测

一、填空题

1. 信息网络交互的对象是_____、_____和_____。

2. 信息网络交互的方式有_____、_____和_____。

3. 计算机网络的基本功能是_____，核心功能是_____。

4. 常见的三类网络是指_____、_____和_____。

二、选择题

1. 下列属于计算机网络最主要的特点的是（　　）。

　　A. 精度高　　　　　　B. 共享资源　　　　　　C. 运算速度快　　　　D. 存储量大

2. 下列不属于计算机网络主要功能的是（　　）。

　　A. 资源共享　　　　　B. 信息传递　　　　　　C. 分布式处理　　　　D. 电子公告板

3. 在处理神舟飞船升空及飞行这一问题时，网络中的所有计算机都协作完成一部分的数据处理任务，体现了计算机网络的（　　）功能。

　　A. 数据通信　　　　　B. 资源共享　　　　　　C. 分布式处理　　　　D. 负载均衡

4. 教师将资料发布在个人博客上，学生可以阅读和下载，这体现了计算机网络的（　　）功能。

　　A. 数据通信　　　　　B. 资源共享　　　　　　C. 分布式处理　　　　D. 负载均衡

5. 某同学经常通过 QQ 和远方的朋友交流，这体现了计算机网络的（　　）功能。

　　A. 数据通信　　　　　B. 资源共享　　　　　　C. 分布式处理　　　　D. 负载均衡

6. 计算机网络中实现互联的计算机之间的工作关系是（　　）。

　　A. 相互独立　　　　B. 并行　　　　　　　　C. 相互制约　　　　　D. 串行

三、判断题

1. 计算机网络和分布式系统没有区别，等同于一个概念。（　　　）

2. 由计算机和打印机构成的系统是一个计算机网络。（　　　）

四、简答题

请简述计算机网络的定义。

五、重要词汇（英译汉）

1. Computer Network　　　　　（　　　　　　　　）

2. Data Communication　　　　（　　　　　　　　）

3. Resource Sharing　　　　　（　　　　　　　　）

4. Interconnection　　　　　　（　　　　　　　　）

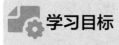

主题 2　计算机网络的表示

学习目标

通过本主题的学习达到以下目标。

知识目标

◉ 了解计算机网络拓扑结构的概念。

◉ 掌握计算机网络的表示方式。

◉ 掌握常见计算机网络拓扑结构的特点。

技能目标

◉ 能够正确使用网络符号来表示计算机网络拓扑结构图。

◉ 能够使用常见绘图工具绘制计算机网络拓扑结构图。

素质目标

◉ 未来的网络需要更灵活、更快捷的网络拓扑结构，从抽象的计算机网络拓扑结构变化形式，引导学生认识"肯定-否定-否定之否定"的规律。

🔍 课前评估

1. "点"与"线"之间的关系如图 1-6 所示。把研究的实体抽象成与其大小、形状无关的"点"，实体之间的连接抽象成"线"，从几何结构上看，图 1-6 反映了哪几种几何形状？从连接关系上看，图 1-6 还能反映其他几何形状吗？为什么？

图 1-6 "点"与"线"之间的关系

2. N 个"点"的连接关系如图 1-7 所示。如果把网络中的研究实体，如计算机，视为"点"，把连接实体的传输介质视为"线"，则在图 1-7 由 N 个"点"构成的结构图中，分别有多少条"线"？

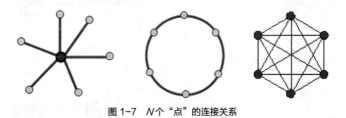

图 1-7 N 个"点"的连接关系

1.4 计算机网络拓扑结构的概念

把计算机网络中的终端设备（Terminal Device）和中间设备（Intermediate Equipment）抽象为"点"，把传输介质（Transmission Media）抽象为"线"，由"点"和"线"组成的能反映设备之间连接关系的几何图形称为计算机网络拓扑结构（Computer Network Topology）。

微课

微课 1.3

计算机网络的拓扑结构影响着整个网络的设计、功能、可靠性和通信费用等，是研究计算机网络的主要环节之一。在构建网络时，计算机网络拓扑结构往往是首先要考虑的因素之一。

1.5 计算机网络拓扑结构的表示

网络图通常使用符号来表示构成网络的不同设备和连接，可以让人们轻松了解大型网络中设备的连接方式，这种网络图被称为"计算机网络拓扑图"。常用计算机网络设备或连接的图标如图 1-8 所示。在图 1-8 中，DSLAM（Digital Subscriber Line Access Multiplexer）为数字用户线路接入复用器，CSU/DSU（Channel Service Unit/Data Service Unit）为通道服务单元/数据服务单元。

计算机网络拓扑图有两种类型，即物理拓扑图和逻辑拓扑图。物理拓扑图用于识别网络设备和传输介质安装的物理位置，如图 1-9 所示；逻辑拓扑图用于识别设备、接口（Interface）和编址方案，如图 1-10 所示。要形象直观地表现网络的组织和工作方式，必须具备识别物理网络组件的逻辑表示方式的能力。

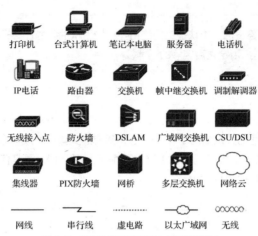

图 1-8　常用计算机网络设备或连接的图标

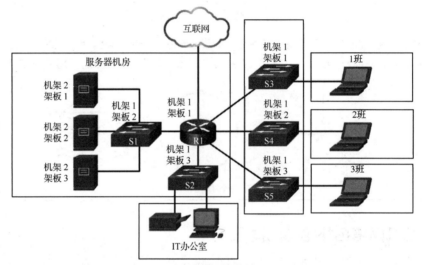

图 1-9　物理拓扑图

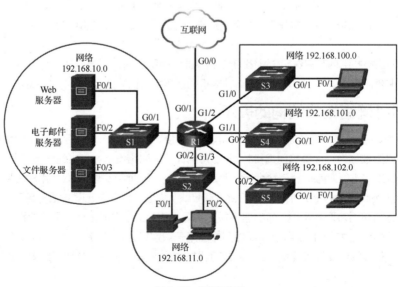

图 1-10　逻辑拓扑图

8

1.6 计算机网络拓扑结构的分类

不同类型的网络需要采用不同的计算机网络拓扑结构,因此计算机网络拓扑结构是组建网络首先要考虑的因素之一。根据设备之间连接方式的不同,计算机网络拓扑结构可以分为总线、星形、环形和网状等。这些拓扑结构各有利弊,在不同时期、不同场景下的计算机网络组建中都有各自的用途。

微课

微课 1.4

学思素材

1.6.1 总线拓扑结构

总线拓扑(Bus Topology)结构将所有计算机都接入同一条通信线路(即传输总线),如图 1-11 所示。计算机之间按广播方式进行通信,每台计算机都能接收总线上传输的信息,但同一时刻只允许一台计算机发送信息。

总线拓扑结构的主要优点是成本较低、布线简单、增加/删除计算机节点容易,因此在早期的以太网组建中得到了广泛应用。其主要缺点是总线是共享的,容易引起冲突,造成传输失败;如果计算机数量过多,则会降低网络传输的速率。

图 1-11 总线拓扑结构

1.6.2 星形拓扑结构

星形拓扑(Star Topology)结构需要一台中心设备,各台计算机通过单独的通信线路直接连接中心设备,如图 1-12 所示。计算机之间不能直接进行通信,必须由中心设备转发。

星形拓扑结构的主要优点是结构简单、组网容易、控制方便,计算机故障影响范围小且容易检测和排除。其主要缺点是通信线路数量多、利用率低;中心设备是全网可靠性的瓶颈,如果中心设备出现故障,则整个网络的通信都会瘫痪。

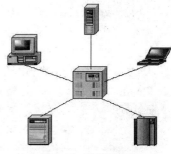

图 1-12 星形拓扑结构

1.6.3 环形拓扑结构

环形拓扑(Ring Topology)结构中每台计算机都与相邻的计算机直接相连,网络中所有的计算机构成一个闭合的环,环中的数据传输是单向的,如图 1-13 所示。

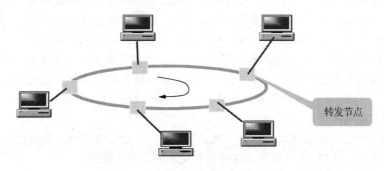

转发节点

图 1-13 环形拓扑结构

环形拓扑结构的主要优点是结构简单、实时性强。其主要缺点是可靠性较差,环上任何一个节点发生故障都会影响到整个网络,而且难以进行故障诊断;当增加或删除节点时,操作步骤复杂且会干扰整个网络的正常运行。早期的令牌环网就采用了环形拓扑结构。

1.6.4　网状拓扑结构

网状拓扑（Mesh Topology）结构如图 1-14 所示，每台计算机或网络设备至少有两条通信线路与其他设备相连，该网络中无中心设备，因此也称为无规则结构。

网状拓扑结构的优点是可靠性高，设备之间存在多条连接路径，局部的故障不会影响整个网络的正常工作；缺点是结构复杂、协议复杂、实现困难、不易扩充。

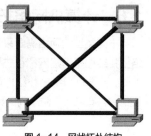

图 1-14　网状拓扑结构

1.6.5　计算机网络拓扑结构的选择

计算机网络拓扑结构的选择往往与传输介质的选择及介质访问控制方法的确定紧密相关。在选择计算机网络拓扑结构时，应考虑以下主要因素。

（1）可靠性（Reliability）。尽可能提高可靠性，以保证所有数据流能被准确接收；还要考虑系统的可维护性，使故障检测和故障隔离更方便。

（2）费用（Cost）。在组建网络时，需要考虑适合特定应用的信道费用和安装费用。

（3）灵活性（Flexibility）。需要考虑系统在今后扩展或改动时能容易地重新配置计算机网络拓扑结构，能方便地进行原有站点的删除和新站点的加入。

（4）响应时间和吞吐量（Throughput）。要为用户提供尽可能短的响应时间和最大的吞吐量。

课堂同步

总线和环形拓扑结构被淘汰的主要原因是（　　　）。

A. 网络建设费用高

B. 网络灵活性差

C. 网络吞吐量低

D. 网络可靠性低

 动手实践

绘制计算机网络拓扑图

在计算机网络领域中，掌握专业的计算机网络拓扑图绘制技巧是从事该行业的一个基本要求。小型、简单的计算机网络拓扑图因涉及的网络设备不多，图元外观也不会要求完全符合相应的产品型号，所以比较容易绘制，可以通过画图软件（如Windows操作系统中的"画图"等）或者设备生产商开发的图标工具轻松实现，而一些大型、复杂的计算机网络拓扑图的绘制通常需要采用一些专业的绘图软件，如Microsoft Visio、LAN MapShot等。

动手实践

动手实践 1

1. PPT 绘图简介

PPT是微软Office的套件之一，是一款应用范围广、功能强大的软件，适用于演讲、报告及方案演示等。PPT自带的绘图工具可以创建不同的形状模型。

2. 绘制计算机网络拓扑图规范

（1）准确呈现网络逻辑结构。

（2）网络层次分明、易读，设备使用情况及互联情况清晰。

（3）网络关键节点信息完善、准确。

（4）突出重点，可适当取舍。

（5）图例注释完善，拓扑格式统一。

（6）符合工业规范（如工程制图）。

3. 绘制计算机网络拓扑图注意事项

（1）先构图，再框架，并绘制设备和标识。

（2）图标大小、标识位置要合理。

（3）拓扑呈现完整、格式统一、布局整洁不凌乱。

（4）拓扑元素要规范（如使用统一的图标）。

4. 使用 PPT 及图标绘制计算机网络拓扑图

本例使用锐捷或华为的网络设备图标工具来绘制计算机网络拓扑图，绘制完成后的效果如图1-15所示，主要操作步骤如下。

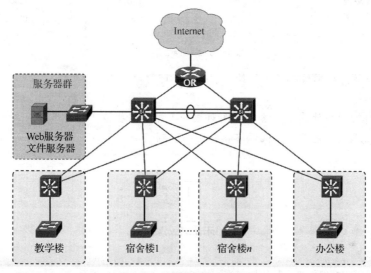

图 1-15　计算机网络拓扑图效果

（1）用辅助线构建图形框架，如图1-16所示。

（2）填充主干线路，如图1-17所示。

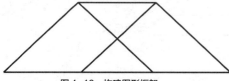

图 1-16　构建图形框架

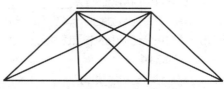

图 1-17　填充主干线路

（3）去掉辅助线，如图1-18所示。

（4）放置主干网络设备，如图1-19所示。

图 1-18　去掉辅助线

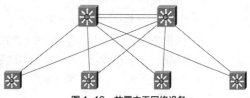

图 1-19　放置主干网络设备

（5）添加网络节点标识，如图1-20所示。

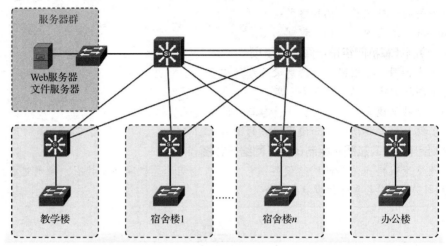

图 1-20 添加网络节点标识

（6）完成计算机网络拓扑图的绘制，如图1-15所示。

5. 练一练

请简述所绘制的计算机网络拓扑图对应的类型。根据以上操作步骤，增加图例注释，使其符合工业规范，完成计算机网络拓扑图的绘制。

课后检测

一、填空题

1. 计算机网络拓扑结构反映的是节点和线的_____关系。

2. 常见的计算机网络拓扑结构有_____、_____、_____和_____。

3. 计算机网络拓扑图分为_____和_____两种类型。

4. 具有集中控制功能的计算机网络拓扑结构是_____。

5. 星形拓扑结构中的节点通过点-点通信线路与_____节点连接。

二、选择题

1. 星形拓扑结构的缺点是（   ）。

　　A. 对根节点的依赖性大

　　B. 中心节点的故障会导致整个网络瘫痪

　　C. 任意节点的故障或一条传输介质的故障都能导致整个网络发生故障

　　D. 结构复杂

2. 下列不属于计算机网络拓扑结构的是（   ）。

　　A. 环形拓扑结构　　B. 总线拓扑结构　　C. 层次结构　　D. 网状拓扑结构

3. 下列不属于计算机网状拓扑结构特点的是（   ）。

　　A. 价格低廉　　B. 可靠性高　　C. 实现复杂　　D. 线路利用率低

三、判断题

1. 计算机网络拓扑结构是节点相连形成的几何形状。（   ）

2. 总线拓扑结构在物理上是星形的，但在逻辑上是总线的。 （   ）
3. 计算机网络拓扑结构与网络管理无关，但与网络可靠性相关。 （   ）
4. 环形拓扑结构比其他拓扑结构价格昂贵。 （   ）
5. 每个网络只能包含一种网络拓扑结构。 （   ）
6. 星形、总线和环形3种网络上只要有一个节点发生故障就可能使整个网络瘫痪。 （   ）

四、简答题

请画出自己家里的网络的拓扑图，并分析采用的是何种类型的计算机网络拓扑结构。

五、重要词汇（英译汉）

1. Terminal Device （   ）
2. Intermediate Equipment （   ）
3. Computer Network Topology Structure （   ）
4. Star Topology （   ）
5. Mesh Topology （   ）

主题3 计算机网络的组成和分类

学习目标

通过本主题的学习达到以下目标。

知识目标
- 了解计算机网络的物理构成。
- 掌握计算机网络的逻辑组成。
- 掌握常见网络的基本特点。
- 理解分组交换的基本概念。

技能目标
- 能够认识身边常见的计算机网络。
- 能够分析计算机网络结构。

素质目标
- 分组交换是计算机网络的基石，引导学生逐步建立"化整为零""积零为整"的哲学思辨思维。

课前评估

不同的人对网络的看法是不同的，部分用户可能根本没有网络的概念，而部分用户的看法可能来自家中使用的高速互联网连接，如数字用户线或有线电视，如图1-21所示。

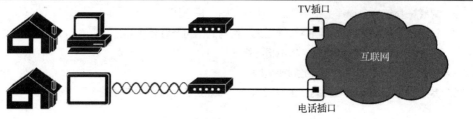

图 1-21　家庭网络接入互联网

企业网络的用户可能对其公司的网络有一些了解，意识到使用网络可以完成许多任务，如图 1-22 所示。

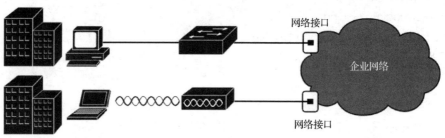

图 1-22　企业网络结构示意图

请结合图 1-8 中的网络图标，说出图 1-21、图 1-22 中网络的组件（Component）构成，以及它们所采用的计算机网络拓扑结构的类型，并尽可能说出现实生活中存在的网络的名称。

1.7　计算机网络的物理构成

网络规模没有大小限制，它可以是小到由两台计算机组成的简单网络，也可以是大到连接数百万台设备的超级网络。网络基础设施由终端设备、中间设备和传输介质等网络组件构成，如图 1-23 所示，它们构成了支持网络的平台（Platform），为通信提供了稳定可靠的通道。

图 1-23　计算机网络的物理构成

1.7.1　终端设备

终端设备是发出或接收信息的设备，是人们最熟悉的设备。信息从一台终端设备发出，流经网络，然后到达另一台终端设备。为了区分不同的终端设备，在网络中对每一台终端设备都用一个地址进行标识，当一台终端设备发起通信时，会使用目的终端设备的地址来指定应该将信息发送到哪里。常见的终端设备有台式计算机、笔记本电脑、工作站、服务器、智能手机、智能电视和 iPad 等。

1.7.2　中间设备

中间设备将每台终端设备连接起来，并确保数据在网络中传输，还可以将多个独立的网络连接成更大的网络。中间设备使用目的终端设备地址和有关网络互联的信息来决定信息在网络中应该采用的路径，一些较为常用的中间设备有路由器、交换机、防火墙和无线路由器等。在数据流经网络时，对其进行管理也是中间设备的一项职责，包括重新生成和传输数据信号、维护有关网络和网络中存在的通道信息，以及将错误和通信故障通知到其他设备等。

1.7.3 传输介质

网络中的通信都通过传输介质进行，传输介质为信息从源终端设备传送到目的终端设备提供了通道，常见的传输介质有双绞线、光纤、无线电波、通信卫星等。现代网络主要使用双绞线、光纤和无线电波 3 种传输介质来连接设备并提供传输数据的途径。不同类型的传输介质有不同的特性和优点，也有不同的用途，这些都是选择传输介质时需要考虑的因素。

1.8 计算机网络的逻辑组成

计算机网络按照所具有的数据通信和数据处理功能，可以划分为资源子网和通信子网两部分。典型的计算机网络逻辑组成示例如图 1-24 所示。

前面在讨论计算机网络概念时指出，计算机网络要完成资源共享和数据通信两大基本功能，它在结构上必然分成两个部分：负责数据处理的主机与终端；负责数据通信的通信控制处理机和通信线路。从早期的广域网组成角度看，典型的计算机网络从逻辑组成上可以分为资源子网和通信子网，使网络的数据处理和数据通信有了清晰的功能界面。

1．资源子网

资源子网负责信息的处理，向用户提供各种网络资源和网络服务，包括提供资源的主机和请求资源的终端。

2．通信子网

通信子网负责信息的传递，用于数据的传输、交换连接和通信控制，主要由网络设备和传输介质组成。

计算机网络中的通信子网和资源子网可以分别组建，通信子网可以是私有的或公有的。从图 1-24 所示的网络拓扑图中可以看出，通信子网构成了网络的核心，而资源子网处于网络的边缘，是建立在通信子网提供的数据通信服务基础之上的。两级子网的划分为认识计算机网络结构提供了很好的切入点。

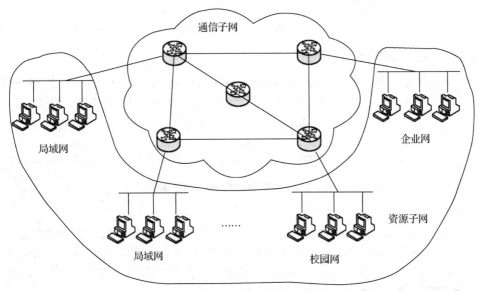

图 1-24 典型的计算机网络逻辑组成示例

1.9　计算机网络的分类

计算机网络的类型多种多样，常见的分类方法有以下 3 种。

 小贴士 ┃ 网络类型的划分在实际组网中并不重要，重要的是组建的网络系统从功能、速度、操作系统、应用软件等方面能否满足实际工作的需要。

1.9.1　按数据传输方式

1. 广播网络

广播网络（Broadcast Network）是指网络中的计算机或设备共享一条通信信道（Channel），如图 1-25 所示。广播网络的特点是任何节点发出的信息报文都可以被其他节点接收，因此要在广播网络中实现正确、有效的通信，需要解决寻址（Addressing）和访问冲突（Conflict）的问题。

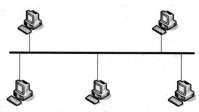

图 1-25　广播网络结构示意图

2. 点对点网络

点对点网络（Point-to-Point Network）的特点是一条线路连接一对节点，信息传输采用存储转发（Store and Forward）方式，如图 1-26 所示。点对点网络中的计算机或网络设备以点对点的方式进行数据传输。由于连接两个节点的网络结构可能很复杂，任何两个节点间都可能有多条单独的链路，即从源节点到目的节点可能存在多条路径，因此需要提供关于最佳路径的选择机制。是否采用存储转发与路由选择是点对点网络与广播网络的重要区别之一。

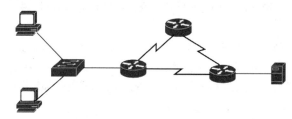

图 1-26　点对点网络结构示意图

1.9.2　按覆盖的地理范围

因为覆盖的地理范围的不同会直接影响网络技术的实现与选择，所以按覆盖的地理范围对网络进行划分可以很好地反映不同网络的技术特征，是目前常用的一种计算机网络分类方法，如图 1-27 所示。

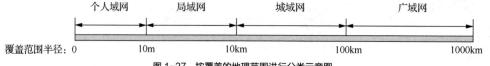

图 1-27　按覆盖的地理范围进行分类示意图

1. 个人域网

个人域网（Personal Area Network，PAN）是指围绕某个人搭建的计算机网络，覆盖范围半径一般小于 10m，如图 1-28 所示。个人域网中的设备通常包含笔记本电脑、智能手机（Smart Phone）、iPad 等。个人域网可以用线缆（如 USB）来构建，也可以使用无线（如蓝牙）来构建，人们可以利用个人域网来传输电子邮件、数码照片或音乐等文件。

2. 局域网

局域网（Local Area Network，LAN）是指局限在一个地点、一幢建筑或一组建筑范围内的计算机网络，如图 1-29 所示，如学校、中小型企业的网络通常都属于局域网。局域网具有 3 个明显的特点：一是覆盖范围非常有限；二是数据传输具有高速率、低延迟和低误码率等特点；三是由个人或组织所有和管理。

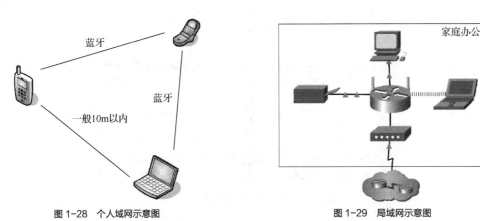

图 1-28 个人域网示意图　　　　　　　图 1-29 局域网示意图

3. 城域网

城域网（Metropolitan Area Network，MAN）也称为都市网，如图 1-30 所示，通常是跨越一个城市或大型校园的计算机网络，由公司或企业拥有和运作。城域网通常使用高容量的骨干网络技术（光纤）来连接多个局域网，能够在较大区域范围内实现大量用户之间的数据、语音、图形与视频等多种信息的传输，如城市的有线电视网络、宽带网络等。

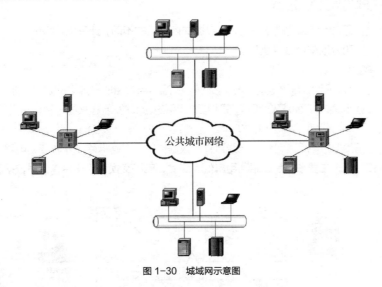

图 1-30 城域网示意图

4. 广域网

广域网（Wide Area Network，WAN）也称为远程网，是指覆盖一个国家甚至全世界的广大区域的计算机网络，如第二代中国教育和科研计算机网（见图 1-31）。广域网是因特网的核心，其任务是长距离传输数据。广域网一般跨越了边界，需要利用公共的和私有的网络基础设施，因此使用广域网时要向因特网服务提供方（Internet Service Provider，ISP）申请并付费。由于覆盖的地理范围广，维护费用高昂，广域网的维护十分困难。与局域网相比，广域网的数据传输速率较低。

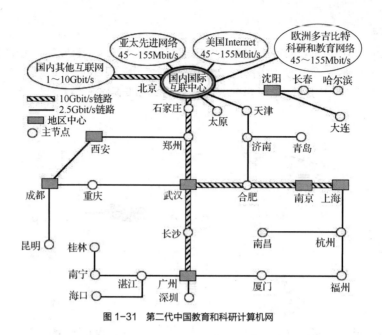

图 1-31　第二代中国教育和科研计算机网

局域网和广域网的差异不仅在于它们覆盖的地理范围不同，还在于它们所采用的协议和网络技术不同。例如，广域网使用存储转发的数据交换技术，局域网使用共享的广播数据交换技术，这才是两者的本质区别。

小贴士

1.9.3　按数据交换方式

交换又称转接，是现代网络的基本特征，按数据交换方式的不同，计算机网络可分成电路交换、报文交换和分组交换 3 种类型。

动画

动画 1

1. 电路交换

电路交换（Circuit Switching）也称为线路交换，在源节点和目的节点之间建立一条专用的通路用于数据传输，如图 1-32 所示，是根据电话交换原理发展起来的一种直接交换方式。

电路交换的过程类似打电话，可分为电路建立、数据传输、电路拆除 3 个步骤。电路交换的主要优点是数据传输可靠和迅速，主要缺点是线路利用率低。因此，电路交换适用于传输大量数据的场合，并不适用于计算机网络。

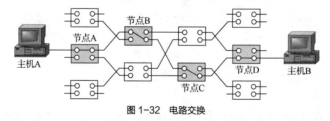

图 1-32　电路交换

2. 报文交换

报文交换（Message Switching）又称为消息交换，采用存储转发交换原理，发送给下一个节点的是完整的报文，其长度无限制。报文中包含目的地址，每个中间节点要为途经的报文选择适当路径，使其能到达目的地，如图 1-33 所示。

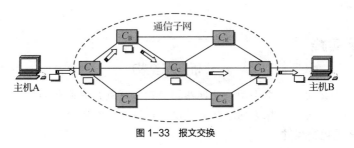

图 1-33　报文交换

报文交换的主要优点是提高了线路的利用率；主要缺点是转发速率不高，报文经过网络的延迟时间不确定。

3. 分组交换

分组交换（Packet Switching）将报文分解为若干个小的、按一定格式组成的分组（Packet），如图 1-34 所示。这些分组逐个被中间节点采用存储转发的方式传输，最终到达目的节点，如图 1-35 所示。分组长度有限，可以在中间节点的内存中进行存储处理，使其转发速率大大提高。

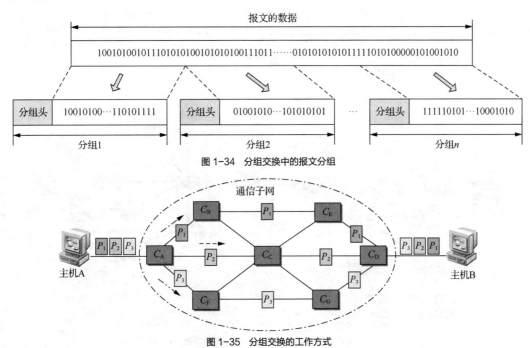

图 1-34　分组交换中的报文分组

图 1-35　分组交换的工作方式

分组交换的主要优点是线路利用率高、数据传输效率高和转发速率较高，主要缺点是无法确保分组有序到达。分组交换广泛应用于计算机网络，适用于交换中等或大量数据的情况。

课堂同步

分组交换是互联网的基石，以下（　　　）描述是错误的。

A. "天罗地网"式的选择路线

B. 采用存储转发方式

C. 使用"化整为零，化零为整"的策略

D. 静态分配线路资源

动手实践

分析网络结构

图1-36所示为简化版的中小型企业网络拓扑图，请利用计算机网络拓扑结构、组成及分类等知识探索网络，完成以下步骤并回答问题。

动手实践

动手实践2

1. 识别常见网络组件

（1）列出中间设备的类别。

（2）如果不考虑互联网云或内部网云，那么拓扑图中有多少个图标代表终端设备（只有一个连接连向它们）？

（3）如果不计算这两类网云，拓扑图中有多少个图标代表中间设备（有多个连接连向它们）？

（4）有多少终端设备不是台式计算机？

（5）在该网络拓扑图中使用了多少种不同类型的传输介质？

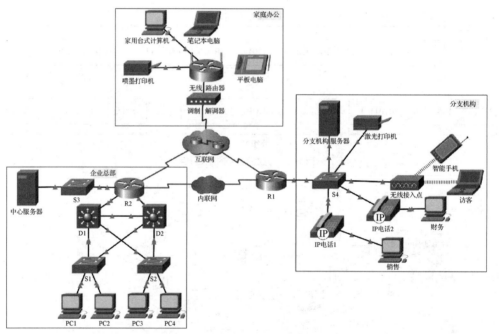

图1-36　简化版的中小型企业网络拓扑图

2. 解释网络设备的用途

（1）列出至少两种网络设备的用途。

（2）列出至少两个选择网络传输介质类型的标准。

3. 比较局域网和广域网

（1）描述局域网和广域网之间的区别，给出局域网和广域网的示例。

（2）网络拓扑图中有多少个广域网？

（3）网络拓扑图中有多少个局域网？

（4）网络拓扑图中的互联网过于简化，并不代表真实互联网的结构和形式。请简要介绍互联网。

（5）家庭用户连接互联网的常用方法是什么？

（6）对于企业总部和分支机构，其用于连接互联网的常用方法是什么？

4. 分析计算机网络拓扑结构

（1）局域网采用何种计算机网络拓扑结构？

（2）广域网采用何种计算机网络拓扑结构？

课后检测

一、填空题

1. 计算机网络从逻辑组成上可分为_____子网和_____子网。

2. 计算机网络从物理构成上包括_____、_____和_____三部分。

3. 计算机网络的分类方式有多种，如按_____分类，按数据交换方式分类，按覆盖的地理范围分类等。

4. 计算机网络按覆盖的地理范围可分为_____、_____、城域网和_____。

5. 广播网络要实现正确、有效的通信，需要解决_____和_____的问题。

6. 点对点网络的信息传输方式采用了_____。

二、选择题

1. 一般局域网的数据传输速率比广域网的数据传输速率（ ）。

    A. 高   B. 低   C. 相同   D. 不确定

2. 电路交换是实现数据交换的一种技术，其特点是（ ）。

    A. 无呼叫损失

    B. 不同传输速率的用户之间可以进行数据交换

    C. 信息延时短，且固定不变

    D. 可以把一个报文发送到多个目的节点

3. 下列有关局域网特点的说法中，不正确的是（ ）。

    A. 局域网拓扑结构规则   B. 可用传输介质较少

    C. 范围有限   D. 误码率低

4. 以下关于分组交换的叙述中，错误的是（ ）。

    A. 分组交换采用了定长的分组   B. 分组由头部和分组体构成

    C. 分组头含有控制信息和路由信息   D. 分组体携带了要传送的数据

5. 下列有关广域网的叙述中，正确的是（ ）。

    A. 广域网必须使用拨号接入   B. 广域网必须使用专用的物理通信线路

    C. 广域网必须进行路由选择   D. 广域网都按广播方式进行数据通信

三、判断题

1. 采用分组交换在发送数据之前不必建立连接，发送方发送数据更为迅速，因此不会出现网络拥塞。（ ）

2. 电路交换方式属于存储转发交换方式。（ ）

3. 人们无须向 ISP 申请就可以使用广域网。（ ）

4. 在所有的网络中，局域网的传输距离最短。（ ）

四、简答题

简述分组交换的特点。

五、重要词汇（英译汉）

1. Store and Forward （　　　　　　　　　　）
2. Local Area Network （　　　　　　　　　　）
3. Wide Area Network （　　　　　　　　　　）
4. Circuit Switching （　　　　　　　　　　）
5. Packet Switching （　　　　　　　　　　）

主题4 计算机网络的发展和趋势

学习目标

通过本主题的学习达到以下目标。

知识目标

- ⊙ 了解计算机网络的发展过程。
- ⊙ 了解计算机网络的发展趋势。
- ⊙ 了解计算机网络领域的就业方向。

技能目标

- ⊙ 具备在计算机网络领域获得工作机会的能力。

素质目标

- ⊙ 了解计算机网络发展史上发生的里程碑事件和科学家做出的杰出贡献，树立正确的人生观和价值观，建立端正的学习态度。
- ⊙ 了解我国从网络大国向网络强国迈进的过程，激发爱国情怀，增强民族自豪感。

课前评估

电话通信距今已有 300 多年的历史，电话通信系统的拓扑结构如图 1-37 所示。因特网发展至今只有 50 多年的时间，因特网的拓扑结构如图 1-38 所示。

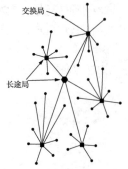

图 1-37 电话通信系统的拓扑结构

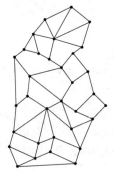

图 1-38 因特网的拓扑结构

请描述图 1-37 和图 1-38 采用的是何种类型的拓扑结构？这两种拓扑结构中，哪一种的可靠性高？请分析因特网在改变世界的过程中带来的社会影响远比电话通信大得多的原因。

1.10　计算机网络的发展过程

任何一种新技术的出现都必须具备两个条件，即强烈的社会需求和成熟的先进技术，计算机网络技术的形成与发展也证实了这条规律。计算机网络的发展过程正是计算机与通信（Computer and Communication，C&C）技术融合的过程。两者的融合主要表现在两个方面：一是通信技术为计算机之间的数据传递和交换提供了必要手段；二是计算机技术的发展渗透到通信技术中，提高了通信网络的性能。纵观计算机网络技术形成与发展的历史，可以清晰地看出计算机网络发展的 4 个阶段。

1. 数据通信型网络阶段

第一阶段为数据通信型网络阶段，可以追溯到 20 世纪 50 年代。在这一阶段，数据通信技术的研究（提出分组交换的概念）和应用为计算机网络的产生做好了技术准备。

2. 资源共享型网络阶段

第二阶段为资源共享型网络阶段，从 20 世纪 60 年代开始。在这一阶段，美国国防部高级研究计划局（Defense Advanced Research Projects Agency，DARPA）推出了分组交换技术。基于分组交换的 ARPANET（ARPA Network）成功运行，从此计算机网络进入了新纪元，它的研究成果对促进计算机网络技术的发展和理论体系的形成产生了重要作用，并为 Internet 的形成奠定了基础。它对计算机网络技术的突出贡献如下：证明了分组交换理论的正确性；提出了资源子网和通信子网两级网络结构的概念；采用了层次结构的网络体系结构模型与协议体系。

3. 标准系统型网络阶段

第三阶段为标准系统型网络阶段，大致从 20 世纪 70 年代中期开始。在这一阶段，各种广域网、局域网和公用数据网（Public Data Network，PDN）迅速发展，各计算机厂商相继推出自己的计算机网络系统。这一阶段的主要成果如下：开放系统互连参考模型（Open System Interconnection Reference Model，OSI 参考模型）的研究对网络体系结构的形成与协议标准化起到了重要作用；传输控制协议/互联网协议（Transmission Control Protocol/Internet Protocol，TCP/IP）完善了网络体系结构研究，推动了互联网产业的发展。

4. 高速综合型网络阶段

第四阶段为高速综合型网络阶段，从 20 世纪 90 年代开始。在这一阶段，局域网技术已经发展成熟，光纤、高速网络技术、多媒体和智能网络技术（Intelligent Network Technology）相继出现，整个网络发展为以 Internet 为代表的互联网，并且很快进入商业化阶段。这一时期发生了两件标志性的事件：其一，Internet 的始祖 ARPANET 正式停止运行，计算机网络逐渐从最初的 ARPANET 时代过渡到 Internet 时代；其二，万维网（World Wide Web，WWW）把 Internet 带入全球千百万个家庭和企业，还为成百上千种新的网络服务提供了平台。

小贴士

"因特网"（Internet）和"互联网"（internet 或 internetwork）常常令人迷惑，为了避免混淆，本书中"Internet"也称为因特网，是指特定的世界范围内的互联网，广泛用于连接大学、政府机关、公司或个人；而"internet"或"internetwork"通常只代表一般的网络互联。

课堂同步

计算机网络发展过程同其他事物一样，遵循从简单到复杂、从低级阶段到高级阶段的演进规律，请举例说明。

1.11　计算机网络的发展趋势

计算机网络的作用是通过数据传输来实现人、设备和信息之间的互联。随着新的技术和最终用户设备进入市场，企业和消费者必须不断做出调整才能适应日新月异的环境。一些新的网络趋势将影响企业和消费者，这些重大趋势包括自带设备（Bring Your Own Device，BYOD）、在线协作、视频通信和云计算（Cloud Computing）等。

1.11.1　BYOD

"任何设备以任何方式连接任何内容"的概念是一种全球趋势，需要彻底改变设备的使用方式，这一趋势被称为 BYOD。BYOD 是指最终用户可以使用个人工具通过企业或园区网络访问信息和相互通信。随着消费类设备的增加和相关成本的下降，消费者有望使用一些最先进的计算机和网络工具满足个人需要，这些工具包括笔记本电脑、平板电脑、智能手机和电子阅读器等。

BYOD 意味着设备可以由任何使用者在任意地点使用。例如，以前学生需要访问园区网络时，必须使用学校指定的计算机，这些设备通常有局限性，并且只能用来完成教室或图书馆的任务。移动和远程访问园区网络连接范围的扩大，为学生提供了更多的学习机会。

1.11.2　在线协作

人们连接网络的目的并不只是访问应用程序，还有与他人在线协作。在线协作是指通过互联网等远程通信手段，使多个不同地点的人一起组成一个团队，共同投入某一项任务、行动或工作中去，创造性地实现共同的目标。协作工具，如思科的 Webex，为消费者间的即时连接、交互和实现目标提供了一种方法。对于企业，协作是组织用于保持竞争力的一项至关重要的战略重点。协作也是教育行业的重点，学生需要通过协作来互相帮助，培养工作所需的团队协作能力，完成团队项目。

1.11.3　视频通信

视频可用于通信、协作和娱乐。使用 Internet 连接可以向任何地方和从任何地方发出视频通话。不论是当地还是全球，视频通信在与他人远距离通信时非常便利。随着越来越多的企业跨越地理和文化界限，视频通信已逐步成为高效协作的关键。

1.11.4　云计算

云计算是改变人们访问和存储数据方法的另一个网络趋势，按照服务范围分类，其主要有公共云、私有云、混合云和定制云 4 种类型。云计算使人们可以在 Internet 上存储个人文件，访问文字处理和图片编辑等应用程序，甚至可以在服务器上备份整个硬盘驱动器。对企业而言，云计算扩大了信息技术（Information Technology，IT）部门的功能，无须投资新基础设施、培训新员工和获取新软件许可。云服务以经济的方式按需提供给世界任何地方的所有设备，并且不会影响安全性或功能。

1.11.5　智能家庭技术

网络发展不仅影响着人们在工作和学校中的通信方式，还改变着家庭生活的方方面面。最新的家庭网络发展趋势包括"智能家庭技术",如图 1-39 所示。智能家庭技术是集成到日常设备中的一项技术,通过将日常设备互联使设备更加"智能"或自动化。例如,用户在离开家之前,准备一盘食物并把它放在微波炉里烹饪。想象一下,如果微波炉"知道"要烹饪的这盘食物和用户的"活动日程表",则它可以确定用户何时用餐,并调整开始时间和烹饪时长,甚至可以根据日程表的变化调整烹饪时间和温度。此外,通过智能手机或平板电脑可以让用户连接到微波炉,以便随时调整。当这盘食物烹饪完成时,微波炉会向指定的最终用户设备发送通知消息,告知食物已烹饪完成。

图 1-39　智能家庭技术的应用

　　事实上,这种情景不会遥远,人们正在开发可用于家庭中所有房间的智能家庭技术。随着家庭网络和高速 Internet 技术的普及,智能家庭技术将逐步变为现实,家庭网络技术也在日渐更新,以便满足不断增长的技术需求。

动手实践

获得 IT 和网络领域就业机会

　　随着各行各业的发展,IT和计算机网络领域的工作机会持续增长。大多数雇主要求雇员(特别是工作经验比较少的雇员)提供某种形式的行业标准认证、学位或其他资格认证。在本次实践中,利用互联网完成一些有针对性的工作调查,弄清楚有哪些类型的计算机网络工作、需要哪些技能和认证,以及各个不同职位的薪酬范围。主要操作步骤如下。

1. 打开 Web 浏览器并转到招聘网站

在百度搜索框中输入"前程无忧"并按Enter键。

2. 搜索网络相关工作

(1)在"关键字或职位"文本框中输入"网络管理员",单击以查找工作。

(2)添加不同地理位置尝试缩小搜索范围,能否在这个区域中找到工作?

(3)尝试搜索其他网站。例如,转到BOSS直聘,然后单击"工作搜索"按钮。

（4）将"信息技术"类的关键词添加到"工作职位或关键字"中，然后单击"获取我的薪酬评估"按钮。

（5）出现大量的匹配搜索结果，选择自己感兴趣的职位，单击"显示我的薪酬评估结果"按钮。请花费一些时间来搜索工作，并仔细查看搜索结果。观察不同职位所需的技能和薪资范围。

3. 思考题

根据以上搜索结果回答下列问题。

（1）你搜索了什么职位？

（2）你搜索的职位需要哪些技能或认证？

（3）是否发现了以前从没有听说过的工作职位？如果是，则其是什么？

（4）是否发现了感兴趣的工作？如果是，则其是什么？它们需要哪些技能或资格认证？

课后检测

一、填空题

1. 计算机网络的发展可划分为_____、_____、_____和_____这4个阶段。

2. _____和_____是计算机网络技术的基础。

3. 计算机网络发展的标准化阶段的主要成果是_____和_____。

二、选择题

1. 世界上第一个计算机网络是（　　）。

    A. ARPANET　　　B. ChinaNet　　　　C. Internet　　　　D. CERNET

2. 因特网采用的数据交换技术是（　　）。

    A. 电路交换　　　B. 报文交换　　　　C. 虚电路交换　　　D. 分组交换

三、判断题

1. BYOD 意味着设备由任何使用者在任意地点使用。　　　　　　（　　）

2. 因特网是最大的互联网。　　　　　　　　　　　　　　　　　（　　）

四、简答题

简述计算机网络每个发展阶段的主要特点。

五、重要词汇（英译汉）

1. Computer and Communication　　　　　　　　（　　　　　　　　）

2. Open Systems Interconnection Reference Model　（　　　　　　　　）

3. Transmission Control Protocol/Internet Protocol　（　　　　　　　　）

4. Bring Your Own Device　　　　　　　　　　　（　　　　　　　　）

5. Cloud Computing　　　　　　　　　　　　　　（　　　　　　　　）

拓展提高

互联网发展留给人们的启示

互联网作为全球化的产物，已走过 50 多年的历程。在技术、商业、政治和社会的互动与博弈中，互联网已极大地改变了人们的生活、工作方式。

互联网的发展之路，既是时代的必然，又充满了偶然。请读者以时间为线索，借助互联网、文献资料，从技术创新、商业创新和制度创新 3 个维度着手，系统梳理互联网发展历程各阶段的关键事件，总结各个阶段演进的基本规律与内在逻辑，为正在到来的万物互联时代面临的机遇与挑战提供启示和警示。

建议：本部分内容课堂教学为 1 学时（45 分钟）。

电子活页

拓展提高 1

模块2

规划网络宏伟蓝图——网络体系结构

学习情景

在建筑行业中，开工前需要做大量的准备工作，如准备一套规划方案、明确建造该房屋的施工图，了解房屋的建造过程。同样地，构建任何计算机网络并不只是单纯安装网络设备和铺设通信电缆，首先要考虑如何构建现代网络的蓝图，即计算机网络体系结构。因此，计算机网络体系结构是研究、设计和组建计算机网络的基础。在计算机网络的发展过程中，有两种著名的网络体系结构。一是1983年由国际标准化组织（International Organization for Standardization，ISO）正式发布的OSI参考模型，它为各个厂商提供了一套国际标准，确保全世界各组织提出的不同类型网络之间的通信具有良好的兼容性和互操作性。二是在1983年被ARPANET所采用的TCP/IP模型。TCP/IP模型是一种快速发展并趋于成熟的通信协议模型，被用于世界上最大的开放式网络系统——Internet之上。

学习提示

本模块的思维导图如图2-1所示。本模块划分为计算机网络协议分层结构、计算机网络模型和计算机网络IP地址3个主题，从层次、协议和网络体系结构的基本概念出发，对OSI参考模型、TCP/IP模型进行讨论和比较，使读者明白网络体系结构和网络协议这两个概念的重要性，以便读者对计算机网络的工作过程和实现（Implementation）技术建立一个整体认识，为后续学习打下基础。本模块的内容较抽象，需要读者在学习过程中结合日常生活中的通信实例，如邮政通信系统及信件的传递过程等，去体会、比较与理解。

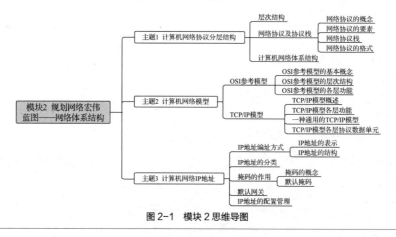

图 2-1　模块 2 思维导图

主题1 计算机网络协议分层结构

学习目标

通过本主题的学习达到以下目标。

知识目标

⊙ 了解分层结构的好处。

⊙ 理解计算机网络协议对网络通信的作用和遵守规则的意义。

⊙ 掌握计算机网络体系结构的概念。

技能目标

⊙ 能够安装和使用协议分析工具。

素质目标

⊙ 通过介绍计算机网络协议的内涵，引导学生遵守规则和纪律，养成遵守法律和约定俗成的社会规则的意识。

⊙ 通过学习协议分层和网络体系结构的概念，培养学生建立化繁为简、分而治之、从抽象到具体的分析与解决问题的思维。

课前评估

1. 图 2-2 所示为"曹冲称象"的场景，我们从这个故事可以得到什么启示？在现实生活中，人们在面对复杂问题时也采用了类似的方法来处理，请举例说明。

2. 假如你在重庆，需要通过书信与美国芝加哥的朋友进行沟通交流。考虑到通信距离较远，信件无法直接由你自己交到你的朋友手中，信件的分拣和投递需要交给邮政局来处理，信件的转送和运输需要交给运输部门来处理。请根据邮政通信系统的业务运行过程，如图 2-3 所示，回答下列问题。

图 2-2　曹冲称象

图 2-3　邮政通信系统的业务运行过程

（1）根据提示，将空白处补充完整。

（2）通信双方需要知道去对方的具体路径吗？邮政局或运输部门需要了解通信双方的信件内容吗？

（3）邮政通信系统从逻辑上划分为几个步骤或几个层次的优点是什么？

（4）对邮政通信系统业务运行过程进一步抽象，画出抽象模型图。

2.1 层次结构

微课

微课 2.1

邮政通信系统涉及世界各地民众亿万信件传送的复杂问题。从图 2-3 可知，不同地区的邮政通信系统都具有相同的层次，不同层次明确了不同的功能。邮政通信系统的这种设计方法体现了人们处理复杂问题的一种基本思路，大大降低了复杂问题的处理难度，我们可以从中吸取有益的经验。计算机网络是一个复杂的系统，我们将划分层次结构（Hierarchial Structure）作为处理计算机网络问题的基本方法。

根据计算机网络两级子网（通信子网和资源子网）的逻辑结构（Logical Structure），其中网云内部为通信子网范围，网云外部为资源子网范围，可以看出计算机网络层次划分的轮廓，计算机网络的功能被划分为 5 个层次，如图 2-4 所示。

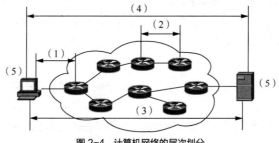

图 2-4　计算机网络的层次划分

（1）主机、端系统、通信子网和网络中节点间的物理连接处应划分为一个层次，用于实现物理连接，位置在网络中的各个节点上。

（2）网络中相邻节点之间实现可靠的数据传输应划分为一个层次，位置在相邻节点上。

（3）源主机和目的主机节点之间实现跨网络的数据传输应划分为一个层次，位置在传输路径中的各个节点上。

（4）源主机和目的主机上实现不同应用进程通信的可靠传输应划分为一个层次，位置在端节点上。

（5）网络应用进程间分布式通信的可靠传输应划分为一个层次，位置在端节点上。

2.2 网络协议及协议栈

世界各地的人们之所以可以自由地通信，是因为实际的邮政通信系统已覆盖全球，并且有一套固定的邮寄信件的规则，如发信人写信的时候将收信人的地址、邮政编码写在信封的左上角，将自己的地址和邮政编码写在信封的右下角，以确保邮政通信系统有条不紊地工作。类似地，计算机网络系统也需要制定完善的规则。

2.2.1 网络协议的概念

计算机网络由多个互联的节点构成，网络中的节点需要交换数据和控制信息。要做到有条不紊地进行各种信息的交换和传输，每个节点都必须遵循网络通信规则。在计算机网络中，网络协议（Network Protocol）是指通信双方为了实现通信而设计的约定或会话规则。

需要说明的是，网络协议是需要不断发展和完善的，随着网络应用和服务内容的增加，必须研究和制定新的网络协议或修改原有的网络协议。

小贴士

在网络通信领域中，"协议""标准""规范"等词是经常混用的，如 802.3 协议、802.3 标准、802.3 技术规范等，都是指同一文件。

2.2.2　网络协议的要素

网络协议通常由语法、语义和时序三要素组成。

（1）语法（Syntax）：数据与控制信息的结构或格式，定义"怎么做"。

（2）语义（Semantics）：标识通信双方可以理解的、确定的意义，定义"做什么"。

（3）时序（Timing）：通信双方能分辨出通信的开始与结束，以及执行动作的先后顺序，定义"何时做"。

以信封书写规范为例来介绍协议三要素，如图 2-5 所示。邮件信封的书写格式：收信人邮政编码、地址和姓名，发信人地址、姓名和邮政编码。整个封面的格式类似网络协议中的"语法"，封面格式中所填写的内容类似网络协议中的"语义"，人们遵守这种格式的填写规则就是网络协议中的"时序"。

图 2-5　信封书写规范

小贴士　协议的精髓在于处理错误，只有协议之"形"（三要素），没有协议之"神"（保障通信），这样的内容不能称为协议。

2.2.3　网络协议栈

网络协议是网络中计算机设备之间使用的通信语言，是按对等层协议（即通信双方能理解的格式）设计的，类似信封书写规范。例如，要保证覆盖全世界的邮政通信系统运行畅通无阻，就必须制定发信人与收信人、邮政局与邮政局、运输部门与运输部门之间的一系列规则，如图 2-6 所示。

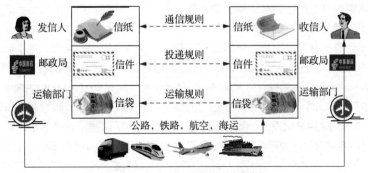

图 2-6　邮政通信系统的协议分层模型

为特定系统制定的一组协议称为协议栈（Protocol Stack）。例如，人们熟知的 TCP/IP 栈就是一系列以 TCP 和 IP 为核心的协议，是 Internet 的通信语言。如今计算机连接 Internet 都要进行 TCP/IP 设置，TCP/IP 成了 Internet 中人与人之间通信的"牵手协议"。

课堂同步 | 结合图 2-6，理解协议的含义。协议是指在（　　　）之间进行通信的规则或约定。
A. 同一节点的上下层
B. 不同节点
C. 相邻实体
D. 不同节点的对等实体

2.2.4　网络协议的格式

计算机网络中使用协议数据单元（Protocol Data Unit，PDU）来描述网络协议，它是由二进制数据表示的、可以彼此理解的、有结构的数据块。PDU 由控制部分（协议头部分或协议尾部分）和数据部分组成，控制部分由若干字段组成，表示通信中用到的双方可以理解和遵循的协议和规则；数据部分一般为上一层的 PDU，如图 2-7 所示。

图 2-7　PDU 格式

由于网络协议是分层描述的，因此计算机网络中的每一层都有对应的 PDU。人们经常说的协议打包（封装，Encapsulation），指的是在发送方，高层的 PDU 到低层时成为该层 PDU 的数据部分。图 2-6 的左边部分很好地反映了这一过程，发信人在信纸上写好内容后封装为信件，交由邮政局进行投递，然后分拣打包成信袋交给运输部门处理，该过程可简单描述为信纸→信件→信袋。在接收方，从低层向高层逐层剥离出数据部分内容，即拆包（解封装，Decapsulation），目的是使对等层之间能够彼此理解规定的协议，图 2-6 中的右边部分执行了与左边完全相反的数据处理过程，即信袋→信件→信纸。

2.3　计算机网络体系结构

从前面的讨论中我们知道，计算机网络是一个复杂的系统，它按照人们化整为零、分而治之的方法去解决复杂问题，把计算机网络要实现的功能划分到不同的层次上，不同系统中的同一层次构成对等层，对等层之间通过协议进行通信，理解彼此定义好的规则和约定，层次实现的功能则由 PDU 来描述。为了确保这些协议之间不存在逻辑上的矛盾、规范上的冲突和用途上的重合，需要用一个框架来规范协议与协议之间的关系、协议处理数据的顺序和协议的用途等，这个框架即计算机网络体系结构，这是一个关于计算机网络层次和协议的框架，并不涉及具体的功能实现。

图 2-8 所示为计算机网络体系结构从专用模型发展到开放的 TCP/IP 模型的过程。1974 年，IBM 公司研制出世界上第一种网络体系结构，称为系统网络体系结构（System Network Architecture，SNA）。1975 年，美国数字设备公司（DEC）发布了自己的数字网络体系结构（Digital Network Architecture，DNA）。这些体系结构均采用分层设计，但是层次和功能的划分有所不同。这些专用的网络模型运行良好，但根据某公司网络体系结构生产的网络产品不能与其他公司的网络产品兼容。现今，计算机网络都使用同一个 TCP/IP 模型，但人们在讨论技术问题时频繁引用的参考模型是 ISO 从 1977 年开始定义，直到 1983 年才公布的 OSI 参考模型。

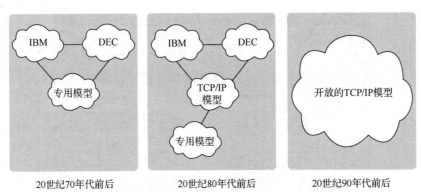

20世纪70年代前后　　　　20世纪80年代前后　　　　20世纪90年代前后

图2-8　计算机网络体系结构从专用模型发展到开放的 TCP/IP 模型的过程

动手实践

安装并使用 Wireshark

Wireshark是一种协议分析软件，即"数据包嗅探器"，适用于网络故障排除和协议分析等。当数据流通过网络来回传输时，嗅探器可以"捕获"每个PDU，并根据规范对其内容进行解码和分析。

1. Wireshark 的安装

Wireshark可从其官网下载，可以根据计算机架构和操作系统选择所需的软件版本。例如，如果使用的是 Windows 64位的计算机，则选择"Windows Installer（64位）"。下载的文件命名为Wireshark-win64-x.x.x.exe，其中x代表版本号，双击文件即可开始安装。Wireshark的安装过程非常简单，执行默认操作即可。

2. Wireshark 的启动

选择"开始"→"Wireshark"选项，启动软件。

3. 选择网络接口

启动Wireshark后，在主菜单中选择"Capture"→"Interfaces"选项，选择要捕获数据包的网络接口（网卡），在相应的网络接口上单击"Start"按钮，开始捕获数据包，如图2-9所示。

图2-9　开始捕获数据包

4. 捕获数据包

（1）在计算机的命令提示符窗口下执行"ping IP地址"命令（IP地址可向团队成员询问），捕获数据包界面如图2-10所示。

（2）结果出现一段时间后，单击"停止捕获"图标，停止捕获数据包。

（3）由于捕获到了很多与执行ping命令无关的数据包，因此需要进行过滤，选择需要的数据包进行针对性分析。因为ping命令是基于互联网控制报文协议（Internet Control Message Protocol，ICMP）实现的，所以在Wireshark的"Filter"文本框中输入icmp，按Enter键后弹出如图2-11所示的界面。

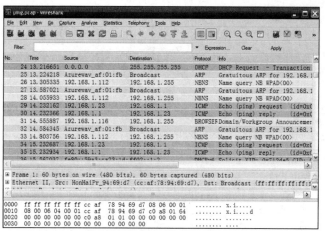

图 2-10 捕获 IP 数据包界面

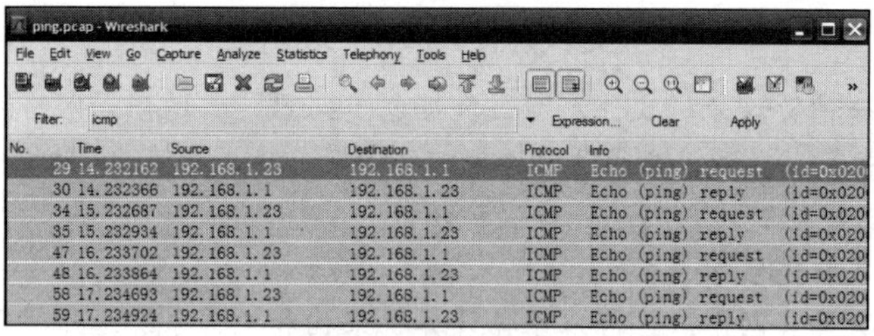

图 2-11 协议过滤界面

5. 分析捕获的数据

（1）Wireshark数据分为以下3个部分。

① 顶部部分显示捕获的PDU列表，其中列出了IP数据包信息总结。

② 中间部分列出了屏幕顶部部分中所选的PDU信息，以及根据协议层分隔捕获的PDU信息。

③ 底部部分显示了每层的原始数据。原始数据同时以十六进制和十进制形式显示。

（2）单击Wireshark顶部部分的第一个ICMP请求PDU。注意，"Source"（源）列中有用户自己PC的IP地址，而"Destination"（目的地）列包含用户对其进行了ping操作的团队成员计算机的IP地址。

（3）导航至中间部分。单击"Internet Protocol version 4"行左侧的加号，指出该协议的三要素。

课后检测

一、填空题

1. 网络协议通常由语义、语法和_____三要素组成。

2. 计算机网络中使用 PDU 来描述_____。

3. 计算机网络体系结构是一个关于计算机网络_____和_____的框架，并不涉及具体的功能实现。

4. 开放的计算机网络体系结构有_____和_____。

二、选择题

1. 协议在数据通信中起到的作用是（　　　）。

　　A. 为每种类型的通信指定通道或传输介质带宽

　　B. 指定将用于支持通信的设备操作系统

　　C. 为进行特定类型的通信提供所需规则

　　D. 确定电子规范以实现通信

2. 下列有关网络协议的陈述中，（　　　）是正确的。

　　A. 网络协议定义了所用硬件类型及其如何在机架中安装

　　B. 网络协议定义了消息在源主机和目的主机之间是如何交换的

　　C. 网络协议都是在 TCP/IP 模型的接入层上发挥作用的

　　D. 只有在远程网络中的设备之间交换消息时才需要使用网络协议

三、判断题

1. 同一节点内相邻层之间通过协议来进行通信。（　　　）

2. 不同系统上的同等功能层之间按相同的协议进行通信。（　　　）

3. TCP/IP 就是指 TCP 和 IP。（　　　）

4. 计算机网络中每一层都有对应的 PDU。（　　　）

5. Internet 使用的是 TCP/IP 体系结构。（　　　）

四、简答题

简述协议的封装和解封装过程。

五、重要词汇（英译汉）

1. Hierarchical Structure　　　（　　　　　　　　　　）

2. Network Protocol　　　　　（　　　　　　　　　　）

3. Protocol Data Unit　　　　（　　　　　　　　　　）

4. Encapsulation　　　　　　（　　　　　　　　　　）

主题2　计算机网络模型

🔧 学习目标

通过本主题的学习达到以下目标。

知识目标

- ◉ 了解 OSI 参考模型的概念。
- ◉ 掌握 OSI 参考模型的分层、服务和功能。
- ◉ 掌握 TCP/IP 模型的层次结构及各层功能。

技能目标

- ◉ 能够安装 TCP/IP 栈并掌握验证 TCP/IP 栈正常工作的方法。

素质目标

- ◉ 通过介绍为异构网络互联提供了理论指导的 OSI 参考模型和应用实践解决方案的 TCP/IP 模型，引导学生在处理个人、社会的矛盾问题时，能够灵活运用求同存异的智慧。

课前评估

1. 网络模型也称为网络架构或网络蓝图，指的是一组综合性文档。这些文档分别描述了实现网络所需的一小部分功能，它们共同定义了计算机网络运行过程。请结合所学知识，回答下列问题。

（1）是否有必要为每一个计算机网络系统分别设计一个分层结构模型？

（2）在构建计算机网络时，目前有没有可供借鉴的分层结构模型？

2. 图 2-12 所示为邮政通信系统业务运行过程的分层结构描述，反映了服务、接口和协议之间的关系，请仔细观察并回答下列问题。

（1）通信的两端是否要求具有相同的层次？不同系统的相同层次是否具有相同的功能？

（2）服务反映了相邻层之间＿＿＿＿＿＿＿＿功能的调用关系，本层向相邻上层提供服务，利用相邻下层的服务。例如，图中的邮政局利用了相邻下层南京站提供的运输服务，同时向相邻上层的发信人提供信件投递服务。

（3）接口是相邻层之间完成服务请求和服务提供的信息交换点，如图中画圈的位置，发信人与邮政局相邻层之间的接口名称是＿＿＿＿＿＿＿＿。

（4）不同系统的相同层次之间的信息交互是通过＿＿＿＿＿＿＿＿协议来实现的。

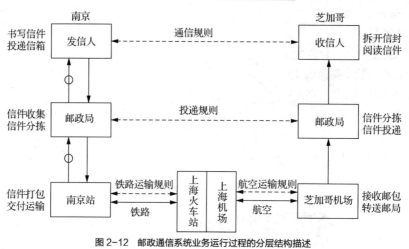

图 2-12　邮政通信系统业务运行过程的分层结构描述

2.4　OSI 参考模型

在实际工作过程中，新构建一个网络体系结构的过程是极其烦琐的。在网络领域中，常用的方法是选取一个模板或范例。常见的网络模型有两种基本类型：协议模型和参考模型。协议模型提供了与特定协议栈结构精确匹配的模型，如美国国防部开发的 TCP/IP 模型成为了 Internet 赖以发展的工业标准。参考模型为各类网络协议和服务之间的一致性提供了通用参考，如 ISO 制定开发的 OSI 参考模型。

微课

微课 2.2

2.4.1　OSI 参考模型的基本概念

在术语"开放系统互连参考模型"中，"开放"表示能使任何两个遵守参考模型和相关标准的系统进行通信；"互连"是指将不同的系统互相连接起来，以达到相互交换信息、共享资源的目的。OSI 参考模型主要解决不同网络系统之间互连的兼容性问题（Compatibility Problem），它不是一个标准，而是一种在制定标准的过程中所使用的概念性框架。

2.4.2 OSI 参考模型的层次结构

OSI 参考模型包括 7 个独立但又相关的层：从下至上分别是物理层（Physical Layer）、数据链路层（Data Link Layer）、网络层（Network Layer）、传输层（Transport Layer）、会话层（Session Layer）、表示层（Presentation Layer）和应用层（Application Layer）。

如图 2-13 所示，在 OSI 参考模型中，应用层没有上层，向用户提供网络服务；物理层没有下层，与介质相连实现真正的数据通信；其余各层都有紧邻的上层和下层，对等层之间通过对等层协议实现通信。层、服务与接口之间的关系如图 2-14 所示。层与层之间是服务与被服务的关系，每层都有其服务接口，相邻层可通过接口使用服务，每层只需知道下一层为"我"提供哪些服务和"我"必须为上一层提供哪些服务。

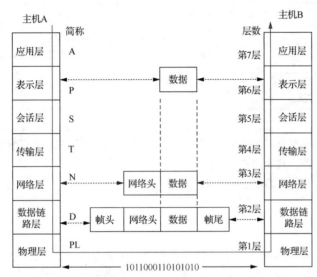

图 2-13　OSI 参考模型的层次结构

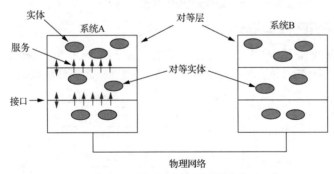

图 2-14　层、服务与接口之间的关系

快速记住 OSI 参考模型的 7 层的方法：从下至上，即从物理层开始，首字母缩写词是"Please(PL) Do(D) Not(N) Throw(T) Sausage(S) Pizza(P) Away(A)"（请不要扔掉香肠比萨）。

2.4.3 OSI 参考模型的各层功能

OSI 参考模型从下至上定义了 7 个层次，并且分别定义了这些层次可以提供的服务，以及能够实现的功能，如表 2-1 所示。

表 2-1　OSI 参考模型各层提供的服务和主要功能

层次名称	提供的服务	主要功能	功能说明（以对话为例）
应用层	为用户的应用进程提供网络服务（启动应用程序）	提供用户与网络应用之间的接口	谈话何时开始与结束
表示层	为应用进程之间传输信息提供传输服务	数据格式变换、加密与解密、压缩与解压缩	有些话要悄悄说，有些话要简单明了
会话层	提供一个面向用户的连接服务	通信身份确认、通信连接与断开	说话要有开始、过程和结束
传输层	实现通信系统之间端到端的数据传输服务	流控、差控、数据复用与分用	保证别人能听见自己说的话，不能想当然
网络层	实现源节点和目的节点之间的数据传输服务	寻址、路由、流控、拥塞控制、异构网络互联	说话目标、内容、语速
数据链路层	实现相邻节点之间的可靠数据传输	寻址、成帧、流控、差控、链路管理	会说字与词，并能纠正
物理层	在传输介质上提供原始比特流的透明传输服务	定义网络设备与传输介质之间该如何沟通	能够相互听懂的发音

小贴士　　相邻节点、点对点（主机到主机）与端到端（进程到进程）通信在概念上是有明显区别的，其通信范围分别为图 2-4 中的（2）、（3）、（4）所标识的范围。很显然，点对点通信是端到端通信的基础，端到端通信是点对点通信的延伸。

2.5　TCP/IP 模型

　　OSI 参考模型除了能提供网络故障诊断和描述网络的通用语言外，几乎没有其他实用价值。而 TCP/IP 模型则不同，它已被广泛应用到 Internet 中。TCP/IP 模型就像是一幢没有设计图纸的实际建筑，人们往往会根据自己的需要对这幢楼进行测绘，以还原它的图纸。

2.5.1　TCP/IP 模型概述

　　TCP/IP 模型也采用分层结构体系，共 4 层，即网络接口层（Network Interface Layer）、网络层、传输层和应用层。每一层提供特定功能，层与层之间相对独立。TCP/IP 模型层次结构及协议族如图 2-15 所示。

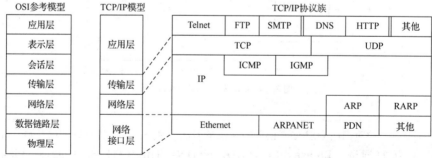

图 2-15　TCP/IP 模型层次结构及协议栈

2.5.2　TCP/IP 模型各层功能

1.　网络接口层

　　（1）网络接口层位于 TCP/IP 模型的最底层，对应 OSI 参考模型的物理层和数据链路层。由于不同类型的网络存在不同功能的物理层与数据链路层，无法定义统一的物理层和数据链路层的协议与功能，因此，为了实现底层异构网络的互联，需要定义网络接口层，负责处理与传输介质的具体细节，为上一层提供一致的网络接口。网络接口层没有定义任何实际协议，使用的协议大多数是通信子网固有的协议，通过定义的不同类型网络对应的网络接口，实现连接在网络上任何两个节点之间的数据传输，充分体现了 TCP/IP 模型的兼容性与适应性，为互联网的成功应用提供了技术因素。

（2）网络接口层的典型例子。例如，以太网（Ethernet）、令牌环（Token Ring）网等局域网技术；点对点协议（Point-to-Point Protocol，PPP）、串行线路网际协议（Serial Line Internet Protocol，SLIP）等广域网技术。

2. 网络层（主机—主机）

（1）网络层的主要功能是把分组通过最佳路径送到目的端（包括寻址、路由选择、封装/解封装等操作）。网络层是网络转发节点（如路由器）上的最高层（网络节点设备不需要传输层和应用层）。

（2）网络层的典型例子。例如，ICMP、地址解析协议（Address Resolution Protocol，ARP）、反向地址解析协议（Reverse Address Resolution Protocol，RARP，已淘汰）和互联网组管理协议（Internet Group Management Protocol，IGMP）等。

3. 传输层（进程—进程）

传输层的主要功能是提供进程间（端到端）的传输服务。例如，TCP 和用户数据报协议（User Datagram Protocol，UDP），详细介绍如下。

（1）TCP 是面向连接的传输协议。其在数据传输之前建立连接；把数据分解为多个段进行传输，在目的端重新装配这些段；必要时重新传输没有收到或接收错误的段，因此它是"可靠"的。

（2）UDP 是无连接的传输协议。其在数据传输之前不建立连接；对发送的数据报不进行校验和确认，它是"不可靠"的，主要用于请求/应答式的应用和语音、视频应用。

4. 应用层（用户—用户）

（1）应用层的主要功能是为文件传输、电子邮件、远程登录（Telnet）、网络管理、Web 浏览等应用提供支持，有些协议的名称与以其为基础的应用程序同名。

（2）应用层的典型例子。例如，文件传送协议（File Transfer Protocol，FTP）、简单邮件传送协议（Simple Mail Transfer Protocol，SMTP）、邮局协议第 3 版（Post Office Protocol version 3，POPv3）、远程登录、超文本传送协议（Hypertext Transfer Protocol，HTTP）、简单网络管理协议（Simple Network Management Protocol，SNMP）、域名系统（Domain Name System，DNS）等。

课堂同步

在如图 2-15 所示的 TCP/IP 模型中，最为关键的是（　　　），可以为各式各样的应用提供服务，同时允许（　　　）在由各种各样的网络构成的互联网上运行。

A. 网络接口层

B. TCP

C. IP

D. UDP

2.5.3　一种通用的 TCP/IP 模型

通过以上分析比较可知，OSI 参考模型的优势在于层次结构模型的研究思路，TCP/IP 模型的优势在于网络层、传输层和应用层体系成功应用于 Internet 环境中。在学习计算机网络时往往采取折中的办法，即综合两种模型的优点，采用如图 2-16 所示的 5 层参考模型，从上到下分别是应用层、传输层、网络层、数据链路层和物理层。本书也将采用该参考模型进行讨论。

学思素材

OSI参考模型	TCP/IP模型	5层参考模型
高层（5~7）	应用层	应用层
传输层（4）	传输层	传输层
网络层（3）	网络层	网络层
数据链路层（2）	网络接口层	数据链路层
物理层（1）		物理层

图2-16　5层参考模型

2.5.4　TCP/IP 模型各层协议数据单元

TCP/IP 模型各层传递的协议数据单元的名称如表 2-2 所示。

表 2-2　TCP/IP 模型各层传递的协议数据单元的名称

TCP/IP 模型的层次名称	协议数据单元的名称
应用层	消息、报文或数据
传输层	段和数据报
网络层	分组或数据包
数据链路层	数据帧
物理层	比特流

动手实践

捆绑网络协议

　　在组建计算机网络时，TCP/IP在哪里呢？TCP/IP与底层网络协议之间是怎样联系的？说明这些问题需要确定协议的层次位置，这里以底层网络是以太网为例进行说明。

　　网络协议层次的绑定如图2-17所示，底层网络一般涉及TCP/IP模型的下面两层，其协议主要由网络适配器（网卡）及网卡驱动程序来实现。应用层、传输层和网络层协议包含在操作系统中，目前主流的操作系统Windows、Linux等均支持TCP/IP。

图2-17　网络协议层次的绑定

　　在配置网络协议时，要先配置底层网络协议，安装网卡及网卡驱动程序即安装了底层网络协议。之后，若与Internet连接，则需要选择TCP/IP，再绑定网络层协议、传输层协议和应用层协议。这些操作可以在相应的操作系统中指定所采用的网络协议，具体操作步骤如下。

1. 安装 TCP/IP

　　在操作系统的安装过程中若已自动安装了TCP/IP栈，则可以省略如下步骤。若计算机上的TCP/IP栈丢失或不可用，则可以执行以下步骤，完成TCP/IP栈的安装。

（1）选择"开始"→"设置"→"网络和拨号连接"选项，弹出"网络连接"窗口，如图2-18所示。

图2-18　"网络连接"窗口

（2）右击需要进行配置的连接并选择"属性"选项，弹出"本地连接 属性"对话框，如图2-19所示。

（3）在"此连接使用下列项目"列表框中寻找要使用的TCP/IP，TCP/IP没有勾选，说明没有安装，如图2-20所示。

图2-19　"本地连接 属性"对话框

图2-20　查找需要安装的TCP/IP

（4）勾选"Internet协议（TCP/IP）"复选框，单击"安装"按钮，弹出"选择网络组件类型"对话框，确保已经安装了网络客户端和服务，选择"协议"选项，如图2-21所示，然后单击"添加"按钮。

（5）在弹出的"选择网络协议"对话框中，选择厂商为"Microsoft"，选择网络协议为"Microsoft TCP/IP版本6"，如图2-22所示，单击"确定"按钮。

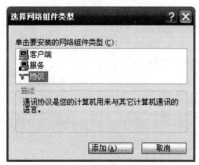

图2-21　选择要安装的网络组件类型

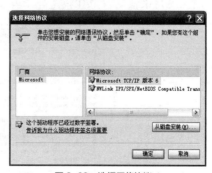

图2-22　选择网络协议

（6）若"选择网络协议"对话框中没有我们要安装的协议选项，则单击"从磁盘安装"按钮，安装向导会要求给出协议包软件所在的位置，而不用考虑其是否在同一块硬盘、一个共享的网络磁盘、一块软盘或者可移动的驱动器、一块CD-ROM或者DVD上，如图2-23所示。

2. 验证 TCP/IP 栈

（1）验证TCP/IP栈是否安装。

选择"开始"→"设置"→"网络和拨号连接"选项，弹出"网络连接"窗口。右击要进行配置的连接并选择"属性"选项，可以看到"本地连接 属性"对话框中TCP/IP栈已经安装，如图2-24所示。

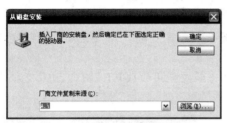

图 2-23　定位协议包软件的位置　　　　　　　　图 2-24　TCP/IP 栈已经安装

（2）测试TCP/IP栈正确运行。

① 选择"开始"→"运行"选项，弹出"运行"对话框，在"打开"文本框中输入"cmd"，如图2-25所示，然后按Enter键，弹出命令提示符窗口，如图2-26所示。

图 2-25　"运行"对话框　　　　　　　　图 2-26　命令提示符窗口

② 在命令提示符窗口中输入ping 127.0.0.1，按Enter键后输出结果，如图2-27所示。ping是一个基于ICMP实现的小程序，主要用来测试网络连通性；127.0.0.1是一个回环地址；ping 127.0.0.1主要用来检测TCP/IP栈是否正确安装。

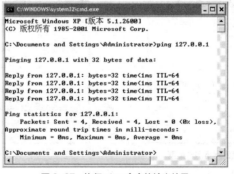

图 2-27　执行 ping 命令的输出结果

图2-27的输出结果说明TCP/IP栈已经正确安装。若出现其他结果，则说明TCP/IP栈没有安装或TCP/IP栈工作异常。

课后检测

一、填空题

1. 在 TCP/IP 模型的传输层上，_____协议实现的是不可靠、无连接的数据报服务，而_____协议是一种基于连接的通信协议，提供可靠的数据传输。

2. 在计算机网络中，应用最广泛的是_____协议，由它组成了 Internet 的一整套协议。

3. 在 ISO 提出的 OSI 参考模型中，第 1 层和第 3 层的名称分别为_____和_____。

二、选择题

1. 在下列给出的协议中，（　　）属于 TCP/IP 模型的应用层协议。

    A. TCP 和 FTP　　B. IP 和 UDP　　　　C. ARP 和 DNS　　　D. FTP 和 SMTP

2. 在下列对数据链路层的功能特性描述中，不正确的是（　　）。

    A. 通过交换与路由，找到数据通过网络的最有效的路径

    B. 数据链路层的主要任务是提供一种可靠的通过传输介质传输数据的方法

    C. 将比特流序化成帧，按顺序传输帧，并处理接收端发回的确认帧

    D. 数据链路层实现差错控制

3. 网络层、数据链路层和物理层传输的 PDU 分别是（　　）。

    A. 报文、帧、比特流　　　　　　　　B. 包、报文、比特流

    C. 包、帧、比特流　　　　　　　　　D. 数据块、分组、比特流

4. 在 OSI 参考模型中能实现路由选择、拥塞控制与互联功能的层是（　　）。

    A. 传输层　　　　　B. 应用层　　　　　C. 网络层　　　　　　D. 物理层

5. 在下列功能中，很好地描述了 OSI 参考模型的数据链路层的是（　　）。

    A. 保持数据正确的顺序、无错和完整　　B. 处理通过介质传输的信号

    C. 提供用户和网络接口　　　　　　　　D. 控制报文通过网络的路由选择

6. OSI 参考模型的物理层负责（　　）。

    A. 格式化报文　　　　　　　　　　　　B. 为数据选择通过网络的路由

    C. 定义连接到传输介质的特性　　　　　D. 提供远程访问传输介质

7. 在不同网络节点的对等层之间的通信需要（　　）。

    A. 模块接口　　　　B. 对等层协议　　　C. 电信号　　　　　　D. 传输介质

三、判断题

1. OSI 参考模型多用于解释互联网通信机制，TCP/IP 模型才是互联网络协议的市场标准。

    （　　）

2. TCP/IP 模型和 OSI 参考模型都采用了分层体系结构。　　　　　　　　（　　）

3. 在数据通信过程中，通信两端的主机主要完成数据的封装。　　　　　（　　）

4. 网络层负责数据在 Internet 中进行转发，而数据链路层只负责在局域网内进行转发。

    （　　）

5. 传输层是通过建立物理连接来进行数据传输的。　　　　　　　　　　（　　）

四、简答题

TCP/IP 模型分为哪几层？各层的功能分别是什么？每层又包含哪些主要协议？

五、重要词汇（英译汉）

1. Physical Layer   （   ）
2. Data Link Layer   （   ）
3. Network Layer   （   ）
4. Transport Layer   （   ）
5. Application Layer   （   ）

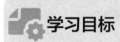 **主题 3 计算机网络 IP 地址**

学习目标

通过本主题的学习达到以下目标。

知识目标

- ⊙ 掌握 IP 地址的基本概念。
- ⊙ 掌握 IP 地址的分类。
- ⊙ 理解掩码的作用。
- ⊙ 了解默认网关的作用和 IP 地址的管理方法。

技能目标

- ⊙ 能够进行二进制值和十进制值的相互转换。
- ⊙ 能够进行网络 IP 地址的相关运算。

素质目标

- ⊙ 通过对 IP 地址概念的学习，明确 IP 地址在因特网中寻址的重要意义，引导学生实现目标需要正确的方向和明智的决策，避免出现"南辕北辙"的情况。

课前评估

1. 在安装家用宽带路由器或者调试局域网时，会进行 IP 地址的配置操作。在深入学习 IP 地址之前，能够进行二进制值与十进制值的相互转换是理解 IP 地址编址方式的前提。

（1）位置记数法，即根据数字在数字序列中所占用的位置来表示不同的值。请根据图 2-28 所示的步骤序列中的提示，完成二进制值到十进制值的转换，并将结果填在空白处。

十进制值								
基数	2	2	2	2	2	2	2	2
幂	7	6	5	4	3	2	1	0
位	128	64	32	16	8	4	2	1
比特	0	1	0	0	0	1	1	1

二进制值

图 2-28　使用位置记数法将二进制值转换为十进制值

（2）十进制值转换为二进制值采用的方法类似天平称重，如图 2-29 所示。请仔细观察图 2-29，并在图 2-30 中的空白处填写十进制值 215 对应的二进制值。

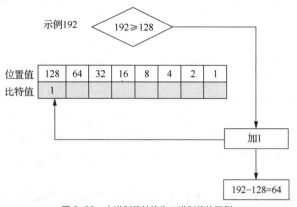

图 2-29　十进制值转换为二进制值的示例

十进制值	215							
基数	2	2	2	2	2	2	2	2
幂	7	6	5	4	3	2	1	0
位	128	64	32	16	8	4	2	1
比特								

图 2-30　十进制值转换为二进制值

2. 逻辑"与"（AND）运算是数字逻辑中使用的二进制运算之一。这种运算用于在数据网络中确定 IP 地址的网络部分。运算规则是 1 和任何数相与，执行复制操作；0 和任何数相与，执行置 0 操作。请将 10.138.120.24 和 255.255.255.224 执行与运算后的结果填写在图 2-31 中的空白处。

主机地址	10	138	120	24
子网掩码	255	255	255	224
二进制主机地址	00001010	10001010	01111000	00011000
二进制子网掩码	11111111	11111111	11111111	11100000
二进制网络地址				
十进制网络地址				

图 2-31　逻辑"与"运算

2.6　IP 地址编址方式

计算机网络中的地址是一种标识符，用于标识网络系统中的实体。用作地址的标识符包含标识对象（我是谁）、对象的位置（我从哪里来）和到达对象所在位置（我要到哪里去）3 个要素。

2.6.1　IP 地址的表示

IP 地址是 TCP/IP 栈中的 IP 定义的网络层地址。在以 TCP/IP 栈为通信协议的因特网上，每台主机都拥有唯一的 IP 地址。TCP/IP 栈中的 IP 提供了一种通用的地址格式

微课

微课 2.3

（General Address Format），该地址为 32 位的二进制数。为了方便使用，一般采用点分十进制表示法（Dotted Decimal Notation）来表示（将 32 位等分成 4 个部分，每个部分 8 位，相邻部分用英文句号分开，以十进制表示），如 192.168.10.1。

2.6.2 IP 地址的结构

动画
动画 3

IP 地址的一个重要特点是采用了层次结构。IP 地址的编址方式明显携带了网络的位置信息，它不仅包含主机本身的地址信息，还包含主机所在网络的地址信息，因此，当主机从一个网络移到另一个网络时，主机的 IP 地址必须进行修改以便正确地反映这个变化，否则将不能进行通信。实际上，IP 地址与生活中的邮件地址非常相似。生活中的邮件地址描述了邮件收发人的地理位置，也具有一定的层次结构（如城市→区→街道等）。如果收件人的位置发生变化（如从一个区搬到了另一个区），那么邮件的地址必定随之改变，否则邮件不可能送达收件人。

32 位的 IP 地址包含网络号（Network ID）与主机号（Host ID）两部分，如图 2-32 所示。

网络号	主机号

图 2-32　IP 地址的层次结构

网络号：每个网络区域都有唯一的网络标识码。
主机号：同一个网络区域内的每一台主机都必须有唯一的主机标识码。

2.7　IP 地址的分类

微课
微课 2.4

在 32 位的 IP 地址表示形式中，哪些位代表网络号，哪些位代表主机号？这个问题看似简单，意义却很重大，因为当 IP 地址长度确定后，网络号的长度将决定整个互联网中能包含的网络的数量，主机号的长度则决定了每个网络能容纳的主机的数量。

在 Internet 中，网络数是一个难以确定的因素，而不同种类的网络，规模也相差很大。有的网络具有成千上万台主机，而有的网络只有几台主机。为了适应各种网络规模，IP 将 IP 地址分成 A、B、C、D 和 E 这 5 类，分别通过 IP 地址的前几位区分，如图 2-33 所示。由图 2-33 可知，利用 IP 地址的前 4 位就可以分辨出它的 IP 地址类型。

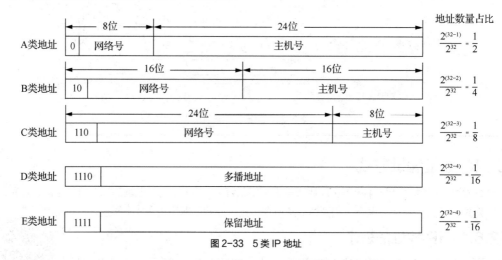

图 2-33　5 类 IP 地址

在这 5 类 IP 地址中，只有 A、B、C 这 3 类可供 Internet 上的主机使用。在使用时，还需要排除以下 6 种特殊的 IP 地址，如表 2-3 所示。

表 2-3　特殊 IP 地址

网络号	主机号	源 IP 地址使用	目的 IP 地址使用	代表的意义
0	0	可以	不可以	本地网络上的本地主机（源 IP 地址为 0.0.0.0，目的 IP 地址应为 255.255.255.255）
0	Host ID	不可以	可以	在本地网络上的某台主机
全为 1	全为 1	不可以	可以	在本地网络中广播（受限广播）
网络号	全为 1	不可以	可以	在远程网络中广播（直接广播）
网络号	全为 0	不可以	可以	本地网络本身
127	任何数	可以	可以	任意主机本身（回环测试）

根据图 2-33 并结合表 2-3 说明 A 类地址可供分配的最大网络个数。

课堂同步

2.8　掩码的作用

使用 TCP/IP 的主机之间在通信时，如何知道通信主机双方都在相同的网段内呢？

微课

微课 2.5

2.8.1　掩码的概念

掩码（Mask）采用与 IP 地址相同的格式，由 32 位的二进制数构成，也被分为 4 个 8 位组并采用点分十进制表示。但在掩码中，所有与 IP 地址中的网络部分对应的二进制位取值都为 1，而与 IP 地址中的主机部分对应的二进制位取值都为 0。

2.8.2　默认掩码

A、B、C 这 3 类网络的默认掩码（Default Mask）如表 2-4 所示。

表 2-4　A、B、C 这 3 类网络的默认掩码（二进制与十进制对应）

类别	二进制子网掩码	十进制子网掩码
A	11111111.00000000.00000000.00000000	255.0.0.0
B	11111111.11111111.00000000.00000000	255.255.0.0
C	11111111.11111111.11111111.00000000	255.255.255.0

掩码主要有两个作用：一是用来分隔 IP 地址的主机号和网络号，并且 IP 地址和掩码必须成对使用；二是掩码可以用来划分子网（Subnet）。

小贴士

　　IP 地址占用连续的 32 位二进制位，看不出网络号和主机号的分界线，于是设计掩码来指示这条分界线的位置。掩码也是一个 32 位的二进制数，前一部分是连续的 1，后一部分是连续的 0，1 和 0 的分界处就是分界线的位置。

分隔 IP 地址的主机号和网络号的方法：（IP 地址）AND（掩码）=网络号，即将给定 IP 地址与掩码对应的二进制位进行逻辑"与"运算，所得的结果为 IP 地址的网络号。

下面举例说明。

假设甲主机的 IP 地址为 202.197.147.3，使用默认掩码 255.255.255.0，试问这个 IP 地址的网络号是多少？

IP 地址与掩码对应的二进制位进行逻辑"与"运算的过程如图 2-34 所示。

```
202.197.147.3  ──→ 1 1 0 0 1 0 1 0 ·1 1 0 0 0 1 0 1·1 0 0 1 0 0 1 1·0 0 0 0 0 0 1 1
255.255.255.0  ──→ 1 1 1 1 1 1 1 1 ·1 1 1 1 1 1 1 1·1 1 1 1 1 1 1 1·0 0 0 0 0 0 0 0
"与"后的结果  ──→ 1 1 0 0 1 0 1 0 ·1 1 0 0 0 1 0 1·1 0 0 1 0 0 1 1·0 0 0 0 0 0 0 0
               ──→        202       ·      197      ·      147      ·     0
```

图 2-34 IP 地址与掩码对应的二进制位进行逻辑"与"运算的过程

若乙主机的 IP 地址为 202.197.147.18（掩码为 255.255.255.0），当甲主机要和乙主机通信时，甲主机和乙主机会分别将自己的 IP 地址和掩码进行逻辑"与"运算，得到两台主机的网络号都是 202.197.147.0，因此判断这两台主机在同一个网络区域，可以直接通信。如果两台主机不在同一个网络区域内（网络号不同），则无法直接通信，必须通过默认网关或路由器等设备进行通信。

 小贴士 IP 地址和掩码必须成对使用，一个孤立的 IP 地址是没有任何意义的。有什么方法可以快速准确地将十进制表示的 IP 地址转换为二进制表示的 IP 地址？在得到网络号后，如何得到主机号？最简单的方法：（IP 地址）-（网络号）=主机号。

2.9 默认网关

网关（Gateway）是指一个网络通向其他网络的 IP 地址。默认网关（Default Gateway）的意思是一台主机如果找不到可用的网关，就把数据包发送给默认的网关，由这个网关来处理数据包，因此一台主机的默认网关是不可以随便指定的，否则无法与其他网络的主机通信，如图 2-35 所示。

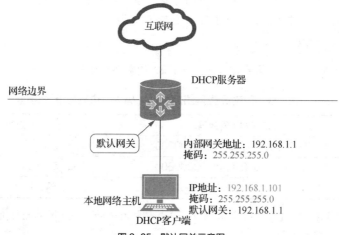

图 2-35 默认网关示意图

2.10 IP 地址的配置管理

IP 地址的分配可以采用静态和动态两种方式。静态分配是指由网络管理员为主机指定一个固定不变的 IP 地址并手动配置到主机上。动态分配主要通过动态主机配置协议（Dynamic Host Configuration Protocol，DHCP）来实现。采用 DHCP 进行动态主机 IP 地址分配的网络环境中至少要有一台 DHCP 服务器，DHCP 服务器上拥有可供其他主机申请使用的 IP 地址资源，DHCP 客户端通过 DHCP 请求向

DHCP 服务器提出关于地址分配或租用的要求。

何时使用静态分配 IP 地址？何时使用动态分配 IP 地址？最重要的决定因素是网络规模的大小。大型网络和远程访问网络适合使用动态分配地址，而小型网络适合使用静态分配地址。最好是普通客户端的 IP 地址使用动态分配方式，而服务器等特殊主机使用静态分配方式，采用两者相结合的方式来对 IP 地址进行管理。

🖥️🔧 动手实践

计算网络地址

IP地址由两部分组成：网络号和主机号。对处于同一网络的主机IP地址来说，IP地址的网络号是相同的，主机号可以标识给定网络中的特定主机，掩码用于确定IP地址的网络号。同一网络中的设备可以直接通信，而不同网络中的设备需要使用网络层设备（如路由器）进行通信。要了解网络中设备的运行情况，查看设备以二进制形式表示的网络地址，必须将IP地址及其掩码的点分十进制形式转换成二进制形式。完成这一转换后，就可以使用逻辑"与"运算得到网络地址。

动手实践4

1. 将 IP 地址从点分十进制转换为二进制

（1）将十进制值转换为二进制值。根据示例，将十进制值转换为8位的二进制值，并填写表2-5。

表2-5　十进制值转换为二进制值

十进制值	二进制值
192	11000000
168	
10	
255	
224	

（2）将IP地址转换为二进制值。可以使用与（1）相同的方法转换IP地址。根据所提供地址的二进制值填写表2-6。填写时，请使用英文句号分隔这些二进制数。

表2-6　IP 地址十进制值转化为二进制值

十进制值	二进制值
192.168.20.3	11000000.10101000.00010100.00000011
200.193.80.100	
10.234.178.235	
202.165.248.50	
197.183.1.36	

2. 使用逻辑"与"运算确定网络地址

使用逻辑"与"运算来计算所提供主机IP地址的网络地址。首先需要将十进制IP地址和子网掩码（Subnet Mask）转换为对应的二进制值。一旦得到网络地址的二进制值，就将它转换为对应的十进制值。请填写表2-7中缺少的信息。

表 2-7　使用逻辑"与"运算确定网络地址

项目	十进制值	二进制值
IP 地址	200.193.80.100	
子网掩码	255.255.255.224	
网络地址		

课后检测

一、填空题

1. IP 地址由网络号和_____组成。

2. 一个标准的 IP 地址 128.202.99.65 所属的网络为_____。

3. 111.251.1.7 的默认掩码是_____。

4. 若两台主机在同一子网中，则两台主机的 IP 地址分别与它们对应的掩码相"与"的结果一定_____。

二、选择题

1. IP 地址 10.0.10.32 和掩码 255.0.0.0 代表的是一个（　　　）。

    A. 主机地址　　　　B. 网络地址　　　　C. 广播地址　　　　D. 以上都不对

2. 若某台计算机的 IP 地址是 192.168.8.20，子网掩码是 255.255.255.0，则网络号和主机号分别是（　　　）。

    A. 网络号：199。主机号：168.8.20　　　　B. 网络号：192.168。主机号：8.20

    C. 网络号：192.168.8。主机号：20　　　　D. 网络号：255.255.255。主机号：0

3. 某 IP 地址为 195.100.8.200（子网掩码为 255.255.255.0），这是（　　　）类 IP 地址。

    A. A　　　　　　B. B　　　　　　C. C　　　　　　D. D

4. IPv4 地址由一组（　　　）的二进制数组成。

    A. 8 位　　　　　B. 16 位　　　　　C. 32 位　　　　　D. 64 位

三、判断题

1. IP 将 IPv4 地址划分成 A、B、C、D 和 E 这 5 类。（　　　）

2. 直接广播地址是将 IP 地址的主机号全部置为 1。（　　　）

3. IP 地址 255.255.255.255 称为受限广播地址。（　　　）

4. 网络地址是主机号为 0 的地址。（　　　）

5. 广播地址是以 255 结尾的地址。（　　　）

四、简答题

1. 设有两台计算机，一台计算机的 IP 地址设置为 193.100.0.18，子网掩码设置为 255.255.255.0；另一台计算机的 IP 地址设置为 193.100.0.20，子网掩码设置为 255.255.255.0。判断这两台计算机是否在同一子网中。

2. 设有两台计算机，一台计算机的 IP 地址设置为 193.100.0.129，子网掩码设置为 255.255.255.192；另一台计算机的 IP 地址设置为 193.100.0.66，子网掩码设置为 255.255.255.192。判断这两台计算机是否在同一子网中。

五、重要词汇（英译汉）

1. Dotted Decimal Notation　　　　　　（　　　　　　　　　　　　　）

2. Network ID　　　　（　　　　　　　　　　）
3. Host ID　　　　　　（　　　　　　　　　　）
4. Subnet Mask　　　　（　　　　　　　　　　）
5. Default Gateway　　（　　　　　　　　　　）

拓展提高

借鉴互联网发展成功的经验

　　互联网是人类历史上发展速度最快的一种信息技术。我们可以通过一组数据来说明：从开始商用到用户数达 500 万，电话网用了 100 年，无线广播网用了 38 年，有线电视网用了 13 年，而互联网只用了 4 年。这组数据足以说明互联网技术是成功的。

　　关于互联网发展成功的经验，早在 1996 年发表的 RFC 1958 中已经有过说明。计算机领域著名专家安德鲁·S. 特南鲍姆（Andrew S. Tanenbaum）在《计算机网络（第 5 版）》中关于互联网的讨论部分总结了互联网设计的十大原则。

电子活页

拓展提高 2

　　请查阅相关材料，总结互联网发展有哪些成功经验，这些经验为云计算、大数据、人工智能、移动互联网、物联网等所形成的网络生态系统提供了哪些借鉴。

　　建议：本部分内容课堂教学为 1 学时（45 分钟）。

模块3

03

构筑网络高速公路——数据通信基础

学习情景

计算机网络的一个典型应用是数据通信，而物理层是唯一直接传输数据的一层。由于计算机网络可以利用的传输介质（如双绞线、同轴电缆、光纤和无线电波等）和传输设备（如集线器、交换机和路由器等）种类繁多，各种通信技术（如数据编码技术、数据传输技术和多路复用技术等）存在很大的差异，并且各种新的通信技术在快速发展。因此，按照计算机网络体系结构的分层原则，需要通过设置物理层来尽可能屏蔽这些差异。

物理层是计算机网络体系结构的最底层，其主要作用是尽可能屏蔽网络中的设备、传输介质和通信方式的差异，使数据链路层感觉不到这些差异，只考虑如何完成本层的协议和服务，而不考虑网络具体的传输介质或设备。但是，物理层的很多内容涉及通信技术的细节问题，如计算机内部的二进制数不能直接通过介质传输，电信号是数据在网络传输过程中的表示形式等，对于数据通信系统，它关心的是数据用什么样的电信号来表示，以及如何传输这些电信号。

学习提示

本模块的思维导图如图3-1所示。本模块划分为数据通信方式、常见传输介质、数据编码技术、信道复用技术、物理层接口标准和宽带接入技术6个主题，介绍数据通信、数据编码、数据传输和多路复用等基本概念，阐述物理层的主要功能、常用标准和常见设备等内容，帮助读者理解数据通信的传输原理和实现方法，为后续的学习打下坚实的基础。

主题1 数据通信方式

⚙ 学习目标

通过本主题的学习达到以下目标。

知识目标

- ◉ 了解并行通信与串行通信的特点。
- ◉ 了解单工、半双工和全双工通信方式的特点。

◎　掌握异步传输和同步传输的概念。

技能目标

◎　能够使用常见的网络仿真工具。

素质目标

◎　通过学习单工、半双工、全双工 3 种通信方式的特点，明确其存在的意义与应用价值，引导学生思考人生的价值：无论平凡伟大，都可以活出自己的精彩。

◎　由计算机内部采用并行通信，在通信线路上使用串行通信的选择依据，引导学生要以辩证的方式看待问题，条件不同则处理结果不同，具体问题具体分析。

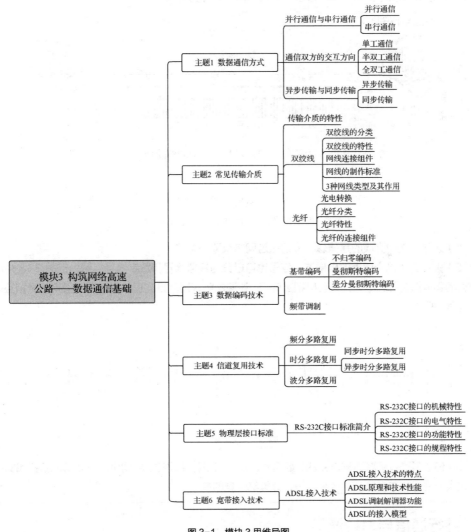

图 3-1　模块 3 思维导图

🔍 课前评估

1. 计算机网络是计算机技术与通信技术紧密结合的产物。物理层定义了网络设备与传输介质之

间的沟通方法，它所关注的内容与传输介质相关，但与看得见、摸得着的传输介质和网络设备不是一回事。

（1）物理层的协议数据单元是＿＿＿＿＿＿，不能直接在介质上传输，需将其＿＿＿＿＿＿或＿＿＿＿＿，转换成适合介质传输的＿＿＿＿＿。

（2）物理层协议使用＿＿＿＿＿、＿＿＿＿＿、＿＿＿＿＿和＿＿＿＿＿4 个特性来描述，其中前两个特性从接口的大小、尺寸、引脚数量、功能等层面反映了网络基础设施的标准，后两个特性从发送信号的表示和先后顺序等层面反映了传输信号的物理标准。

（3）物理层考虑了通信设备之间的连接方式，如在广域网中采用＿＿＿＿＿连接方式，在局域网中采用＿＿＿＿＿连接方式。

2. 请仔细观察图 3-2，总结信息、数据和信号之间的关系。

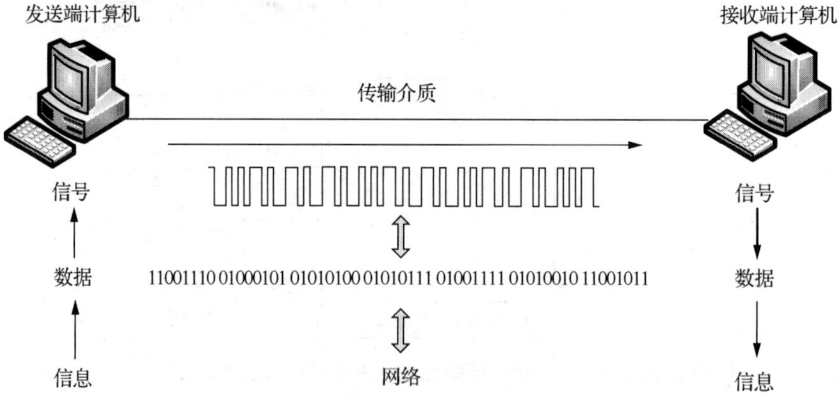

图 3-2 信息、数据和信号之间的关系

（1）人与人之间交换的是信息，人们通过网络获取信息。

（2）信号是传输介质上的电磁波。信号也可以分为模拟信号和数字信号，请指出图 3-3 中哪一个描述的是模拟信号？不同信号可以相互转换，如调制解调器就是实现数字信号和模拟信号相互转换的物理层设备。

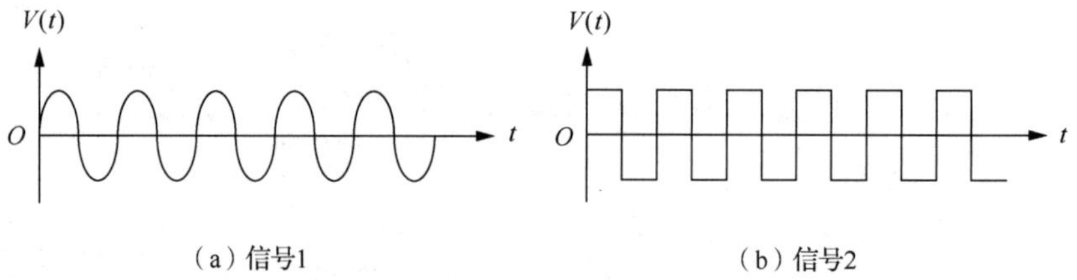

（a）信号1   （b）信号2

图 3-3 信号波形图

（3）信息是通过解释数据产生的，数据是通过信号进行传输的。数据可以分为模拟数据和数字数据，如人们说话的声音是＿＿＿＿＿，计算机处理的是＿＿＿＿＿。

3.1 并行通信与串行通信

数据通信方式（Data Communication Mode）按照数据传输与需要的信道数可划分为并行通信和串行通信。数据有多少位就需要多少条信道，每次传输数据时，一条信道只传输字节中的一位，一次传输一个字节，这种通信方式称为并行通信。如果数据传输时只需要一条信道，则数据字节有多少位就需要传输多少次，这种通信方式称为串行通信。

小贴士

位存储在内存中，无法直接传输，需要将位转换为电磁信号，然后在传输介质上传输。信道是数据传输的通路，它由传输介质、通信设备和传输技术构成。在计算机网络中信道分为物理信道和逻辑信道。物理信道按传输信号的不同形式分为模拟信道和数字信道。

3.1.1　并行通信

在并行通信（Parallel Communication）中，一般有 8 个数据位同时在两台设备之间传输，如图 3-4 所示。发送设备与接收设备之间有 8 条信道，发送设备同时发送 8 个数据位，接收设备同时接收 8 个数据位。计算机内部各部件之间的通信是通过并行总线进行的，如并行传送 8 位数据的总线称为 8 位数据总线，并行传送 16 位数据的总线称为 16 位数据总线等。

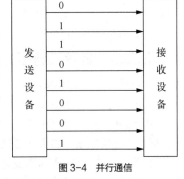

图 3-4　并行通信

并行通信的特点如下。

① 数据传输速率高。

② 数据传输占用信道较多，费用较高，所以只能应用于短距离传输。

③ 一般应用于计算机系统内部传输或者近距离传输。

3.1.2　串行通信

并行通信需要 8 条或 8 条以上的信道，对于近距离的数据传输来说费用还是可以负担的，但在进行远距离数据传输时，这种方式就不经济了。所以在数据通信系统中，较远距离的通信就必须采用串行通信（Serial Communication），如图 3-5 所示。

串行通信每次在线路上只能传输 1 位数据，因此其传输速率一般要比并行通信慢得多。虽然串行通信传输速率慢，但在发送设备和接收设备之间只需一条信道，成本大大降低，且串行通信适用于覆盖面很广的公用电话交换网（Public Switched Telephone Network，PSTN），所以，在现行的计算机网络通信中串行通信应用更广泛。

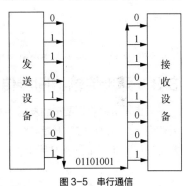

图 3-5　串行通信

串行通信的特点如下。

① 数据传输速率慢。

② 数据传输占用信道较少，费用较低，所以适用于远距离传输。

3.2　通信双方的交互方向

数据在通信线路上传输是有方向的。根据数据在传输介质上传输的方向和特点，通信方式可划分为单工通信（Simplex Communication）、半双工通信（Half-Duplex Communication）和全双工通信（Full-Duplex Communication）3 种。

3.2.1　单工通信

单工通信（单向通信）指通信信道是单向信道，数据仅沿一个方向传输，发送端只能发送不能接收，而接收端只能接收不能发送，任何时候都不能改变信号传输方向，如无线电广播和电视都属于单工通信，如图 3-6 所示。

图 3-6　单工通信

3.2.2 半双工通信

半双工通信（双向交替通信）是指数据可以沿两个方向传输，但同一时刻一条信道只允许单方向传输，即两个方向的传输只能交替进行，而不能同时进行。当改变传输方向时，要通过开关装置进行切换，如图 3-7 所示。半双工通信的典型应用包括对讲机和步话机。半双工通信在计算机网络系统中适用于终端与终端之间的会话式通信。

3.2.3 全双工通信

全双工通信（双向同时通信）是指数据可以同时沿相反的两个方向进行传输，如图 3-8 所示，如两台电话机之间的通信，它相当于两个方向相反的单工通信组合在一起，通信的一方在发送数据的同时也能接收数据。全双工通信一般采用接收信道与发送信道分开，按各个传输方向分开设置发送信道和接收信道的方式实现，如局域网中两个网络节点之间的通信。

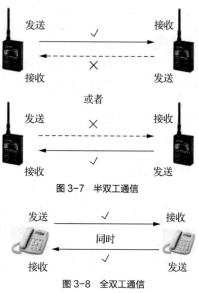

图 3-7 半双工通信

图 3-8 全双工通信

在全双工通信中，点对点信道使用（　　　）方式，广播信道使用（　　　）方式。

课堂同步

3.3 异步传输与同步传输

同步是指接收端要按照发送端发送的每个码元的重复频率及起止时间来接收数据。因此，接收端不仅要知道一组二进制位的开始与结束，还要知道每位的持续时间，这样才能做到用合适的采样频率对所接收数据进行采样，如图 3-9 所示。

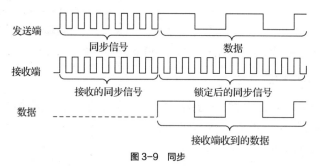

图 3-9 同步

数据传输的方式有两种：异步传输（Asynchronous Transmission）和同步传输（Synchronous Transmission）。引入同步传输与异步传输是为了解决串行传输中通信双方的字符的同步问题。由于串行传输是以二进制位为单位在一条信道上按时间顺序逐位传输的，这就要求发送端按位发送，接收端按时间顺序逐位接收，还要对所传输的数据加以区分和确认。因此，通信双方需要采取同步措施，这对远距离的串行通信更为重要。

3.3.1 异步传输

异步传输也称字符同步，在通信的数据流中，每次传输一个字符且字符间异步。字符内部各位同步被称为字符同步方式，即每个字符出现在数据流中的相对时间是随机的，接收端预先并不知道，而每个字符一开始发送时，收发双方就以预先固定的时钟速率来传输和接收二进制位。

异步传输过程如图 3-10 所示。开始传输前，线路处于空闲状态，连续输出 "1"。传输开始时首先发送一个 "0" 作为起始位（Start Bit），然后出现在通信线路上的是字符的二进制编码数据。每个字符的数据位长可以约定为 5bit、6bit、7bit 或 8bit，一般采用 ASCII 编码。接着是校验位，可以根据情况约定是否需要奇偶校验（Parity Check）。最后是表示停止位（Stop Bit）的 "1" 信号，这个停止位可以约定持续 1bit 或 2bit 的时间宽度，至此一个字符传输完毕，线路又进入空闲状态，持续传输 "1"，经过一段时间后，下一个字符开始传输时又发出起始位。

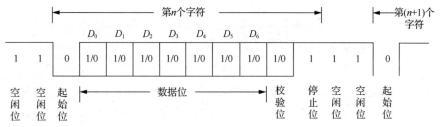

图 3-10 异步传输过程

异步传输对接收时钟的精度要求降低了，它的最大优点是设备简单、易于实现。但是异步传输的效率很低。这是因为每一个字符都要加起始位和停止位，辅助开销比例比较大，例如，采用 1 个起始位、8 个数据位、2 个停止位时，其传输效率为 8/11≈73%。因此异步传输用于低速线路中，如计算机与调制解调器的通信等。

小贴士 对于异步传输而言，它们的时钟完全独立，不需要同步，时钟频率可以不同。尽管如此，异步传输并不是完全不进行时钟同步，它只是在位接收前一时刻才开始时钟同步，也仅进行一次时钟同步。这一次时钟同步可以保证接下来的位接收是正确的，但位数不能太多，否则会因为误差积累而引发错误。

3.3.2 同步传输

同步传输也称帧同步。通常，同步传输的信息格式是一组字符或一个由二进制位组成的数据块（帧）。在以太网中，当链路空闲时，以太网发送的空闲信号是高电平，这样以太网就比较容易发现一个帧的结束，因而不需要专门的帧结束定界符；如果链路一直是高电平，信号周期内没有电平跳变，无法携带时钟信息，信宿与信源之间无法进行时钟同步，那么以太网帧开始之前必须要有同步字符。同步传输不需要对每一个字符附加起始位和停止位，而是在发送一组字符或数据块（Data Block）之前先发送一个同步字符 SYN（用 01101000 表示）或同步字节（用 01111110 表示），用于接收端进行同步检测，从而使发送端和接收端进入同步状态。在同步字符或同步字节之后，可以连续发送任意多个字符或数据块，发送数据完毕后，使用循环冗余校验（Cyclic Redundancy Check，CRC）技术，将生成的帧校验字符存放在帧的尾部，再使用同步字符或同步字节来标识整个发送过程的结束，如图 3-11 所示。

在同步传输时，发送端和接收端将整个字符组作为一个单位传输，且附加位非常少，从而提高了数据传输的效率，所以这种方法一般用于高速传输数据的系统中，如计算机之间的数据通信。

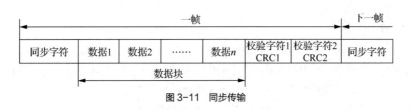

图 3-11　同步传输

另外，在同步传输中，要求收发双方之间的时钟严格同步，而使用同步字符或同步字节只适用于同步接收数据帧。只有保证接收端接收的每一个位都与发送端保持一致，接收端才能正确地接收数据，这就要使用位同步（Bit Synchronization）的方法。对于位同步，可以使用一个额外的专用信道发送同步时钟来保持双方同步，也可以使用编码技术将时钟编码到数据中，在接收端接收数据的同时就获取同步时钟。这两种方法相比，后者的效率最高，使用最为广泛。

同步传输中，（　　　）用于数据帧接收同步，（　　　）用于收发双方时钟同步，（　　　）对同步时钟精度要求高，（　　　）传输效率高。

课堂同步

动手实践

网络模拟器的基础使用

网络模拟器是指能利用软件虚拟出相应的网络设备，并利用这些虚拟的网络设备联网进行相关配置，用来验证或解决相关网络问题的软件。目前，市面上有许多网络模拟器，如华为的eNSP、思科的Packet Tracer等，本节介绍思科的Packet Tracer模拟器。Packet Tracer是一款非常好用的网络模拟软件，其特点是界面直观、操作简单、帮助功能强、容易上手，非常适用于计算机网络课程的学习。

1. 下载并安装 Packet Tracer

在官方网站下载最新版本的Packet Tracer网络模拟器，双击安装包进行安装，一直单击"Next"按钮，最后单击"Finish"按钮完成安装。

2. Packet Tracer 的启动界面

双击桌面上的"Cisco Packet Tracer"图标，软件启动完成后的主界面包含菜单栏、工具栏、拓扑工作区、拓扑工作区工具栏、设备列表区和连线区、报文跟踪区等，如图3-12所示。

3. 添加网络设备并更改标签名

在设备列表区和连线区中，有许多不同种类的网络设备，从左到右、从上到下进行排列，提供路由器、交换机、无线路由器、线路、计算机、防火墙和服务器等网络设备。例如，添加一个型号为2911的路由器，首先在列表区和连线区内找到要添加的网络设备的大类别，然后从该类别的设备型号中寻找到自己想要的设备，最后将其拖动到拓扑工作区中即可完成添加设备的操作。添加完成后，在工作区中可以看到一个标签名为"Router0"的2911路由器的图标。单击该标签进入标签编辑状态，更改标签名为"R1"。用同样的方法，添加其他网络设备并更改标签名，添加完成后通过拖动的方式调整设备之间的位置关系，如图3-13所示。

图 3-12　Packet Tracer 主界面

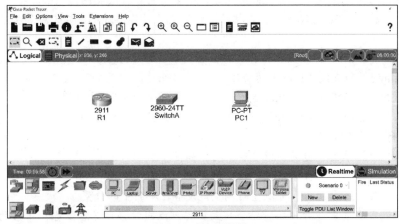

图 3-13　添加网络设备

4. 使用线缆连接设备

在设备列表区和连线区中选中线缆时,会在右边出现许多不同的线缆类型(见图3-12),依次为自动选择类型、控制线、直通线、交叉网线、光纤、电话线、同轴电缆、DCE串口线、DTE串口线和"八爪"线等。这里选中直通线,右击要进行连线的网络设备,如右击SwitchA时会弹出如图3-14所示的端口选择界面,选中要进行连接的端口,再单击PC1,选中适当的接口即可完成连线的操作。用同样的方法连接其他设备。

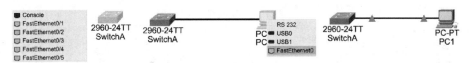

图 3-14　连接网络设备

添加网络设备时要注意设备的型号,特别是交换机,不同型号的交换机的功能有很大的区别;不同的设备之间、不同类型的接口使用的连接线缆不同,在进行网络设备连接时要注意选择正确的线缆;连接网络时,要根据网络连接要求正确地连接各个网络设备的接口。

5. 设备编辑工具的使用

设备编辑工具如图3-15所示,从左到右依次为选择、查看、删除、重定义图形大小、添加标签、绘图、添加简单PDU和添加复杂PDU。

图3-15　设备编辑工具

（1）选择（Select）：单击该图标后，将鼠标指针移至拓扑图上，单击设备即可弹出该设备的配置界面进行配置；或者选中设备并按住鼠标左键拖动，可调整设备在工作区中的位置。

（2）查看（Inspect）：查看拓扑图中路由器或交换机的路由表、ARP、QoS表等信息。单击该图标后，在拓扑图上单击要查看的设备，并在弹出的菜单中选择相应选项即可查看对应信息。

（3）删除（Delete）：单击该图标后，单击即可删除拓扑图中的设备或者线缆。

（4）重定义图形大小（Resize）：单击该图标后，在拓扑工作区选中使用绘图工具绘制的图形，在图形上会出现一个红色的小正方形，拖动它即可改变图形大小。

（5）添加标签（Place Note）：在拓扑工作区内为设备添加标签或者添加拓扑图的说明等信息。

（6）绘图（Draw）：提供在拓扑工作区绘制多边形（Freeform）、矩形（Rectangle）、椭圆形（Ellipse）和直线（Line）的功能。

（7）添加简单PDU（Add Simple PDU）：在本模块的主题4中详述。

（8）添加复杂PDU（Add Complex PDU）：在本模块的主题4中详述。

6. 鼠标的操作方法

鼠标操作分为单击、拖动、框选等，功能如下。

（1）单击任何一台设备，将弹出该设备的配置界面。

（2）拖动任何一台设备，可以重新调整该设备在界面中的位置。

（3）框选可以选中多台设备，结合拖动操作可以同时移动多台设备，从而调整设备的位置。

7. 为设备添加注释

使用拓扑工作区的注释工具，在拓扑工作区单击后直接输入注释文字。如图3-16所示，为R1、SwitchA和PC1分别添加"路由器""交换机""计算机"注释。

图3-16　添加注释文字

课后检测

一、填空题

1. 根据数据在传输介质上传输的方向和特点，通信方式划分为_____、_____和_____ 3种。

2. 数据传输的方式分为_____和_____。

二、选择题

1. 计算机内部通信采用（　　）方式。

　　A. 串行通信　　　　B. 并行通信　　　　C. 同步传输　　　　D. 异步传输

2. 在同一条信道上的同一时刻，能够进行双向数据传送的通信方式是（　　）。

　　A. 单工通信　　　B. 半双工通信　　　C. 全双工通信　　　D. 上述 3 种均不是

3. 采用异步传输方式，设数据位为 7 位，校验位为 1 位，停止位为 1 位，则其传输效率为（　　）。

　　A. 30%　　　　　　B. 70%　　　　　　C. 80%　　　　　　D. 20%

三、判断题

1. 在传输数据时，一条信道只传输字节中的一位，一次传输一个字节，这种传输方法称为串行通信。　　　　　　　　　　　　　　　　　　　　　　　　　　　　（　　）

2. 全双工通信是指数据可以同时沿相反的两个方向进行双向传输。　　　　（　　）

3. 异步传输对接收时钟的精度要求提高了。　　　　　　　　　　　　　　（　　）

四、简答题

1. 串行通信和并行通信各有哪些特点？分别适用于什么场合？

2. 什么是单工通信、半双工通信和全双工通信？它们各有什么特点？

五、重要词汇（英译汉）

1. Parallel Communication　　　　　　　（　　　　　　　　）

2. Serial Communication　　　　　　　　（　　　　　　　　）

3. Full-Duplex Communication　　　　　　（　　　　　　　　）

4. Asynchronous Transmission　　　　　　（　　　　　　　　）

5. Synchronous Transmission　　　　　　（　　　　　　　　）

主题 2　常见传输介质

学习目标

通过本主题的学习达到以下目标。

知识目标

- 了解传输介质的特性。
- 了解双绞线的分类、特性和网线的连接组件。
- 掌握网线的制作标准和应用标准。
- 了解光纤通信系统、光纤分类及其特性。

技能目标

- 能够制作标准网线。
- 能够使用网线正确连接网络设备。

素质目标

- 传输介质的覆盖范围对数据的传输质量有决定性影响，引导学生从客观需求出发，兼顾各方，合理取舍，满足需求是第一要素和底线。

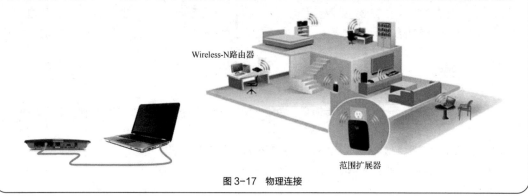

课前评估

在进行网络通信之前，必须在本地网络上建立一个物理连接。物理连接可以是有线连接，也可以是无线连接，如图 3-17 所示。请尽可能地列举出图 3-17 中所包含的有线连接和无线连接的传输介质。

Wireless-N路由器

范围扩展器

图 3-17　物理连接

3.4　传输介质的特性

传输介质（Transmission Media）的特性对数据的传输质量有决定性影响，通常分为物理特性、传输特性、抗干扰特性、覆盖地理范围和相对价格特性等。

1. 物理特性

传输介质的物理特性包括物质构成、几何尺寸、机械特性、温度特性和物理性质等。

2. 传输特性

传输介质的传输特性包括衰减特性、频率特性和适用范围等。

3. 抗干扰特性

传输介质的抗干扰特性是指在介质内传输的信号对外界噪声干扰的承受能力，常见的外界干扰源如图 3-18 所示。

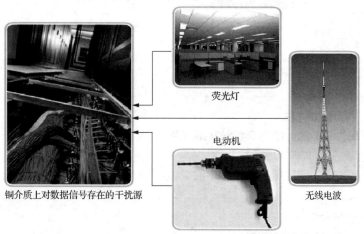

荧光灯

电动机

铜介质上对数据信号存在的干扰源

无线电波

图 3-18　常见的外界干扰源

4. 覆盖地理范围

传输介质的覆盖地理范围是指根据前面的 3 种特性，保证信号在失真允许范围内所能达到的最大传输距离。

5. 相对价格特性

传输介质的相对价格特性取决于传输介质的性能和制造成本。

3.5 双绞线

双绞线（Twisted Pair）既可以传输模拟信号（Analog Signal），又可以传输数字信号（Digital Signal）。双绞线是目前使用最广泛、价格最低廉的一种有线传输介质。双绞线内部由若干对（通常是 1 对、2 对或 4 对）两两绞在一起的相互绝缘的铜导线组成，如图 3-19 所示。铜导线的典型直径为 1 mm 左右（通常为 0.4～1.4 mm）。之所以采用这种两两相绞的绞线技术，是因为要抵消相邻线对之间所产生的电磁干扰并减少线缆端接点处的近端串扰。

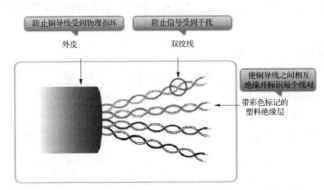

图 3-19　双绞线结构

3.5.1　双绞线的分类

双绞线是计算机网络中常用的传输介质，分类方法很多，这里介绍其中的 3 种分类方式。

（1）按照是否有屏蔽层，双绞线可以分为屏蔽双绞线（Shielded Twisted Pair，STP）和非屏蔽双绞线（Unshielded Twisted Pair，UTP）。与 UTP 相比，STP 由于采用了良好的屏蔽层，因此抗干扰性较好。STP 的屏蔽方式有 3 种：单屏蔽-铝箔屏蔽；单屏蔽-编织屏蔽；双屏蔽-铝箔屏蔽+铝箔屏蔽。使用最为普遍的是单屏蔽-编织屏蔽。STP 结构如图 3-20 所示。

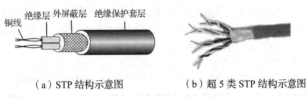

（a）STP 结构示意图　　　（b）超 5 类 STP 结构示意图

图 3-20　STP 结构

（2）按照电子工业协会（Electronic Industries Alliance，EIA）或电信工业协会（Telecommunication Industry Association，TIA）的规定，双绞线按最高传输频率可分为 3 类（16MHz）、5 类（100MHz）、5E 类（100MHz）、6 类（250MHz）、6A 类（500MHz）、7 类（600MHz）、7A 类（1000MHz）。

（3）按照对数分类，双绞线可分为 2 对双绞线、4 对双绞线、8 对双绞线及大对数电缆，大对数电缆一般分为 25 对、50 对、100 对等，可为用户提供更多的可用对数，常用于高速数据或者语音通信。

3.5.2　双绞线的特性

用双绞线传输数字信号时，它的数据传输速率与电缆的长度有关。局域网中规定使用双绞线连接网络设备的最大长度为 100m。当距离较短时，数据传输速率可以高一些。典型的数据传输速率有 10Mbit/s、100Mbit/s 和 1000Mbit/s。

小贴士　双绞线能够传送的数据速率除了受导线类型和传输距离（电缆长度）影响，还与数字信号的编码方式有很大关系。

双绞线的品牌有很多，安普（AMP）是人们见得最多，也最常用的一种，质量好，价格低廉；西蒙（Simon）在综合布线系统中经常见到，与安普相比，其档次要高许多，价格也高许多；还有朗讯（Lucent）、丽特（NORDX/CDT）、IBM 等品牌。

使用双绞线作为传输介质的优点在于其技术和标准非常成熟，价格低廉，安装也相对简单；缺点是双绞线对电磁干扰（Electromagnetic Interference）比较敏感，并且容易被窃听。双绞线目前主要在室内使用。

3.5.3　网线连接组件

RJ-45 接头俗称水晶头，双绞线的两端必须都安装 RJ-45 接头，以便连接在以太网卡、集线器（Hub）或交换机（Switch）的 RJ-45 接口上。RJ-45 接头由金属片和塑料扣构成，特别需要注意的是引脚序号，当金属片面对人们的时候，从右至左引脚序号依次是 1 到 8，如图 3-21 所示。

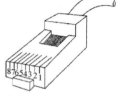

图 3-21　引脚序号

小贴士　RJ-45 接头分为 5 类 RJ-45 接头、6 类 RJ-45 接头、屏蔽 RJ-45 接头、组合 RJ-45 接头等，外观结构看起来没有太大差别，实际上存在很大的差别。

RJ-45 接头也可分为几种档次，一般像安普这样的大厂的质量好一些，价格也很便宜，约为 1.5 元一个。质量差的主要表现为接触探针是镀铁的，很容易生锈，造成接触不良、网络不通。质量差的另一点表现是塑料扣扣不紧（通常是变形所致），也很容易接触不良，造成网络中断。RJ-45 接头虽小，却很重要，在网络中有相当一部分故障是 RJ-45 接头的质量差造成的。

3.5.4　网线的制作标准

双绞线网线的制作方法非常简单，就是把双绞线的 4 对 8 芯导线按一定规则插入 RJ-45 接头中。EIA/TIA 568 标准提供了两种顺序：EIA/TIA 568A 和 EIA/TIA 568B。在制作双绞线时，需按 EIA/TIA 568B 或 EIA/TIA 568A 标准的线序进行，如表 3-1 所示。

表 3-1　EIA/TIA 568B 和 EIA/TIA 568A 标准线序

线序	1	2	3	4	5	6	7	8
EIA/TIA 568B	白橙	橙	白绿	蓝	白蓝	绿	白棕	棕
EIA/TIA 568A	白绿	绿	白橙	蓝	白蓝	橙	白棕	棕

小贴士　请务必记住这两种标准的线序。在具体选择标准的时候，切记整个网络要选用一种标准，否则出现问题的时候不易维护。在工程中通常选用 EIA/TIA 568B 标准。

3.5.5　3 种网线类型及其作用

常见网线有直通网线、交叉网线和全反电缆这 3 种类型。

1. 直通网线

直通网线（Straight-Through Cable）可用于将计算机连接到集线器或交换机的以太网接口，或者用于交换机与路由器等不同中间设备之间的连接。

2. 交叉网线

交叉网线（Cross-Over Cable）用于计算机与计算机，或交换机与交换机等相同或相似设备之间的互联。直通网线和交叉网线的线序排列如图 3-22 所示。

> **小贴士** 交叉网线和直通网线用于连接终端或网络设备的以太网接口，若为同种设备或同类设备之间的以太网接口相连，则使用交叉网线；若为不同网络设备之间的以太网接口相连，则使用直通网线。

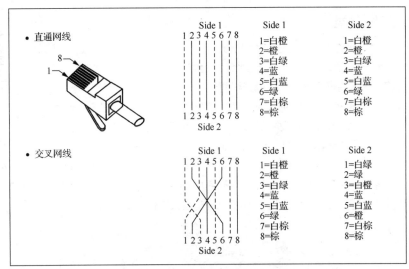

图 3-22　直通网线和交叉网线的线序排列

3. 全反电缆

全反电缆（Rollover Cable）又称为配置线或反接线，用于连接一台工作站到交换机或路由器的控制台端口（Console Port），以访问这台交换机或路由器。直通电缆两端的 RJ-45 连接器的电缆都具有完全相反的次序，全反电缆的线序排列如图 3-23 所示。

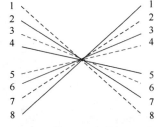

图 3-23　全反电缆的线序排列

3.6　光纤

光纤（Optical Fiber）是一种由石英玻璃纤维或塑料纤维制成、直径很细、能传导光信号的媒介。从横截面看，每根光纤都由纤芯和包层构成，如图 3-24 所示。纤芯的折射率较包层略高。因此，基于光的全反射原理，光信号在纤芯与包层界面之间形成全反射，从而使光信号被限制在光纤中并向前传输。

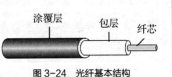

图 3-24　光纤基本结构

3.6.1　光电转换

因为计算机只能接收电信号，所以光纤不能与计算机直接连接，需要使用光电收发器进行光电转换。

对于光电转换，在发送端，使用发光二极管（Light Emitting Diode，LED）或注入式激光二极管（Injection Laser Diode，ILD）作为光源；在接收端，使用光电二极管 PIN 检波器或雪崩光电二极管（Avalanche Photodiode，APD）检波器将光信号转换成电信号。光纤传输系统结构如图 3-25 所示。

图 3-25　光纤传输系统结构

由图 3-25 可知，光纤只能单向传输信号，若作为数据传输介质，则应由两根光纤组成一对信号线，一根用于发送数据，另外一根用于接收数据。由于光纤质地脆弱，又很细，不适合通信网络施工，因此必须将光纤制作成很结实的光缆（Optical Cable）。光纤布线主要用于企业网络、光纤到户、长途网络和水下网络等。

3.6.2　光纤分类

光纤常用的 3 个频段的中心波长分别为 0.85μm、1.3μm 和 1.55μm，这 3 个频段的带宽都为 25000GHz～30000GHz，因此光纤的通信量很大。根据使用的光源和光纤纤芯的粗细，可将光纤分为多模光纤和单模光纤两种。

（1）多模光纤（Multi-mode Optical Fiber，MMF）。多模光纤采用 LED 作为光源，定向性较差。当纤芯的直径比光波波长大很多时，由于光束进入纤芯中的角度不同，因此传播路径也不同，此时，光束是以多种模式在纤芯内不断反射向前传播的，如图 3-26（a）所示。多模光纤的传输距离一般在 2km 以内。

（2）单模光纤（Single-mode Optical Fiber，SMF）。单模光纤采用 ILD 作为光源，定向性较强。单模光纤的纤芯直径一般为几个光波的波长，当光束进入纤芯中的角度差别较小时，能以单一的模式无反射地沿轴向前传播，如图 3-26（b）所示。单模光纤的最大传输距离可达 3km。

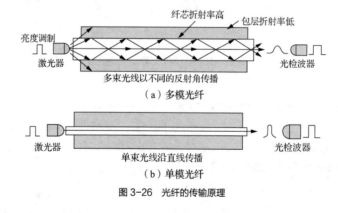

图 3-26　光纤的传输原理

课堂同步

单模光纤和多模光纤的特性比较如表 3-2 所示。

表 3-2　单模光纤和多模光纤的特性比较

比较项目	单模光纤	多模光纤
速度		
距离		
成本		
光源		

3.6.3 光纤特性

光纤的规格通常用纤芯与包层的直径比值来表示，如 62.5/125μm、50/125μm 和 8.3/125μm。其中，8.3/125μm 的光纤只用于单模传输。单模光纤的传输速率较高，但比多模光纤更难制造，价格也更高。光纤的优点是信号的传输损耗小（传输距离长）、传输频带宽（信道容量大）、传输速率高（可达 Gbit/s 量级）。另外，因为光纤本身没有电磁辐射，所以传输的信号不易被窃听、保密性好，但成本高且连接技术比较复杂。光纤主要用于长距离数据传输和网络的主干线。

 室内单模光纤和多模光纤的识别。国际电信联盟（International Telecommunications Union，ITU）规定：室内单模光纤的涂覆层颜色为黄色，室内多模光纤的涂覆层颜色为橙色。

3.6.4 光纤的连接组件

在光纤施工中，光纤的两端被安装在配线架上，配线架的光纤端口与网络设备（交换机等）之间用光纤跳线连接。光纤跳线两端的插件被称为光纤插头，常用的光纤插头主要有两种规格：SC 插头和 ST 插头。一般网络设备端配的是 SC 插头，而配线架端配的是 ST 插头，如图 3-27 所示。二者最直观的区别是 SC 插头是方形的，而 ST 插头是圆形的。

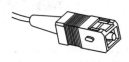

（a）SC 插头　　　　　　　　　　（b）ST 插头

图 3-27　常用的光纤插头

 光纤跳线和尾纤是否为一回事？光纤跳线的两端连接有光纤插头，尾纤只有一端连接有光纤插头。

🛠 动手实践

制作标准网线

实施条件：RJ-45接头若干只，超5类UTP若干米，剥线钳、压线钳各1把，电缆测试工具1台，如图3-28所示。

动手实践

动手实践6

图 3-28　常见的网线制作与测试工具

1. 剥线

利用剥线钳将双绞线的外皮剥掉2 cm左右，将划开的外保护套管剥去（旋转、向外抽）。

2. 理线

按EIA/TIA 568B标准线序将8根导线平坦、整齐地平行排列，导线之间不留空隙，将裸露的双绞线用压线钳剪下只剩约1.4cm，一定要剪整齐。

3. 插线

将剪短的双绞线放入RJ-45接头测试长短（要插到底），双绞线的外保护层最后应该能够在RJ-45接头内的凹陷处被压实，有时需要反复进行调整。

4. 压线

在确认一切正确后，将RJ-45接头放入压线钳的压头槽内，双手紧握压线钳的手柄，用力压紧。

5. 测试

按同样的步骤制作双绞线的另一端，然后将双绞线两端接到测试仪两端，打开电缆测试仪电源开关，如图3-29所示。

（1）若制作的是直通线，则两边的指示灯将按同样的顺序被点亮时，表示该网线制作成功，如图3-30（a）所示。若亮灯的顺序一样，但有的灯亮有的灯不亮，则表示该网线制作不合格，可能是没有压紧，需再次使用压线钳将线压紧。若多次压紧后还是如此，则表示该网线制作不合格。

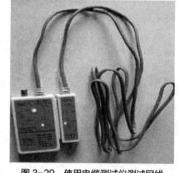

图3-29　使用电缆测试仪测试网线

（2）若制作的是交叉线，则两边的指示灯亮的顺序为1&3、2&6、3&1、4&4、5&5、6&2、7&7、8&8时，表示该网线制作成功，如图3-30（b）所示。若亮灯的顺序不是如此，则表示该网线制作不合格。

（a）直通线的测试　　　　　（b）交叉线的测试

图3-30　网线的测试

课后检测

一、填空题

1. 网络传输介质是信息在网络中传输的媒介，常用的传输介质分为_____介质和_____介质两大类。

2. 双绞线是一种常用的传输介质，两根导线缠绕在一起，可使线对之间的＿＿＿＿＿＿减至最小，比较适合＿＿＿＿＿＿传输。

3. 根据使用的光源和光纤纤芯的粗细，可将光纤分为＿＿＿＿＿＿和＿＿＿＿＿＿两种。

二、选择题

1. 在常用的传输介质中，（　　　）的带宽最宽，信号传输衰减最小，抗干扰能力最强。

　　A. 光纤　　　　　　　B. 屏蔽双绞线　　　　C. 非屏蔽双绞线　　　D. 大对数电缆

2. 电缆屏蔽的好处是（　　　）。

　　A. 减少信号衰减　　B. 减少电磁干扰　　　C. 减少物理损坏　　　D. 减少电缆的阻抗

3. 下列（　　　）是单模光纤的特征。

　　A. 一般使用 LED 作为光源　　　　　　　B. 因为有多条光通路，所以纤芯相对较粗

　　C. 价格比多模光纤低　　　　　　　　　D. 一般使用激光作为光源

三、判断题

1. 单模光纤一般使用 LED 作为光源。　　　　　　　　　　　　　　　（　　　）

2. 双绞线价格低廉、施工方便。　　　　　　　　　　　　　　　　　（　　　）

3. 光纤只能单向传输信号，若作为数据传输介质，则应由两根光纤组成一对信号线，一根用于发送数据，另一根用于接收数据。　　　　　　　　　　　　　　　　（　　　）

四、简答题

1. 什么是网络传输介质？目前计算机网络中常用的网络传输介质有哪些？

2. 制作 UTP 网线有哪两种标准？其线序分别是什么？

五、重要词汇（英译汉）

1. Transmission Media　　　　　　　　（　　　　　　　　　　　　　　）

2. Twisted Pair　　　　　　　　　　　（　　　　　　　　　　　　　　）

3. Straight-Through Cable　　　　　　（　　　　　　　　　　　　　　）

4. Cross-Over Cable　　　　　　　　　（　　　　　　　　　　　　　　）

5. Optical Cable　　　　　　　　　　　（　　　　　　　　　　　　　　）

主题3　数据编码技术

学习目标

通过本主题的学习达到以下目标。

知识目标

⦿　了解基带编码和频带编码的概念。

⦿　掌握不归零编码、曼彻斯特编码、差分曼彻斯特编码的特点。

⦿　掌握幅移键控、频移键控、相移键控的特点。

技能目标

⦿　能够分析实际通信系统的速率指标。

素质目标

⦿　通过学习数据传输过程中采用的不同调制方式，理解方法论的内涵，引导学生从不同的角度看待和解决问题。

课前评估

根据前面所学内容可知，如果需要在用户之间进行信息交互，则需要把计算机输出的信号经过波形变换成适合信道特性的信号。如何实现波形变换为信号这一过程，还需要进一步了解信号、波形变换和信道等方面的内容。

（1）波形变换。如图 3-31 所示，调制是将数字信号转换成能在电话网络上传输的模拟信号的过程，解调执行相反的过程；编码是将数字信号变换成另一种类型的数字信号的过程，解码执行相反的过程。请思考计算机网络应用中，宽带接入非对称数字用户线（Asymmetric Digital Subscriber Line，ADSL）技术中使用了波形变换的_____操作，当前局域网中使用了波形变换的_____操作。为了便于讨论，将调制或编码前的数字信号称为基带信号，经过调制后的信号称为频带信号，经过编码操作后的信号仍然称为基带信号。基于这些认识，可以将调制和编码分别理解为频带调制和基带编码。

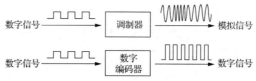

图 3-31　数字信号的波形变换

（2）信道。信道是信号传输的必经之路，包括传输介质和通信设备，但信道并不是具体的某种电缆或电线。按传输信号的类型分类，信道可以分为数字信道与模拟信道。数字信道是用来传输数字信号的，通常需要进行_____。模拟信道是用来传输模拟信号的，通常需要进行_____。

（3）码元。码元是指一个固定时长的信号波形，是承载信息量的基本信号单位。例如，现在需要发送一串二进制数据“01101100”，采用数字信号表达和传输，如图 3-32 所示。图 3-32（a）中的编码方式提供两种电平（+1.5V 和-1.5V），只有两种码元（0 和 1），一个码元只能表示一位二进制数（1 或 0），将这种编码方式称为二元制编码。显然，图 3-32（b）中的编码方式是四元制编码。码元由脉冲信号所能表示的数据有效离散值个数来决定，即 1 个码元（脉冲）可取 2^N 个有效值时，该码元能携带 N bit 信息。请根据以上的解释，图 3-32 中的每一个码元携带的信息量分别是_____和_____ bit。

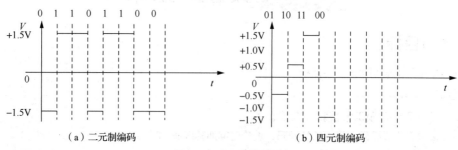

（a）二元制编码　　　　　　　　　　（b）四元制编码

图 3-32　位和码元的关系

模拟数据和数字数据都能转化为模拟信号和数字信号，因此有 4 种组合方式，每一种需要进行不同的编码处理，并在相应的信道上传输，如图 3-33 所示。考虑到计算机网络中处理的是数字数据，所以本书只讨论数字数据转换为数字信号和模拟信号后，在数字信道和模拟信道上传输的过程。

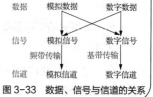

图 3-33　数据、信号与信道的关系

3.7 基带编码

微课

微课3.3

基带传输（Baseband Transmission）在基本不改变数字信号频带（波形）的情况下直接传输数字信号，可以达到很高的数据传输速率。基带传输适合近距离传输，基带信号的功率衰减不大，信道容量不会发生变化，因此，在局域网中通常使用基带传输技术，但它只能传输一种信号，所以信道利用率低。基带传输是计算机网络中最基本的数据传输方式，传输数字信号的编码方式主要有不归零编码（Not Return to Zero, NRZ）、曼彻斯特编码（Manchester Coding）、差分曼彻斯特编码（Differential Manchester Coding），这3种编码方式的波形如图3-34所示。

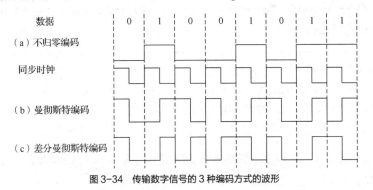

图3-34 传输数字信号的3种编码方式的波形

小贴士　在数据通信中，二进制位序列数字信号是矩形脉冲信号，人们将矩形脉冲信号称为基带信号。在局域网中，计算机内的数据要想在网线上传输，一是要做并/串和串/并的转换；二是网线中没有单独的时钟线，为了确保通信双方能正确识别0和1，以及正确接收数据，需要将时钟信号编入传输信号中。也就是说，在网线中使用的编码信号内必须有许多跳变，使得接收端能够从接收到的信号中提取时钟信号。

3.7.1 不归零编码

不归零编码采用两种高低不同的电平来表示二进制的"0"和"1"。通常，用高电平表示"1"，用低电平表示"0"，如图3-34（a）所示，电压范围的取值取决于所采用的特定物理层标准。不归零编码实现简单，但其抗干扰能力较差。另外，由于接收端不能准确地判断位的开始与结束，因此收发两端不能保持同步，需要采用额外的措施（如外同步法）来保证收发双方时钟的同步。

3.7.2 曼彻斯特编码

曼彻斯特编码是目前应用最广泛的编码方法，它将每位的信号周期 T 分为前 $T/2$ 和后 $T/2$。用前 $T/2$ 传送该位的反（原）码，用后 $T/2$ 传送该位的原（反）码。因此，在这种编码方式中，每一位波形信号的中点（即 $T/2$ 处）都存在一个电平跳变，如图3-34（b）所示。由于任何两次电平跳变的时间间隔都是 $T/2$ 或 T，因此提取的电平跳变信号就可作为收发两端的同步信号，而不需要另外的同步信号，故曼彻斯特编码又被称为自含时钟编码（自同步法）。

小贴士　在曼彻斯特编码中，每个码元的中间存在跳变，既可以作为时钟信号，又可以作为数据信号，一般"↑"上跳变（从低到高）表示"1"，"↓"下跳变（从高到低）表示"0"。

3.7.3　差分曼彻斯特编码

差分曼彻斯特编码是曼彻斯特编码的改进。其特点是每位二进制信号的跳变依然用于收发两端之间的同步，但每位二进制数据的取值要根据其开始边界处是否发生跳变来决定。若一个位开始处存在跳变则表示"0"，无跳变则表示"1"，如图 3-34（c）所示。之所以采用位边界的跳变方式来决定二进制的取值，是因为跳变更易于检测。

在差分曼彻斯特编码中，在码元开始和码元中间存在两次跳变的可表示为"0"，只在码元中间存在跳变的可表示为"1"，不用分清是上跳变还是下跳变，使得跳变的检测更加容易。

两种曼彻斯特编码都将时钟和数据包含在数据流中，在传输代码信息的同时，也将同步信号一起传输到接收端，因此具有自同步能力和良好的抗干扰性能。以太网采用曼彻斯特编码后，每一位数据（一个二进制码元，对应数据传输速率）都需要两个电平（两个脉冲信号，对应调制速率）来表示，因此调制速率（Modulation Rate）是数据传输速率（Data Transmission Rate）的 2 倍。

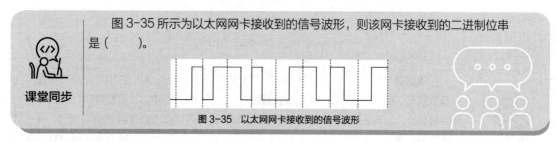

图 3-35　以太网网卡接收到的信号波形

3.8　频带调制

在实现远距离通信时，经常要借助电话线路，此时需利用频带传输方式。频带传输是指将数字信号调制成模拟信号后再进行传输，到达接收端时再把模拟信号解调成原来的数字信号。可见，在采用频带传输方式时，要求发送端和接收端都要安装调制器（Modulator）和解调器（Demodulator）。利用频带传输，不仅解决了利用电话系统传输数字信号的问题，还可以实现多路复用，提高传输信道的利用率。

微课 3.4

模拟信号传输的基础是载波，载波具有三大要素：幅度（Amplitude）、频率（Frequency）和相位（Phase）。可以通过改变这 3 个要素来实现模拟数据编码的目的。将数字信号调制成电话线上可以传输的信号有 3 种基本方式：幅移键控（Amplitude Shift Keying，ASK）、频移键控（Frequency-Shift Keying，FSK）和相移键控（Phase-Shift Keying，PSK），如图 3-36 所示。

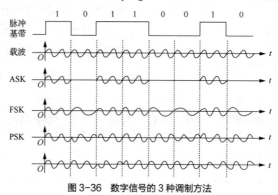

图 3-36　数字信号的 3 种调制方法

1. ASK

在ASK方式下，用载波的两种不同幅度来表示二进制的两种状态，如载波存在时，表示二进制"1"；载波不存在时，表示二进制"0"，如图3-36所示。采用ASK技术比较简单，但抗干扰能力差，容易受增益变化的影响，是一种低效的调制技术。

2. FSK

在FSK方式下，用载波频率附近的两种不同频率来表示二进制的两种状态，如载波频率为高频时，表示二进制"1"；载波频率为低频时，表示二进制"0"，如图3-36所示。FSK技术的抗干扰能力优于ASK技术，但所占的频带较宽。

3. PSK

在PSK方式下，用载波信号的相位移动来表示数据，如载波不产生相移时，表示二进制"0"；载波有180°相移时，表示二进制"1"，如图3-36所示。只有0°或180°相位移动的方式被称为二相调制，而在实际应用中还有四相调制、八相调制、十六相调制等。PSK技术的抗干扰能力好，数据传输速率高于ASK和FSK技术。

利用模拟信道传输数字信号的方法称为（　　　　）。

课堂同步

动手实践

研究传输速率指标

信号经过编码后，就可以在传输介质上发送和接收数据了。为了衡量数据在传输信道和网络上的传输效率，还需要考虑一些技术性能指标，如带宽、信道容量和误码率等，最典型的就是传输速率。

动手实践7

1. 传输速率单位的表示

传输速率的单位为比特/秒，或bit/s。当传输速率较高时，可以用kbit/s（$k=1\times10^3$，千）、Mbit/s（$M=1\times10^6$，兆）、Gbit/s（$G=1\times10^9$，吉）、Tbit/s（$T=1\times10^{12}$，太）等（注：以上换算关系均存在于十进制系统中，方便计算），现在人们更习惯用更简洁但不严谨的说法来描述，如10M网速，省略了单位bit/s。

在Windows操作系统中，传输速率以字节（Byte）为单位，其中1Byte=8bit。通过网络传输文件时，可以看到以字节为单位的速率。安装360宽带测速器，用来检测自己的计算机访问Internet时的下载网速，如果测试速度为40.3MByte/s，则其表示＿＿＿＿＿＿＿Mbit/s。

2. 数据通信网络的带宽

在计算机网络中，带宽用来表示通信线路的数据传输能力，即最高速率。一旦通过有线或无线建立了本地连接，如果从本地连接状态看到传输速率为100Mbit/s，说明网卡最快速率为100Mbit/s。例如，家庭中上网使用ADSL拨号，有50Mbit/s带宽，即访问Internet时的最高速率为50Mbit/s，一般情况下，上网带宽由电信运营商来控制，很难达到最高速率。

3. 比特率与波特率的关系

不同的传输介质有不同的带宽，带宽越高，该传输介质所能承载的数据传输速率就越高。描述传输速率的参数主要包括比特率和波特率。

（1）比特率，即信道上单位时间内传输的二进制数据量，单位是bit/s，读作"位每秒"或"比特每秒"。传输速率一般简称为比特率。在计算机网络通信中，人们很多时候更喜欢将比特率称为带宽，所以带宽经常成为比特率的同义词。T1和E1是物理连接的传输速率标准，T1是美国标准，其传输速率为_____ Mbit/s；E1是欧洲标准，其传输速率为_____ Mbit/s，我国的专线一般采用E1标准。

（2）波特率，也称码元速率、调制速率，即信道上单位时间内传输的码元个数，单位是波特（Baud），1波特就是每秒传输1个码元。

比特率和波特率的关系：比特率=波特率×码元信息量。比特率和波特率是两个容易混淆的概念，它们的区别如图3-37所示。

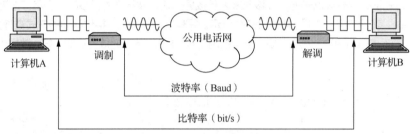

图3-37　比特率和波特率的区别

4. 信道数据传输速率计算举例

设发送时钟的频率是f，而每个码元占k个时钟周期的时间长度，那么波特率为f/k。若码元的信息量是n，那么数据传输速率v为

$$v = \frac{fn}{k}$$

在图3-34（b）中，设时钟频率为100MHz，一个码元占2个时钟时间，使用曼彻斯特编码，码元的信息量是1，所以数据传输速率为（100MHz÷2）×1bit=50Mbit/s。

从这里可以看出，如果数据传输速率要提高到100Mbit/s，那么时钟频率需要提高到200MHz，这将给电路实现技术带来困难。随着以太网技术的数据传输速率从100Mbit/s、1000Mbit/s、10Gbit/s向1Tbit/s发展，需要更高效率的编码技术。

课后检测

一、填空题

1. 不归零编码采用高、低两种不同的电平来表示二进制的"0"和"1"。通常，用高电平表示_____，用低电平表示_____。

2. 差分曼彻斯特编码的数据传输速率只有调制速率的_____。

3. 载波具有三大要素：_____、_____和_____。

二、选择题

1. 基带传输是计算机网络中最基本的数据传输方式，传输数字信号的编码方式主要有（　　）。

   A. 不归零编码　　B. 曼彻斯特编码　　C. 差分曼彻斯特编码　　D. 以上都是

2. 以下选项中不包含时钟编码的是（　　　）。

　　A. 曼彻斯特编码　　B. 不归零编码　　　　C. 差分曼彻斯特编码　　D. 都不包含

三、判断题

1. ASK 技术的抗干扰能力优于 FSK 技术。　　　　　　　　　　　　　　（　　　）

2. 在采用频带传输方式时，要求发送端和接收端都安装调制器和解调器。　（　　　）

四、简答题

1. 数据在信道中传输时为什么要先进行编码？有哪几种编码方法？

2. 什么是基带传输？在基带传输中，有几种数字编码方式？这几种编码方式有何特点？它们是怎样描述二进制"0"和"1"的？

五、重要词汇（英译汉）

1. Baseband Transmission　　　　　　　　（　　　　　　　　　　　）

2. Manchester Coding　　　　　　　　　　（　　　　　　　　　　　）

3. Data Transmission Rate　　　　　　　　（　　　　　　　　　　　）

4. Modulation Rate　　　　　　　　　　　（　　　　　　　　　　　）

主题 4　信道复用技术

学习目标

通过本主题的学习达到以下目标。

知识目标

- 了解信道复用技术的作用。
- 理解频分多路复用技术的特点及应用场合。
- 掌握时分多路复用技术的特点及应用场合。
- 了解波分多路复用技术的特点及应用场合。

技能目标

- 能够安装和使用网络模拟器。

素质目标

- 通过对光的波分复用技术的学习，结合现代社会分工越来越精细的现状，让学生明白很多事情不可能单独完成的道理，引导学生发扬"团结就是力量"精神。

课前评估

信道是信号在通信系统中传输的通道，由通信线路及通信设备组成。通信工程中用于架设通信线路的费用相当高，人们必须充分利用信道的容量；无论在广域网还是局域网中，实际传输速率要远远低于信道容量。因此，需要提高信道的_____。如何做到这一点呢？我们将通信信道和高速公路类比，如图 3-38 所示，在一条物理信道上建立多条逻辑信道，而每一条逻辑信道上只允许一路信号通过。

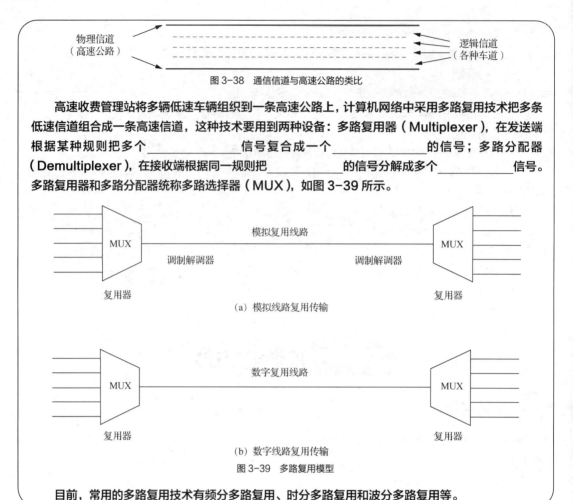

图 3-38　通信信道与高速公路的类比

高速收费管理站将多辆低速车辆组织到一条高速公路上，计算机网络中采用多路复用技术把多条低速信道组合成一条高速信道，这种技术要用到两种设备：多路复用器（Multiplexer），在发送端根据某种规则把多个＿＿＿＿＿＿＿＿＿信号复合成一个＿＿＿＿＿＿＿＿＿的信号；多路分配器（Demultiplexer），在接收端根据同一规则把＿＿＿＿＿＿＿＿的信号分解成多个＿＿＿＿＿＿＿＿信号。多路复用器和多路分配器统称多路选择器（MUX），如图 3-39 所示。

（a）模拟线路复用传输

（b）数字线路复用传输

图 3-39　多路复用模型

目前，常用的多路复用技术有频分多路复用、时分多路复用和波分多路复用等。

3.9　频分多路复用

动画 5

频分多路复用（Frequency Division Multiplexing，FDM）就是将具有一定带宽的信道分割为若干条有较小频带的子信道（类似高速公路被划分为多个车道一样），每条子信道传输一路信号。物理信道经过逻辑划分后，在一条物理信道中即可同时传送多个不同频率的信号。在逻辑信道中，各子信道的中心频率互不重合，且各子信道之间还留有一定的空闲频带，也称为保护频带（Guard Band），以保证数据在各子信道上的可靠传输。频分多路复用技术实现的条件是物理信道的带宽远远大于每条子信道的带宽。

课堂同步

判断：使用频分多路复用技术能很好地解决信号的远距离传输问题。（　　　）

频分多路复用技术的工作原理如图 3-40 所示。图 3-40 中包含 3 路信号，分别被调制到 f_1、f_2 和 f_3 上，然后将调制后的信号复合成一个信号，通过信道发送到接收端，由解调器恢复成原来的信号。

采用频分多路复用技术时，数据在各子信道上是并行传输的。由于各子信道相互独立，故一条信道发生故障时不影响其他信道。图 3-41 所示为把整条信道分为 5 条子信道的频率分割图，在这 5 条信道上可同时传输已调制到 f_1、f_2、f_3、f_4 和 f_5 频率范围的 5 种不同信号。

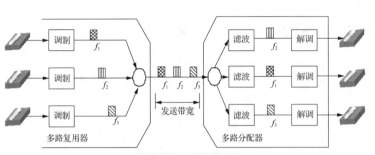

图 3-40 频分多路复用技术的工作原理

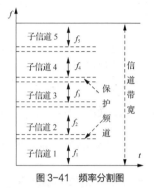

图 3-41 频率分割图

小贴士

在频分多路复用中，如果分配了子信道的用户没有数据传输，那么该子信道就保持空闲，其他用户不能使用。另外，频分多路复用适用于传输模拟信号。

3.10 时分多路复用

时分多路复用（Time Division Multiplexing，TDM）将一条物理信道的传输时间分成若干个时间片轮流地给多个信号源使用，每个时间片被复用的一路信号占用。这样，当有多路信号准备传输时，一个信道就能在不同的时间片中传输多路信号。时分多路复用技术实现的条件是信道能达到的数据传输速率超过各路信号源所要求的最高数据传输速率。如果把每路信号调制到较高的传输速率，即按传输介质的比特率传输，那么每路信号传输时多余的时间就可以被其他路信号使用。为此，每路信号按时间分片，并轮流使用传输介质，就可以达到在一条物理信道中同时传输多路信号的目的。时分多路复用又可分为同步时分多路复用（Synchronous Time Division Multiplexing，STDM）和异步时分多路复用（Asynchronous Time Division Multiplexing，ATDM）。

动画
动画 6

动画
动画 7

3.10.1 同步时分多路复用

图 3-42 给出了同步时分多路复用的工作过程示意图，其方法是在发送端将通信线路的传输时间分成 n 个时间片，每个时间片固定地分配给一条信道，每条信道供一个用户使用。在接收端，根据时间片序号就可以判断出是哪一路信息，从而将其送往相应的目的地。

图 3-42 同步时分多路复用的工作过程示意图

3.10.2 异步时分多路复用

为了提高时间片的利用率，异步时分多路复用技术允许动态地、按需分配信道使用的时间片，如图 3-43 所示，在时间片 1 内，信道 3 没有信息要发送，就让信道 4 来占用这个时间片。异步时分多路复用也可称为统计时分多路复用（Statistical Time Division Multiplexing），它是目前计算机网络中应用较为广泛的多路复用技术。

图 3-43　异步时分多路复用

课堂同步

判断：在采用时分多路复用技术的传输线路中，任一时刻实际上信道都只可能被一对通信终端使用。（　　　）

3.11　波分多路复用

动画

动画 8

学思素材

波分多路复用（Wavelength Division Multiplexing，WDM）是指在一根光纤上能同时传送多个不同波长的光载波复用技术，主要用于由光纤网组成的通信系统中。通过 WDM，原来在一根光纤上只能传输一个光载波的单一光信道，变为可传输多个不同波长光载波的光信道，光纤的传输能力成倍增加。也可以利用不同波长，在单根光纤上沿着不同方向传输来实现双向传输。WDM 技术将是今后计算机网络系统主干信道多路复用技术之一。WDM 实质上利用了光具有不同波长的特征，如图 3-44 所示。WDM 的工作原理类似频分多路复用，不同的是它利用 WDM 设备将不同信道的信号调制成不同波长的光，并复用到光纤信道上，在接收端采用 WDM 设备分离不同波长的光。相对于传输电信号的多路复用器，WDM 发送端和接收端的器件分别称为复用器（合波器）和分用器（分波器）。为了进一步提高光信号的传输距离和传输速率，使用掺铒光纤放大器（Erbium-Doped Fiber Amplifier，EDFA）对光信号进行放大。

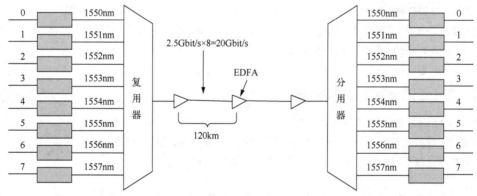

图 3-44　波分多路复用

小贴士

一根单模光纤的传输速率可达到 2.5Gbit/s，再提高传输速率就比较困难了。最初，人们只能在一根光纤上复用 850nm 和 1310nm 这两路光信号。随着技术的发展，在一根光纤上可复用 1550nm 的光载波数越来越多，现在已经能做到在一根光纤上复用 80、120、240 路甚至更多路数的光载波。

——动手实践——

动手实践8

动手实践

网络模拟器的高级使用

用户可以在Packet Tracer中直接选中某设备并按住鼠标左键进行拖动，从而建立网络拓扑图，还可以使用图形配置界面或命令行配置界面对网络设备进行配置，以及在仿真模式下观察数据报在网络中传输的过程和协议仿真。

1. 定制用户个性化操作界面

Packet Tracer菜单栏的功能与其他软件菜单栏的功能类似，在此就"Preferences"（参数）中的常用功能进行介绍。选择"Options"→"Preferences"选项，弹出"Preferences"对话框，如图3-45所示。

图3-45 "Preferences"对话框

在该对话框的"Interface"选项卡中勾选"Customize User Experience"（定制用户体验）选项组中的复选框，定制在拓扑工作区内显示的信息。

（1）Show Device Model Labels（显示设备型号标签）：勾选该复选框，将在拓扑图上显示每台设备的型号。

（2）Show Device Name Labels（显示设备名标签）：勾选该复选框，将在拓扑图上显示每台设备的设备名。

（3）Always Show Port Labels in Logical Workspace（在逻辑工作区下始终显示端口标签）：勾选该复选框，将在拓扑图上显示每个接口的接口名；如未勾选该复选框，则只有当鼠标指针停留在接口处时才显示接口名。

（4）Show Link Lights（显示链接指示灯）：勾选该复选框，将在拓扑图上设备接口旁显示该设备接口状态。红色表示接口为关闭状态；绿色表示接口已打开并可用；橙色表示接口打开但不可用。

选择"Font"选项卡，弹出字体设置界面，在该界面内可以根据个人喜好设置软件各部分字体的大小和颜色，如图3-46所示。

选择"Miscellaneous"（杂项）选项卡，弹出杂项设置界面，如图3-47所示，在"Interface"选项组中勾选"Show Device Dialog Taskbar"（显示设备对话任务栏），允许设备配置界面浮现在视图区域内，不用通过单击设备来回切换配置界面，浮现视图区域效果如图3-48所示。

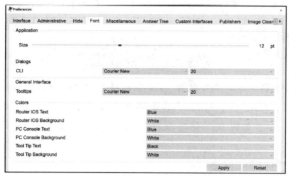

图 3-46　字体设置界面

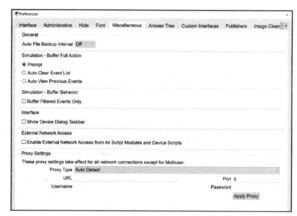

图 3-47　杂项设置界面

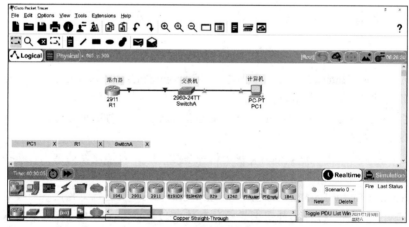

图 3-48　浮现视图区域效果

2. 添加路由器设备模块

本模块主题1中完成了网络设备的添加，但有些网络场景下网络设备尚未达到网络连接的要求，如网络设备需要的接口数量不够，网络设备之间需要使用光纤等传输介质来连接等。Packet Tracer提供的网络设备具有扩展插槽和可选模块，用户可以根据实际需求选择合适的模块添加到设备中，以获得所需功能。

网络拓扑图如图3-49所示，如果路由器2911和多层交换机3650之间使用光纤连接，家用无线路由器和计算机之间使用无线传输介质连接，就需要在这些设备上添加相关模块，主要操作步骤如下。

在拓扑工作区中单击路由器2911，弹出其配置窗口，选择"Physical"（物理）选项卡，弹出路由器物理设备视图界面，如图3-50所示。添加设备模块的操作界面由以下6个部分组成。

（1）功能模块列表：位于界面左侧的功能模块列表给出了该设备支持的所有扩展功能模块。选择"MODULES"选项，可以打开或关闭功能模块列表。

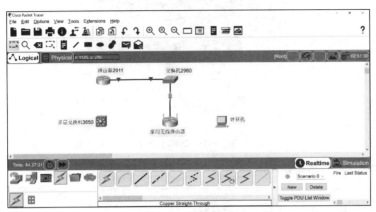

图3-49　网络拓扑图

（2）模块物理视图：选中功能模块列表中某个扩展功能模块后，显示该扩展功能模块的物理视图。

（3）模块描述信息：介绍已选中模块的相关信息，图3-50所示为选中HWIC-1GE-SFP（光纤）模块的信息。

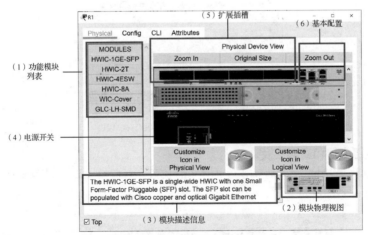

图3-50　路由器物理设备视图界面

（4）电源开关：单击此按钮可关闭/开启设备；添加模块前必须关闭设备，开关右侧指示灯呈绿色为开启状态，呈黑色为关闭状态。

（5）扩展插槽：添加设备模块时，需要将模块添加到空位置的扩展槽内。

（6）基本配置：Packet Tracer已经预装的基本功能模块。

下面在路由器2911上添加光纤模块，操作步骤如下。

单击电源开关，关闭设备；选择"MODULES"选项，加载模块列表，单击右下角已选中的HWIC-1GE-SFP模块的物理视图并按住鼠标左键，将其拖至物理设备视图中对应的插槽上，放开鼠标左键，完成模块的添加；再次加载模块列表，单击右下角已选中的GLC-LH-SMD

模块的物理视图并按住鼠标左键,将其拖至物理设备视图中HWIC-1GE-SFP模块的对应插槽内，放开鼠标左键；添加完所有需要的模块后，重新单击电源开关，结果如图3-51所示。

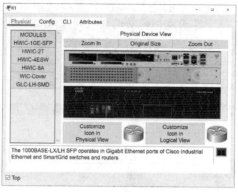

图 3-51　模块添加完成

3. 添加多层交换机设备模块

多层交换机3650光纤模块添加方法与路由器2911非常相似。先添加GLC-LH-SMD模块，再添加AC POWER SUPPLY模块，如图3-52所示。

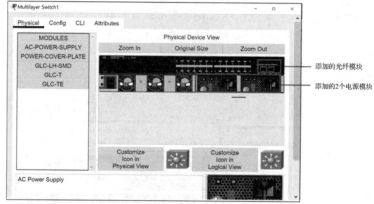

图 3-52　添加多层交换机 3650 光纤模块

4. 连接路由器和多层交换机

按照本模块主题1中介绍的设备连接方法，使用光纤将路由器2911和多层交换机3650连接起来，如图3-53所示。

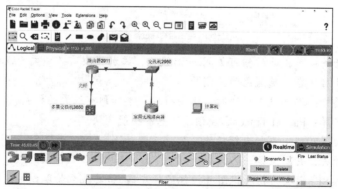

图 3-53　使用光纤连接设备

5. 添加无线网卡模块

主要操作步骤如下。

（1）关闭计算机电源。

（2）移除计算机上原有的PT-HOST-NM-1AM模块。

（3）添加WMP300N无线网卡模块。

（4）开启计算机电源。

无线网卡模块添加完成示意如图3-54所示。

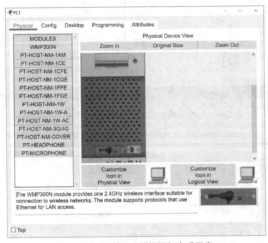

图3-54 无线网卡模块添加完成示意

由于无线网卡在默认情况下打开了无线路由功能，计算机和家用无线路由器之间自动建立起了无线连接，如图3-55所示。

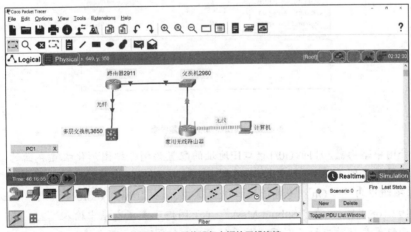

图3-55 网络设备之间的无线连接

6. 图形化界面配置网络设备

在绘制的网络拓扑图（见图3-56）中，按照规划的设备互联接口和IP地址，采用图形化方式配置网络设备。单击需要配置的设备，弹出其配置窗口，其中"Config"选项卡提供了图形化配置界面，如图3-57所示。在该配置界面中，包括GLOBAL（全局）、ROUTING（路由）、SWITCHING（交换）和INTERFACE（接口）4个主要配置项。GLOBAL配置中可以修改主机名、保存和修改配置文件、导入/导出配置文件等，ROUTING配置中可以配置静态路由、RIP（路由信息协议）的相关参数，SWITCHING配置中可以添加/删除虚拟局域网信息，INTERFACE配置中可以配置各接口IP地址、子网掩码等信息。

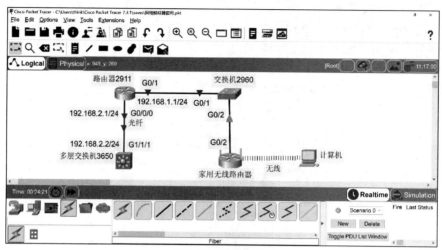

图3-56　网络拓扑图

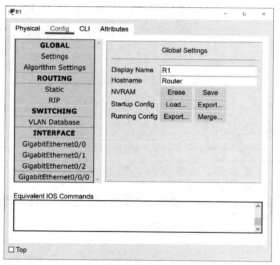

图3-57　路由器图形化配置界面（1）

以拓扑图中路由器2911的G0/1接口IP地址的配置为例介绍图形化配置界面的使用。选择图形化配置界面左侧的"GigabitEthernet0/1"选项，右侧将显示该接口的配置界面。在"Port Status"选项组中勾选"On"（激活接口）复选框，在"IPv4 Address"（IP地址）文本框中输入"192.168.1.1"，在"Subnet Mask"（子网掩码）文本框中输入"255.255.255.0"，下方将显示配置参数对应的互联网操作系统命令，如图3-58所示。请读者按此方法配置路由器2911的G0/0/0接口的IP地址。

7. 命令行接口配置网络设备

选择路由器图形化配置界面中的"CLI"选项卡，进入命令行接口，如图3-59所示，可以完成对路由器的配置与管理。对路由器、交换机等网络设备进行不同的操作时需要在不同模式下进行，且操作过程较为复杂，为此命令行接口配置网络设备的方法将在后续模块中详细介绍。

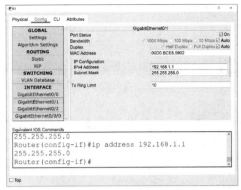

图 3-58　路由器图形化配置界面（2）

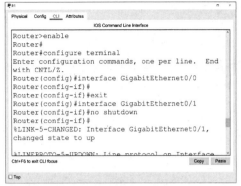

图 3-59　路由器命令行接口界面

8. 计算机的配置

Packet Tracer提供了两种计算机的配置方法，分别对应其配置界面中的"Config"和"Desktop"选项卡。在"Config"选项卡下，可以配置网卡的IP地址、子网掩码、默认网关及DNS地址等基本信息，配置IP地址界面如图3-60所示，配置默认网关和DNS地址界面如图3-61所示。

图 3-60　配置 IP 地址界面

图 3-61　配置默认网关和 DNS 地址界面

在"Desktop"选项卡下，提供了"IP Configuration"（IP地址配置）、"Terminal"（终端软件）、"Command Prompt"（命令提示符）、"Web Browser"（Web浏览器）等常用工具，如图3-62所示。选择"IP Configuration"选项，弹出其配置界面，可以对计算机的IP地址、子网掩码、默认网关和DNS地址等信息进行配置，如图3-63所示。

图 3-62　"Desktop"选项卡

图 3-63　配置 IP 地址等信息

课后检测

一、填空题

1. 最常用的是_____和_____两种多路复用技术，其中，前者是同时传送多路信号，而后者是将一条物理信道按时间分成若干个时间片轮流分配给多个信号使用。

2. _____是指时分多路复用方案中的时间片是分配好的，而且固定不变，即每个时间片与一个信号源对应，不考虑该信号源此时是否有信息发送。

3. 波分多路复用发送端和接收端的器件分别称为_____和_____。

二、选择题

1. 以下关于时分多路复用概念的描述中，错误的是（   ）。

   A. 时分多路复用将线路使用的时间分成多个时间片

   B. 时分多路复用分为同步时分多路复用与统计时分多路复用

   C. 统计时分多路复用将时间片预先分配给各条信道

   D. 时分多路复用使用的"帧"与数据链路层"帧"的概念、作用是不同的

2. 将物理信道总频带分割成若干条子信道，每条子信道传输一路信号，这就是（   ）。

   A. 同步时分多路复用   B. 波分多路复用

   C. 异步时分多路复用   D. 频分多路复用

三、判断题

1. 采用频分多路复用时，数据在各子信道上是串行传输的。　　　　　　　　　（　　　）

2. 频分多路复用实现的条件是信道的带宽远远大于每条子信道的带宽。　　　（　　　）

四、简答题

1. 若传输介质带宽为20MHz，信号带宽为1MHz，则最多可复用多少路信号？各用于什么场合？

2. 请列举出几种信道复用技术，并说出它们各自的技术特点。

五、重要词汇（英译汉）

1. Frequency Division Multiplexing   （   ）

2. Time Division Multiplexing   （   ）

3. Wavelength Division Multiplexing   （   ）

主题 5　物理层接口标准

学习目标

通过本主题的学习达到以下目标。

知识目标

- ⊙ 了解 RS-232C 接口标准。

- ⊙ 掌握 RS-232C 接口的 4 个特性。

- ⊙ 了解 RS-232C 接口的应用场合。

技能目标
⊙ 能够描述通过 RS-232C 接口接入 Internet 的过程。

素质目标
⊙ 从当前主要物理层接口标准制定组织（以前主要为欧美制定）入手，结合当前我国科技领域的进步，培养学生的爱国情怀，激发学生的学习热情。

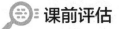 课前评估

图 3-64 所示为广域网数据通信模型。请根据已学知识，指出图中（1）～（5）的名称，并进一步思考计算机 A 至（2）之间的信道类型是_____，传输的是_____信号；（2）和（3）之间的信道类型是_____，传输的是_____信号。

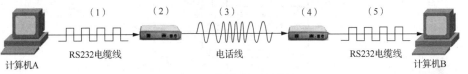

图 3-64 广域网数据通信模型

计算机 A 通过 RS232 电缆线与（2）的_____接口相连，（2）通过电话线与（3）的_____接口相连。其中，用来发送和接收数据的计算机 A 和计算机 B 称为数据终端设备（Data Terminal Equipment，DTE）；用来实现信息的收集、处理和变换的设备称为数据电路端接设备（Data Circuit-terminating Equipment，DCE），如（2）和（3）。下面将介绍（2）和（3）之间互连接口的相关内容。

3.12　RS-232C 接口标准简介

RS-232C 是 EIA 制定的著名物理层标准，其中，RS（Recommended Standard）表示推荐标准；232 为标识号码；C 代表标准 RS-232 制定以后的第三个修订版本。

图 3-65 所示为使用 RS-232C 接口通过公用电话网实现数据通信的示意图。其中，用来发送和接收数据的计算机或终端系统称为数据终端设备（DTE），如计算机；用来实现信息的收集、处理和变换的设备称为数据电路端接设备（DCE），如调制解调器。

图 3-65　使用 RS-232C 接口通过公用电话网实现数据通信的示意图

 　　图 3-64 和图 3-65 所使用的联网模型几乎完全相同，但所使用的技术是有差别的，图 3-64 中使用的是基于以太网的 PPP（Point-to-Point Protocol over Ethernet，PPPoE）拨号上网，而图 3-65 中使用的是传统 PPP 拨号联网。

3.12.1　RS-232C 接口的机械特性

RS-232C 接口的机械特性（Mechanical Characteristics）规定使用一个 25 芯连接器，并对该

连接器的尺寸、引脚和孔芯的排列位置等都进行了详细说明，如图 3-66（a）所示。另外，实际中的用户并不一定需要用到 RS-232C 标准的全集，这在个人计算机高速普及的今天尤为突出，所以一些生产厂家对 RS-232C 标准的机械特性进行了简化，使用了一个 9 芯连接器，将不常用的信号线舍弃，9芯连接器引脚排列图和尺寸分别如图 3-66（b）、图 3-66（c）所示。

（a）25 芯连接器引脚排列图　　　　　　　　　　（b）9 芯连接器引脚排列图

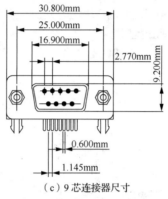

（c）9 芯连接器尺寸

图 3-66　RS-232C 接口的机械特性

3.12.2　RS-232C 接口的电气特性

RS-232C 接口的电气特性（Electrical Characteristics）规定逻辑"1"的电平为-15～-5V，逻辑"0"的电平为+5～+15V，即 RS-232C 接口采用+15V 和-15V 的逻辑电平，-5V～+5V 为过渡区域、不进行定义。RS-232C 接口的电气特性如图 3-67 所示，其电气表示如图 3-68 所示。

图 3-67　RS-232C 接口的电气特性

状态	负电平	正电平
逻辑状态	1	0
信号状态	传号	空号
功能状态	Off（断）	On（通）

图 3-68　RS-232C 接口电气表示

RS-232C 接口电平高达+15V 和-15V，较 0～5V 的电平来说具有更强的抗干扰能力。但是，即使是这样的电平，若两台设备利用 RS-232C 接口直接相连（即不使用调制解调器），则它们的最大距离也仅约 15m，而且由于电平较高，传输速率反而会受到影响。RS-232C 接口的传输速率为 1200bit/s、2400bit/s、4800bit/s、9600bit/s、19200bit/s 等，如图 3-69 所示。

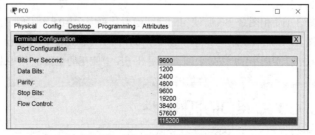

图 3-69　RS-232C 接口的传输速率

3.12.3　RS-232C 接口的功能特性

RS-232C 接口的功能特性（Functional Characteristics）规定了什么电路应当连接到引脚中的哪一根，以及该引脚的作用。RS-232C 接口的 9 芯连接器功能说明如表 3-3 所示。

表 3-3　RS-232C 接口的 9 芯连接器功能说明

引脚号	功能	名称	引脚号	功能	名称
1	载波检测	DCD	6	数据传输设备就绪	DSR
2	接收数据	RxD	7	请求发送	RTS
3	发送数据	TxD	8	清除发送	CTS
4	数据终端就绪	DTR	9	振铃指示	RI
5	信号地	GND			

RS-232C 标准适用于串行通信，所使用的同步技术是（　　）。

课堂同步

3.12.4　RS-232C 接口的规程特性

RS-232C 接口的工作过程是在各根控制信号线有序的 On（逻辑"0"）和 Off（逻辑"1"）状态的配合下进行的。在 DTE 与 DCE 连接的情况下，只有 DTR（数据终端就绪）和 DSR（数据传输设备就绪）均为"On"状态时，才具备操作的基本条件。此后，若 DTE 要发送数据，则须先将 RTS（请求发送）设置为"On"状态，等待 CTS（清除发送）应答信号为"On"状态后，才能在 TxD（发送数据）上发送数据。

设置 RS-232C 接口的参数：串口 1 传输的比特率设置为 2400 bit/s，串口 2 的比特率应设置为（　　）。

A.　1200 bit/s

B.　1800 bit/s

课堂同步

C.　2400 bit/s

D.　4800 bit/s

　动手实践

实现电话拨号上网

RS-232C 标准提供了一个利用公用电话交换网（Public Switched Telephone Network，PSTN）的电话线作为传输介质，并通过调制解调器将远程设备连接起来的技术规定。本节利用 Packet Tracer 网络模拟器，实现 PC 通过 PSTN 访问互联网，其网络拓扑如图 3-70 所示。

动手实践

动手实践 9

图 3-70　PC 通过电话网络访问互联网的网络拓扑

1. 添加拨号模块

在PC上添加PT-HOST-NM-1AM模块，在ISP路由器上添加拨号接入模块WIC-1AM，使之与PSTN连接。

2. 物理连接网络

使用电话线将PC、PSTN、ISP路由器连接起来。

3. 设置拨号网络

打开PSTN的配置界面，选择"Config"选项卡，找到Modem4用来连接PC，给它分配一个电话号码88888，此号码是用来给PC拨号时所用的号码，同样配置Modem5连接ISP路由器，并为Modem5添加一个电话号码99999。

4. 添加拨号账号

在ISP路由器上添加一个账号tjytwt，密码设置为123456。

5. 连接拨号网络

在PC上打开拨号设置界面，填写拨号账号及电话号码信息，如图3-71所示。单击"Dial"按钮进行拨号，成功建立连接后，打开图3-72所示的界面。

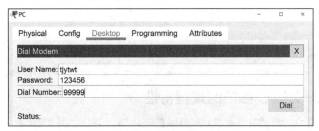

图 3-71　PC 拨号设置

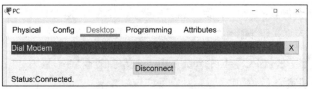

图 3-72　拨号成功连接界面

课后检测

一、填空题

1. RS-232C 的电气特性规定逻辑"1"的电平为＿＿＿＿＿＿，逻辑"0"的电平为＿＿＿＿＿。
2. 若 DTE 要发送数据，则须先将＿＿＿＿＿＿设置为"On"状态。

二、选择题

1. 下列不属于 RS-232C 接口的传输速率的是（　　）。

　　A. 600bit/s　　　　　B. 900bit/s　　　　　C. 1200bit/s　　　　　D. 2400bit/s

2. RS-232C 的 9 芯连接器功能说明错误的是（　　）。

　　A. 载波检测的名称为 DCD　　　　　　　B. 接收数据的名称为 RxD

　　C. 数据终端就绪的名称为 DTR　　　　　D. 清除发送的名称为 DSR

三、判断题

1. 调制解调器属于数据电路端接设备。 （　　）
2. RS-232C 的工作过程是在各根控制信号线有序的 On（逻辑"0"）和 Off（逻辑"1"）状态的配合下进行的。 （　　）

四、简答题

1. RS-232C 接口具有哪些特性？
2. 什么是 DTE 和 DCE？主机与显示器通过 RS-232C 接口连接时，谁是 DTE？谁是 DCE？

五、重要词汇（英译汉）

1. Data Terminal Equipment （　　　　　　　　）
2. Data Circuit-terminating Equipment （　　　　　　　　）
3. Mechanical Characteristics （　　　　　　　　）
4. Functional Characteristics （　　　　　　　　）

主题6 宽带接入技术

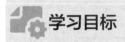 学习目标

通过本主题的学习达到以下目标。

知识目标 ————————————————————————————————

- ⊙ 了解 ADSL 接入技术的特点。
- ⊙ 理解 ADSL 的工作原理。
- ⊙ 掌握 ADSL 调制解调器的功能和接入模型。

技能目标 ————————————————————————————————

- ⊙ 能够使用 ADSL 技术接入 Internet。

素质目标 ————————————————————————————————

- ⊙ 从互联网接入技术的演进过程着手，对比不同接入技术之间的优缺点，引导学生建立终身学习的理念。

课前评估

从实现接入技术的角度看，现实生活中常见的宽带接入技术有＿＿＿＿＿＿、＿＿＿＿＿＿、＿＿＿＿＿＿和＿＿＿＿＿＿等，分别使用＿＿＿＿＿＿、＿＿＿＿＿＿、＿＿＿＿＿＿和＿＿＿＿＿＿传输介质。ADSL 是家庭接入 Internet 的一种宽带接入技术，其连接方式如图 3-73 所示。请根据连接情况，指出（1）、（2）和（3）使用何种传输介质，在传输介质（3）上，使用何种信道复用技术。

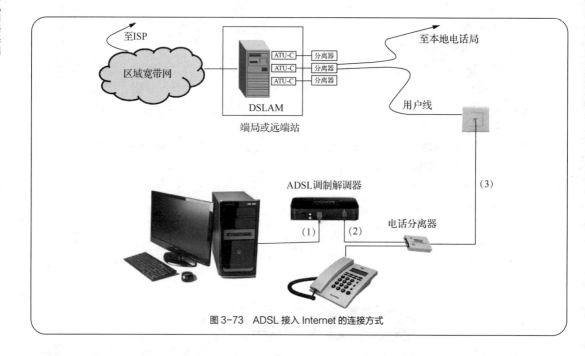

图 3-73　ADSL 接入 Internet 的连接方式

3.13　ADSL 接入技术

近年来，用户接入网的广阔市场成为各 ISP 争夺的阵地，用户接入网（从本地电话局到用户之间的部分）是电信网的重要组成部分，是电信网的窗口，也是信息高速公路的"最后一公里"（The Last Kilometer）。为实现用户接入网的数字化、宽带化，用光纤作为用户线是用户网今后必然的发展方向，但由于光纤用户网的成本过高，在今后的十几年甚至几十年内大多数用户网仍将继续使用现有的铜线环路。近年来人们提出了多种过渡性的宽带接入网技术，其中 ADSL 是最具有竞争力的一种。为什么采用 ADSL 铜线接入技术呢？主要原因有以下 4 点。

（1）电话网络的覆盖面广、规模大。

（2）节省投资，无须线路材料和铺设施工投入。

（3）电话网络是现成的，可立即为用户开通高速业务。

（4）开通宽带业务的同时，一般不影响原有语音业务。

3.13.1　ADSL 接入技术的特点

家庭使用 ADSL 接入 Internet 的结构示意图如图 3-74 所示。ADSL 接入技术的特点主要表现为以下 5 个方面。

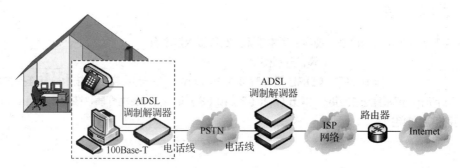

图 3-74　家庭使用 ADSL 接入 Internet 的结构示意图

（1）ADSL 承载在现有的普通电话线上。

（2）ADSL 在同一铜线上分别传送数据和语音信号（Speech Signal）。

（3）ADSL 上、下行速率是非对称的，即上、下行速率不等，上行速率最高可达 640kbit/s，下行速率最高可达 8Mbit/s。

（4）每一个 ADSL 用户都有一条单独的电话线与 ADSL 局端相连，数据传输带宽由用户独享。

（5）ADSL 的传输距离为 3km～5km（局端到用户）。

3.13.2 ADSL 原理和技术性能

现在的用户环路主要由 UTP 组成。UTP 对信号的衰减主要与传输距离和信号的频率有关，如果信号传输超过一定距离，则信号的传输质量将难以保证。此外，线路上的桥接抽头也将增强信号的衰减。因此，线路衰减是影响 ADSL 性能的主要因素。ADSL 通过不对称传输，利用频分多路复用或回波抵消（Echo Cancellation）技术，使上、下行信道分离以减小串音的影响，从而实现信号的高速传输。

课堂同步

ADSL 为了提高电话线上的数据传输速率，采用了（　　　）技术。

A. 差分信号传输

B. 用更高质量的铜线替代

C. 增加多条电缆

D. 语音信号与数据信号分离传输

3.13.3 ADSL 调制解调器功能

普通电话线传输的是模拟信号，计算机输出的数字信号无法直接在电话线中传输，而 ADSL 调制解调器正是实现这两种信号转换的设备，其功能如下。

（1）在发送端，ADSL 调制解调器完成数字信号的调制，将数字信号转换成模拟信号。

（2）在接收端，ADSL 调制解调器完成模拟信号的解调，将模拟信号转换成数字信号。

3.13.4 ADSL 的接入模型

用户端的 ADSL 安装非常方便，将电话线连上滤波器，滤波器与 ADSL 调制解调器之间用一条两芯电话线连接，ADSL 调制解调器与计算机的网卡之间用一条交叉线连接即可，如图 3-75 所示。

微课

微课 3.5

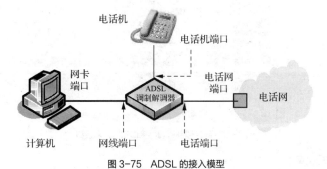

图 3-75 ADSL 的接入模型

动手实践

使用 ADSL 接入 Internet

铺设到家庭的线缆不是将终端接入以太网的双绞线，而是电话线，也称为用户线。通过用户线可以实现家庭中的ADSL调制解调器与本地电话局中的数字用户线接入复用器之间的互联。终端可以通过以太网与ADSL调制解调器实现互联。本任务实施过程中，假设向ISP（如中国电信）申请一个ADSL账号（用户名设置为cqcet，密码设置为cisco）。

在网络拓扑图中，ADSL调制解调器的左侧是ISP能操控的范围，一般用户无须对其进行配置，如图3-76所示。

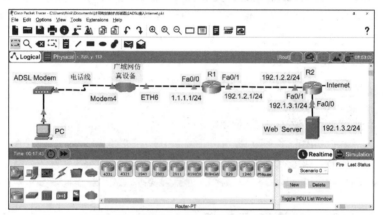

图 3-76　终端通过 ADSL 接入 Internet 拓扑图

1. 添加网络设备模块

打开广域网仿真设备的配置界面，该设备有两个连接电话线的调制解调器接口和一个连接双绞线的以太网接口，为了实现基于电话线的ADSL接入网络与以太网互联的广域网仿真设备互联，需要通过配置将连接电话线的调制解调器接口与以太网接口绑定在一起，如图3-77所示。

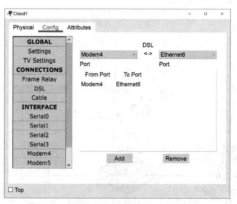

图 3-77　绑定调制解调器接口和以太网接口

2. 搭建网络环境

按照图3-76所示的拓扑图搭建网络环境，注意选择正确的传输介质，本例使用了电话线、交叉线和直通线这3种类型的传输介质。

3. R1 上的配置

ISP网络设备不是用户操控的范围，为了保证任务实现的完整性，将相关的配置过程介绍如下。

（1）基本配置——配置主机名及接口IP地址，具体如下。

Router>ena	//进入特权配置模式
Router#conf t	//进入全局配置模式
Router(config)#hostname R1	//配置路由器主机名
R1(config)#interface fa0/0	//选定以太网接口
R1(config-if)#ip add 1.1.1.1 255.255.255.0	//配置以太网接口 IP 地址
R1(config-if)#no shutdown	//激活接口
R1(config-if)#interface fa0/1	//选定以太网接口
R1(config-if)#ip add 192.1.2.1 255.255.255.0	//配置以太网接口 IP 地址
R1(config-if)#no shutdown	//激活接口

（2）配置RIPv2动态路由，具体如下。

R1(config-if)#exit	//退回到全局配置模式
R1(config)#router rip	//启动 RIP 路由进程
R1(config-router)#version 2	//指定 RIP 版本号
R1(config-router)#no auto-summary	//关闭自动汇总功能
R1(config-router)#network 192.1.2.0	//宣告与公网相连的直连网段

（3）定义注册用户，具体如下。

R1(config)#username cqcet password cisco

（4）配置本地IP地址池，具体如下。

R1(config)#ip local pool b1 192.1.1.1 192.1.1.14

（5）配置PPPoE，具体如下。

R1(config)# bba-group pppoe global	//配置 BBA 组 PPPoE 为全局组
R1(config-bba)#virtual-template 1	//指定通过使用编号为 1 的虚拟模板创建虚拟接入接口
R1(config-bba)#exit	

（6）配置虚拟模板，具体如下。

R1(config)#interface virtual-Template 1	//进入虚拟模板配置模式
R1(config-if)#ip unnumbered fa0/0	//在一个没有分配 IP 地址的接口上启动 IP 处理功能
R1(config-if)#peer default ip address pool b1	/*将接入终端获取 IP 地址的方式指定为从名为 b1 的本地 IP 地址池中分配 IP 地址*/
R1(config-if)#ppp authentication chap	//指定挑战握手认证协议
R1(config-if)#exit	

（7）启动接口PPPoE功能，具体如下。

R1(config-if)#int fa0/0	
R1(config-if)#pppoe enable group global	//启动 PPPoE 并附加全局 BBA 组
R1(config-if)#exit	

4. R2 上的配置

（1）基本配置——配置主机名及接口IP地址，具体如下。

Router>ena	//进入特权配置模式
Router#conf t	//进入全局配置模式
Router(config)#hostname R2	//配置路由器主机名
R2(config)#interface fa0/0	//选定以太网接口
R2(config-if)#ip add 192.1.3.1 255.255.255.0	//配置以太网接口 IP 地址
R2(config-if)#no shutdown	//激活接口

```
R2(config-if)#interface fa0/1                    //选定以太网接口
R2(config-if)#ip add 192.1.2.2 255.255.255.0     //配置以太网接口 IP 地址
R2(config-if)#no shutdown
```

（2）配置 RIPv2 动态路由，具体如下。

```
R2(config-if)#exit                               //退回到全局配置模式
R2(config)#router rip                            //启动 RIP 路由进程
R2(config-router)#version 2                      //指定 RIP 版本号
R2(config-router)#no auto-summary                //关闭自动汇总功能
R2(config-router)#network 192.1.2.0              //宣告与公网相连的直连网段
R2(config-router)#network 192.1.3.0              //宣告与公网相连的直连网段
R2(config)#ip route 192.1.1.0 255.255.255.0 192.1.2.1
```

5. Web 服务器的配置

选择Web服务器的"Desktop"选项卡，选择"IP Configuration"选项，弹出IP地址配置界面，根据图3-76，完成IP地址等参数的配置，如图3-78所示。

在Packet Tracer中，默认运行Web服务，所以不必再启动一次Web服务。

6. 配置接入终端的 IP 地址

接入终端PC从ISP提供的IP地址池（192.1.1.1～192.1.1.14）中动态获取IP地址。将PC获取IP地址的方式设置为DHCP，结果发现无法获取IP地址，如图3-79所示，其原因是没有通过ISP的认证。

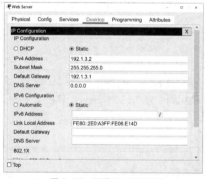

图 3-78　配置 Web 服务器

图 3-79　接入终端动态获取 IP 地址

7. 在接入终端启动 PPPoE 程序

为了确保接入终端能够使用网络资源，需要通过ISP的认证，因此需要在接入终端PC上运行PPPoE程序，如图3-80所示。

接入终端PC动态获取到正确的IP地址后，打开浏览器，在其地址栏中输入http://192.1.3.2，单击"Go"按钮，能够成功访问Web服务资源，如图3-81所示。

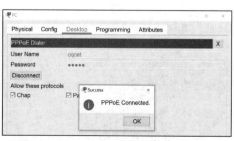

图 3-80　运行 PPPoE 程序

图 3-81　接入终端 PC 成功访问 Web 服务资源

课后检测

一、填空题

1. ADSL 的"非对称性"是指_____，其中上行速率最大为_____，下行速率最大为_____。

2. ADSL 通过不对称传输，利用_____或_____使上、下行信道分开来减小串音的影响，从而实现信号的高速传输。

二、选择题

1. ADSL 通常使用（　　）。

    A. 电话线路进行信号传输　　　　　　B. ATM 网进行信号传输

    C. DDN 进行信号传输　　　　　　　　D. 有线电视网进行信号传输

2. ADSL 的中文名称为（　　）。

    A. 异步传输模式　　　　　　　　　　B. 帧中继

    C. 综合业务数字网　　　　　　　　　D. 非对称数字线路

3. ADSL 技术的特点有（　　）。

    A. ADSL 承载在现有的普通电话线上

    B. ADSL 在同一铜线上分别传输数据和语音信号

    C. ADSL 的传输距离为 3km～5km（局端到用户）

    D. 以上都是

三、判断题

1. 在发送端，ADSL 调制解调器完成数字信号的调制，将数字信号转换成模拟信号。（　　）

2. 网络的覆盖面广、规模大是 ADSL 铜线接入技术的优势之一。（　　）

四、简答题

ADSL 技术具有哪些特点？你是否会选择 ADSL 作为自己家庭计算机接入 Internet 的方式？

五、重要词汇（英译汉）

1. Asymmetric Digital Subscriber Line　　　　（　　　　　　　　　　）

2. Speech Signal　　　　　　　　　　　　　　（　　　　　　　　　　）

3. Echo Cancellation　　　　　　　　　　　　（　　　　　　　　　　）

拓展提高

数据通信系统中的"工程学"理念

互联网一直在工程实践中不断摸索、修正和前行，达到人们所期望的更高的"距离、性能、效率、可靠性"，以提高用户的主观体验效果。

数据通信系统是计算机网络的基石。数据通信系统是信道互连的两个节点之间的二进制比特流传输过程的系统，其中包含的一个重要操作是波形到位的转换，涉及两个核心概念：编码和调制。

请回顾本模块所学内容，以图 3-82 所示的数据通信系统为线索，将本模块所研究对象总结在一张图上，并深入分析其中蕴含的"工程学"理念和给人们带来的启示。

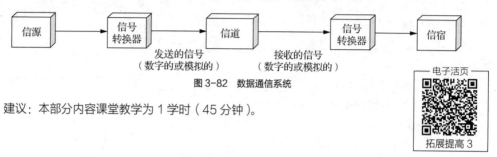

图 3-82　数据通信系统

建议：本部分内容课堂教学为 1 学时（45 分钟）。

电子活页

拓展提高 3

模块4

04

构建网络共享平台——
局域网技术

学习情景

模块3解决了将比特流转换为电磁信号在点对点的通信线路上传输的问题。物理层可以被认为是属于"两台计算机及一段链路"的技术范围。链路是一条物理线路，数据链路是除物理线路之外，还必须由通信协议来控制数据的传输。一般情况下，计算机网络中存在多条链路和多台主机。因此，应把研究的视野聚焦到小范围、短距离多台主机相互通信的问题上，这里的"小范围、短距离"就是指局域网的范围。在点对点直达的链路上进行通信是不存在寻址问题的，而在多点连接的情况下，发送端必须保证数据信息能正确地传输到接收端，而接收端也应当知道发送端是哪个节点，很显然，物理层对此无能为力。因此，为了完成局域网范围内多台主机的数据通信任务，除了必需的物理层技术，还需要相应的数据链路层技术。数据链路层的基本功能是实现相邻节点之间的数据传输，局域网内的主机之间都是相邻关系，即"相邻节点之间的数据传输"就是"构建局域网"。

随着个人计算机技术的发展和广泛应用，人们共享数据、软件和硬件资源的需求日益强烈，这种需求使局域网技术出现了突破性进展。在局域网技术研究领域中，以太网（Ethernet）技术不是最早出现的局域网技术，却是最成功的局域网技术，现已成为局域网领域的主流技术。局域网是一种使用广播信道的网络，需要某种信道访问方法，从这个角度出发，可以将局域网分为共享式局域网和交换式局域网。共享式局域网与生俱来就有一项缺陷——无法避免冲突，因此使用共享带宽的集线器将会极大地限制用户使用网络应用。用交换机代替集线器的方式为网络管理和网络应用带来了突破，不仅消除了冲突，还能使网络连接的吞吐量（Throughput）加倍。

学习提示

本模块思维导图如图4-1所示，围绕局域网的工作原理这一主线，包含局域网体系结构、介质访问技术、帧格式与操作、以太网技术、交换式局域网、虚拟局域网和无线局域网这7个主题，详细讨论局域网的参考模型与标准、局域网介质的访问控制方法、局域网连接设备的工作原理和组网方法。建议读者在学习本模块的过程中，始终保持对所学知识和技术在协议体系上的层次定位意识，这样能够加深对相关知识和技术的逻辑关系的理解。

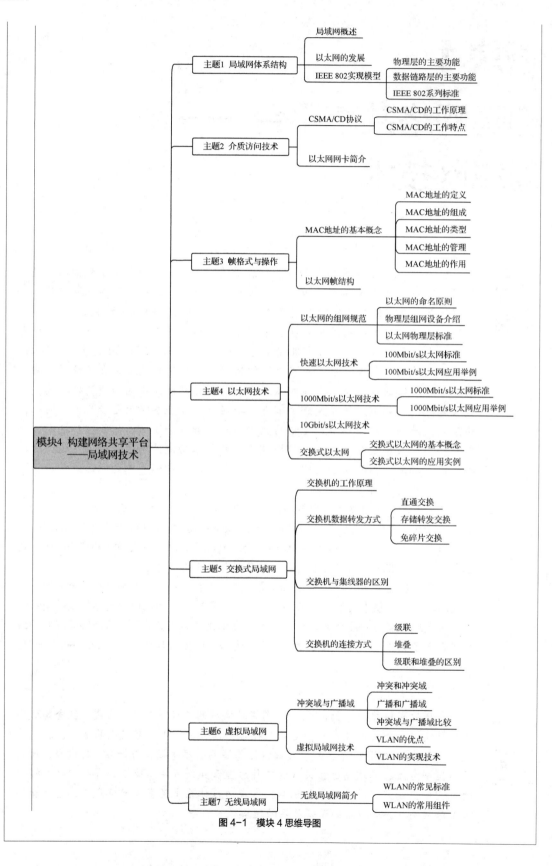

图 4-1　模块 4 思维导图

主题1 局域网体系结构

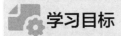

学习目标

通过本主题的学习达到以下目标。

知识目标

- 了解局域网的基本要素。
- 了解以太网的发展历程。
- 掌握 IEEE 802 实现模型。

技能目标

- 能够描述局域网的发展过程并总结各个阶段的主要特点。

素质目标

- 通过介绍以太网的发展，分析以太网的不足和改进思路，引导学生明白持续创新的重要性。

课前评估

1. 物理层可以认为是属于_____连接的直达链路的技术范围，不存在寻址问题。在_____连接的情况下，小范围、短距离内很多主机相互通信需要寻址，物理层对此无能为力。因此，为了完成局域网范围内多台主机的数据通信任务，需要设置数据链路层。

2. 数据链路层协议指定了将数据包封装成帧的过程，以及将已封装数据包发送到各种传输介质上和从各传输介质获取已封装数据包的技术。在数据包从源主机到目的主机的传输过程中，通常会经过不同的物理网络，如图 4-2 所示。这些物理网络可由不同类型的传输介质组成，如铜线、光纤和无线电波等。

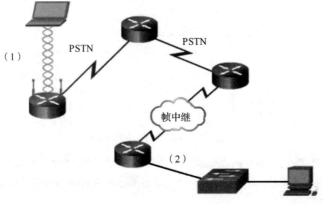

图 4-2 传输网络

（1）写出图中（1）和（2）所代表的传输网络名称。

（2）不同传输网络使用不同的数据链路层协议。可以用生活中的一个例子来类比，如北京－上海－杭州－杭州西湖的旅行过程，在各段行程中可以使用不同的交通工具。从北京到上海乘坐飞机，从上海到杭州乘坐动车，从杭州到杭州西湖乘坐汽车。在这个例子中，人被不同的交通工具在不同的路径上承载，网络中也采用了类似思路，将每个人比作数据包，每个运输区段类比为一段链路，每种运输方式类比为一种数据链路层协议，数据包经过不同的传输网络被封装为不同的数据帧。图 4-2 中的（1）传输网络使用＿＿＿＿＿＿＿帧，PSTN 传输网络使用 PPP 帧，帧中继传输网络使用帧中继帧，（2）传输网络使用＿＿＿＿＿＿＿帧。

4.1 局域网概述

局域网是从 20 世纪 70 年代开始在广域网技术的基础发展起来的，得益于计算机应用的普及，人们将计算机连接起来实现资源的共享。局域网有 3 个要素：网络拓扑结构、网络传输技术和介质访问方法（Medium Access Method）。

1. 网络拓扑结构

局域网采用的拓扑结构有总线、星形、树形（扩展星形）和环形等。网状拓扑结构也大量用于局域网，不再是广域网的专用网络拓扑结构。网络拓扑结构会影响网络的可靠性、扩展性、响应时间和吞吐量。

2. 网络传输技术

局域网使用各种各样的传输介质，如铜线、光纤、无线和通信卫星等。网络传输是指借助传输介质进行的数据通信，常用的网络传输技术有基带传输和频带传输两种。考虑到网络接口的成本和复杂性，局域网采用基带传输，主要使用曼彻斯特编码。

3. 介质访问方法

局域网采用点到多点（Point-to-Multipoint）的连接方式，存在共享传输介质的使用问题，因此引入介质访问方法。介质访问方法是一种将数据帧放置到传输介质上和从传输介质获取数据帧的技术，是影响局域网性能最为重要的因素之一。

4.2 以太网的发展

局域网经过多年的发展，通过技术的演进和实践的检验，采用的技术有以太网、光纤分布式数据接口（Fiber Distributed Data Interface，FDDI）和 ATM 技术等。在网络世界中，有些领域"百花齐放"，有些领域"一家独大"。局域网就是一家独大的典型代表，而一统局域网的就是以太网技术。在局域网研究领域，以太网技术并不是最早的技术，但是最成功的技术，其发展过程如图 4-3 所示。

图 4-3　以太网技术的发展过程

（1）20 世纪 70 年代，欧洲的一些大学和研究所开始研究局域网技术，主要是环形局域网。

（2）1973 年，以太网问世。20 世纪 80 年代，以太网、令牌环网与令牌总线网三足鼎立，并形成各自的标准。

（3）1990 年，IEEE 802.3 推出的 10Base-T 物理标准是局域网发展史一个非常重要的里程碑，它使得以太网组网造价低廉，可靠性和性价比大大提高，以太网在与其他局域网竞争中占据了明显优势，为其成为局域网的"领头羊"奠定了牢固基础。同年，以太网交换机面世，标志着交换式以太网的出现。

（4）1993 年，传统以太网由半双工工作模式改为全双工工作模式。在此基础上，以太网技术使用光纤作为传输介质，并推出 10Base-F 产品，最终从三足鼎立局面中脱颖而出，在局域网领域中一枝独秀。

（5）开放的以太网技术与标准，使它得到软件与硬件制造商的广泛支持，到了 20 世纪 90 年代，以太网开始受到业界认可和广泛应用，到了 21 世纪，以太网技术已成为局域网、城域网和广域网领域的主流技术，形成一家独大的局面。

课堂同步

以太网的主要技术特征是（　　　）。
A. 双绞线和光纤作为主要传输介质
B. 交换技术
C. 虚拟局域网技术
D. 高速

4.3　IEEE 802 实现模型

IEEE 于 1980 年 2 月成立局域网标准委员会，统一制定局域网的设计和应用标准，这些标准统称为 IEEE 802 标准。设计应用中的局域网模型称为 IEEE 802 实现模型，它描述了底层通信网络的层次及协议。与 5 层 TCP/IP 模型和 7 层 OSI 参考模型对应，IEEE 802 实现模型只涉及物理层和数据链路层。局域网是传输网络，属于通信子网。考虑到局域网需要具有网络互联的功能，在早期的局域网协议结构中设计了网络层，现已不再使用，因为局域网的高层多采用 TCP/IP 栈，其中的 IP 就可用于实现网络互联。

4.3.1　物理层的主要功能

因为局域网采用的传输介质有多种，并且局域网性能的提升强烈依赖传输介质上传输技术的更新，所以局域网参考模型直接规范了传输介质上的位传输，而在 5 层 TCP/IP 模型与 7 层 OSI 参考模型中，传输介质不属于物理层。IEEE 802 实现模型中的物理层过于复杂，分为物理介质无关（Physical Medium Independent，PMI）子层和物理介质相关（Physical Medium Dependent，PMD）子层，同时定义了介质无关接口（Medium Independent Interface，MII）和介质相关接口（Medium Dependent Interface，MDI）。IEEE 802 实现模型的物理层功能：实现信号的编码和译码、比特流的传输与接收和数据的同步控制等；规定物理层使用的信号与编码、传输介质、拓扑结构和传输速率等规范。

4.3.2　数据链路层的主要功能

为了给采用不同协议的局域网制定一个共用的参考模型，IEEE 802 委员会将 OSI 参考模型的数据链路层划分为介质访问控制（Medium Access Control，MAC）子层和逻辑链路控制（Logical Link Control，LLC）子层，其中 MAC 子层与传输介质相关，LLC 子层与传输介质无关，这样 IEEE 802 实现模型就具有了扩展性，便于接纳新的传输介质和介质访问控制方法。

MAC 子层用来描述一个具体的局域网，使用的协议数据单元是 MAC 帧，只有看到了 MAC 帧，才知道这是一个什么样的局域网。MAC 子层的地址是物理地址，也称为 MAC 地址，计算机之间的通信最终要通过 MAC 地址才可以进行。LLC 子层完成数据链路层的主要功能，实现链路管理、差错控制（Error Control）和流量控制（Flow Control）等功能。对所有局域网而言，LLC 子层都是一样的，差别主要存在于 MAC 子层。

小贴士

从目前的局域网使用来看，局域网环境几乎都采用以太网技术，很多硬件和软件厂商已经不再使用 LLC 协议，而是将 MAC 帧直接封装在 IP 分组中。随着 Wi-Fi 的广泛使用，LLC 协议又重新回到人们的视野。

4.3.3 IEEE 802 系列标准

IEEE 802 系列标准的关系与作用如图 4-4 所示。由图 4-4 可知，IEEE 802 系列标准是由一系列协议共同组成的标准体系。随着局域网技术的发展，该系列还在不断地增加新的标准与协议。例如，随着以太网技术的快速发展，IEEE 802.3 家族出现了许多新的成员，如 802.3u、802.3z、802.3ab、802.3ae 等。

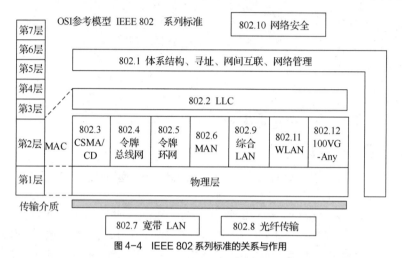

图 4-4 IEEE 802 系列标准的关系与作用

随着局域网技术的发展，一些过渡性技术在市场检验中逐步被淘汰，目前应用最多和正在发展的标准主要有 3 个：IEEE 802.3、IEEE 802.11 和 IEEE 802.15。

动手实践

研究局域网的发展

以太网是目前应用最广泛的局域网，最初的总线以太网由于简单而得到广泛的应用。交换式以太网的诞生，以及使用双绞线和光纤作为传输介质使以太网的性能得到了根本改善，以太网因此取得垄断地位，而虚拟局域网和无线局域网更加拓展了以太网的应用范围。请结合图 4-5 所示的时间线索，从以下 7 个方面研究以太网的发展过程。请读者自行设计表格，将研究结果呈现在表格中。

（1）传输介质可靠性。

（2）通信速率。

（3）网络吞吐量。

（4）网络连接设备。

（5）网络组建标准。

（6）介质访问方法。

（7）网络安全性。

1973 1980 1983 1985 1990 1993 1995 1998 1999 2002 2006 2009 2015 2016 ……

图 4-5 以太网的时间线索

课后检测

一、填空题

1. 网络传输技术是指借助传输介质进行的数据通信，常用的传输技术有_____传输和_____传输两种。

2. 局域网体系结构仅包含 OSI 参考模型的最低两层，分别是_____层和_____层。

3. IEEE 802 系列标准将数据链路层划分为_____子层和_____子层。

二、选择题

1. 局域网的层次结构中，可省略的层是（　　　）。

　　A. 物理层　　　　　　B. 访问控制层　　　　C. 逻辑链路控制层　　D. 网络层

2. LLC 子层完成数据链路层的主要功能是（　　　）。

　　A. 实现链路管理　　B. 差错控制　　　　　C. 流量控制　　　　　D. 以上都对

三、判断题

1. MAC 子层的地址是逻辑地址。　　　　　　　　　　　　　　　　　　　（　　　）

2. 局域网中使用的介质访问协议是 CSMA/CD。　　　　　　　　　　　　（　　　）

3. IEEE 802 实现模型中的物理层过于复杂，故将其划分为 PMI（物理介质无关）子层和 PMD（物理介质相关）子层。　　　　　　　　　　　　　　　　　　　　　（　　　）

4. 局域网物理层规范了传输介质的内容，而 OSI 参考模型的物理层并不包含传输介质。　　　　　　　　　　　　　　　　　　　　　　　　　　　　　　　　　　（　　　）

四、简答题

IEEE 802 实现模型与 OSI 参考模型有何差异？

五、重要词汇（英译汉）

1. Medium Access Method　　　　　　　　　（　　　　　　　　　　　　　）

2. Point-to-Multipoint　　　　　　　　　　　（　　　　　　　　　　　　　）

3. Medium Access Control　　　　　　　　　（　　　　　　　　　　　　　）

4. Logical Link Control　　　　　　　　　　（　　　　　　　　　　　　　）

主题 2　介质访问技术

学习目标

通过本主题的学习达到以下目标。

知识目标

- ⊙ 掌握 CSMA/CD 的工作原理。
- ⊙ 了解 CSMA/CD 的工作特点。
- ⊙ 掌握网卡的主要功能。

技能目标

- ⊙ 能够借助网络仿真工具探索以太网冲突问题。

106

课前评估

1. 在如图 4-6 所示的开会场景中，如果有多个人同时讲话，则会造成无法听清对方在讲什么的情况，这种现象在网络中称为冲突（Conflict）。要解决这个问题，可以采用两种策略，一种是按顺时针或逆时针方向轮流发言；另一种是确认没有他人说话时才能发言。这两种策略在计算机网络中，分别称为_____和_____。

2. 回顾曼彻斯特编码与时间的同步过程，如图 4-7 所示。由于表示每一位二进制的两个码元之间发生信号跳变，因此可以用_____信号表示传输介质在传输信号，用_____信号表示传输介质空闲。

图 4-6 开会场景

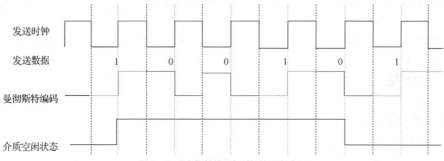

图 4-7 曼彻斯特编码与时间的同步过程

3. 在网络中如何检测是否有冲突发生呢？由于局域网通常采用曼彻斯特编码，因此可以通过信号的波形是否符合曼彻斯特编码规则进行判断，如果符合，则没有冲突；如果不符合，则发生冲突。图 4-8 所示为在一种传输介质中两个信号波形进行叠加的过程，请根据曼彻斯特编码规则判断信号是否发生了冲突。

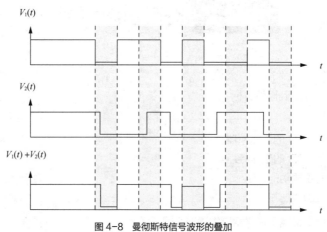

图 4-8 曼彻斯特信号波形的叠加

4.4　CSMA/CD 协议

传统的局域网是"共享式"的局域网。在"共享式"局域网的实现过程中，可以采用不同的方式对共享介质进行访问控制。从概念上讲，"介质访问控制"用来解决局域网中使用共用信道产生竞争时如何分配信道使用权的问题。目前，局域网中广泛采用的两种介质访问控制协议如下。

① 争用型介质访问控制协议，又称为随机型的介质访问控制协议，如带冲突检测的载波监听多路访问（Carrier Sense Multiple Access with Collision Detection，CSMA/CD）协议。

② 确定型介质访问控制协议，又称为有序的访问控制协议，如令牌（Token）协议。

下面对 CSMA/CD 的工作原理和工作特点进行介绍。

微课 4.1

4.4.1　CSMA/CD 的工作原理

载波监听（Carrier Sense）是指网络上各个工作站在发送数据前都要确认总线上有没有数据正在传输。若有数据正在传输（称总线为忙），则不发送数据；若无数据正在传输（称总线为空），则立即发送准备好的数据。"多路访问"（Multiple Access）是指网络上所有工作站收发数据共同使用一条总线，且发送数据是广播式的。"冲突"是指若网络上有两个或两个以上工作站同时发送数据，在总线上就会产生信号的叠加，这样所有工作站都辨别不出真正的数据是什么，又称为"碰撞"。CSMA/CD 的工作过程如图 4-9 所示。

动画 9

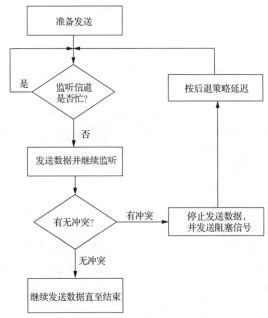

图 4-9　CSMA/CD 的工作过程

（1）当一个站点想要发送数据的时候，它会先检测网络，查看是否有其他站点正在传输数据，即监听信道是否忙。

（2）如果信道忙，则等待，直到信道空闲；如果信道空闲，则站点准备好要发送的数据。

（3）在发送数据的同时，站点继续监听信道，确认同一时间内没有其他站点在发送数据才会继续传输数据。因为有可能存在两个或多个站点同时检测到信道空闲，然后几乎在同一时刻传输数据的情况，这样就会产生冲突。若无冲突则继续发送数据，直到发完全部数据。

（4）若有冲突，则立即停止发送数据，并发送一个加强冲突的阻塞（Jam）信号，使网络上所有工作站都知道网络上发生了冲突，然后按后退策略延迟，即等待一个预定的随机时间，在信道空闲时，重新发送未发完的数据。

CSMA/CD 的工作过程可归结为"先听后发，边听边发，冲突等待，空闲发送"。

小贴士

我们可以将 CSMA/CD 的控制过程形象地比喻成很多人在一间黑屋子中进行讨论，参加讨论的人只能听见其他人的声音。每个人在发言之前要倾听，只有等黑屋子安静下来后，他才能发言。人们将发言前要"先听后说"的过程称为"载波监听"；将在黑屋子安静的情况下，每个人都有平等的机会争取发言的过程称为"多路访问"；如果在同一时刻有两人或两人以上同时说话，则大家会无法听清其中任何一个人的发言，这种情况称为发生"冲突"。发言人在发言过程中要及时检测是否发生了冲突，这个过程叫作"冲突检测"。如果发言人发现冲突已经发生，则他要停止说话，然后"随机后退延迟"，之后再次重复上述过程，直至发言成功。

4.4.2　CSMA/CD 的工作特点

CSMA/CD 采用的是一种"有空就发"的争用型介质访问控制策略，因而会不可避免地出现信道空闲时多个站点同时竞争的现象。CSMA/CD 无法完全消除冲突，它只能采取一些措施来减少冲突，并对所产生的冲突进行处理。另外，网络竞争的不确定性也使网络时延变得难以确定。因此，采用 CSMA/CD 协议的局域网一般情况下不适合那些对实时性要求很高的网络应用。

课堂同步

（1）使用 CSMA/CD 协议的以太网不能进行（　　）通信，只能进行（　　）通信。

（2）从介质访问控制的角度看，CSMA/CD 是一种（　　）分配信道的方法，FDM、TDM、WDM 是一种（　　）分配信道的方法。

4.5　以太网网卡简介

以太网网卡由 3 部分组成：网卡与传输介质的接口、网卡与主机的接口和以太网数据链路控制器。

1．网卡与传输介质的接口

以太网收发器实现节点与总线传输介质的电信号连接，完成数据发送与接收、冲突检测功能。网卡与传输介质连接的方法如下：通过 RJ-45 接口用非屏蔽双绞线连接到以太网交换机或集线器，以接入以太网。

2．网卡与主机的接口

网卡要插入联网计算机的 I/O 扩展槽中，作为计算机的一台外部设备来工作。网卡在主机 CPU 的控制下进行数据的发送和接收。从这一点来讲，网卡与其他的 I/O 外部设备（如显示卡、磁盘控制器卡、异步通信接口适配器卡）没有本质区别。

3．以太网数据链路控制器

实际的网卡均可以实现介质访问控制、CRC、曼彻斯特编码与解码、收发器与冲突检测等功能。但需要注意的是，随着以太网技术的广泛应用，符合 IEEE 802.3 标准的以太网网卡（包括 802.11 无线网卡）已经成为 PC 的标准配置之一，并且以太网网卡芯片一般内嵌在主板上，这样以太网网卡就可以分为插卡式与内嵌式两种。尽管这两种以太网网卡在结构上是不同的，但是它们的工作原理、接口标准与联网方式并没有差异。插卡式以太网网卡的外观如图 4-10 所示。

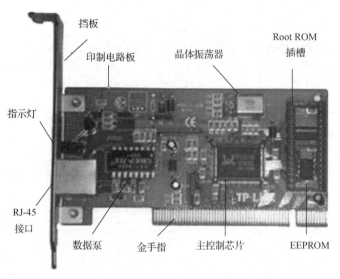

图4-10 插卡式以太网网卡的外观

动手实践

探索以太网冲突

本节利用Packet Tracer的仿真功能，直观地观察共享式以太网的不足，主要步骤如下。

（1）绘制共享式以太网拓扑图，如图4-11所示。

（2）按照图4-11中规划的IP地址，在PC1和PC2上配置IP地址。

（3）进入仿真模式，设置捕获协议为ICMP。

（4）分别在PC1和PC2上准备ICMP数据包。

（5）执行单步仿真，观察数据包的运行过程，观察能否进行全双工通信，是否有冲突发生。

（6）将PC3和PC4连接到集线器上，分别为其配置IP地址。

（7）在仿真模式下，在PC1上准备发向PC2的ICMP数据包，执行单步仿真，观察PC2、PC3、PC4能否接收到ICMP数据包，说明集线器是以何种通信方式在工作。

动手实践
动手实践 12

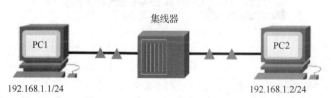

192.168.1.3/24   192.168.1.4/24

图4-11 共享式以太网拓扑图

课后检测

一、填空题

1. CSMA/CD 的中文名称是_____。
2. CSMA/CD 的工作过程可归结为"先听后发，_____，冲突等待，_____"。
3. 以太网网卡由 3 部分组成：网卡与传输介质的接口、_____、网卡与主机的接口。

二、选择题

1. 当采用 CSMA/CD 介质访问控制方法的局域网用于办公自动化环境时，这类局域网在（   ）网络通信负荷情况下可以表现出较好的吞吐量与延迟特性。
    A. 较高   B. 较低   C. 中等   D. 不限定
2. CSMA/CD 技术一般用于（   ）拓扑结构的网络。
    A. 网状   B. 总线   C. 环形   D. 星形
3. CSMA/CD 方法用来解决多节点如何共享公用总线传输介质的问题时，网络中（   ）。
    A. 不存在集中控制的节点   B. 存在一个集中控制的节点
    C. 存在多个集中控制的节点   D. 可以有也可以没有集中控制的节点

三、判断题

1. CSMA/CD 采用的是一种"有空就发"的竞争型介质访问控制策略。（   ）
2. "载波监听"是指网络上各个工作站在发送数据前不需要确认总线上有没有数据传输。
    （   ）
3. 网卡在主机 CPU 的控制下进行数据的发送和接收。（   ）

四、简答题

在 CSMA/CD 中，什么情况下会发生冲突？怎么解决这个问题？请简述其工作原理。

五、重要词汇（英译汉）

1. Carrier Sense Multiple Access with Collision Detection   （   ）
2. Network Adapter   （   ）
3. Jam   （   ）

主题 3　帧格式与操作

学习目标

通过本主题的学习达到以下目标。

知识目标

- ⊙ 掌握 MAC 地址的基本概念。
- ⊙ 掌握以太网帧的结构。

技能目标

- ⊙ 能够使用网络协议工具捕获并分析以太网帧。

素质目标

- ⊙ 通过分析数据帧的结构，让学生进一步理解协议的内涵，引导学生逐步树立规则意识。

课前评估

1. 在 Windows 的命令提示符窗口中，使用 ipconfig /all 命令查看自己的笔记本电脑网卡的物理地址（Physical Address）并记录下来，对其组成情况进行简单描述。

2. IP 地址是_____层使用的地址，物理地址是_____层使用的地址，这两类地址都具有唯一性。

3. IP 地址如同邮政通信地址（可以改变），物理地址如同人的姓名（一般不可改变）。设想一下，如果只通过人的姓名能知道其住在哪里吗？如果邮递员只有邮政通信地址，能将信件正确投递到特定的人的手中吗？作为类比，在 Internet 中能否只使用 IP 地址或物理地址来进行通信？

4.6　MAC 地址的基本概念

微课

微课 4.2

本节将围绕 MAC 地址的定义、MAC 地址的组成、MAC 地址的类型、MAC 地址的管理和 MAC 地址的作用展开介绍。

4.6.1　MAC 地址的定义

在计算机网络中需要通过地址来区分参与通信的各个站点。数据链路层所使用的地址被固化在网络设备（交换机、网桥等）的网卡中，用于标识网络设备的物理接口。网卡也称网络接口卡（Network Interface Card，NIC）。由于这些地址存在于硬件中，故称为硬件地址（Hardware Address）或物理地址，又由于 IEEE 802.3 标准将寻址定义在 MAC 子层，所以也称为 MAC 地址。在以太网中，MAC 地址是由 48 位的二进制数或 12 位的十六进制数表示的，被固化在 NIC 的电擦除可编程只读存储器（Electrically-Erasable Programmable Read-Only Memory，EEPROM）芯片中，一般不能修改。虽然许多 NIC 允许固化的 MAC 地址被软件任务所取代，但是这种做法并不被推荐使用，因为这样可能导致 MAC 地址被重复使用，从而在网络上造成灾难性的后果。图 4-12 所示为在 Windows 的命令提示符窗口中，使用 ipconfig/all 命令查看到的网卡绑定的 MAC 地址。

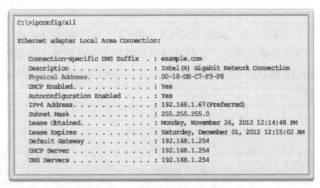

```
C:\>ipconfig/all

Ethernet adapter Local Area Connection:

   Connection-specific DNS Suffix  . : example.com
   Description . . . . . . . . . . . : Intel(R) Gigabit Network Connection
   Physical Address. . . . . . . . . : 00-18-DE-C7-F3-F8
   DHCP Enabled. . . . . . . . . . . : Yes
   Autoconfiguration Enabled . . . . : Yes
   IPv4 Address. . . . . . . . . . . : 192.168.1.67(Preferred)
   Subnet Mask . . . . . . . . . . . : 255.255.255.0
   Lease Obtained. . . . . . . . . . : Monday, November 26, 2012 12:14:48 PM
   Lease Expires . . . . . . . . . . : Saturday, December 01, 2012 12:15:02 AM
   Default Gateway . . . . . . . . . : 192.168.1.254
   DHCP Server . . . . . . . . . . . : 192.168.1.254
   DNS Servers . . . . . . . . . . . : 192.168.1.254
```

图 4-12　网卡绑定的 MAC 地址

4.6.2　MAC 地址的组成

MAC 地址由两个字段组成，分别是组织唯一标识符（Organizational Unique Identifier，OUI）和扩展唯一标识符（Extended Unique Identifier，EUI），其中前 24 位为 OUI，而后 24 位为 EUI。OUI 标识了 NIC 的制造厂商，EUI 则唯一地标识了 NIC，这两部分联合在一起确保了网络中不存在重复的 MAC 地址。MAC 地址的命名规则如图 4-13 所示，图中给出的 MAC 地址示例 00-60-2F-3A-07-BC

（以十六进制表示）中的 00-60-2F 是 Cisco 公司的 OUI。如果某厂商想要生产以太网网卡，则其必须从 IEEE 注册管理委员会（Registration Authority Committee，RAC）购买一个 24 位的 ID。

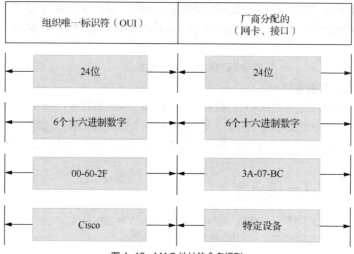

图 4-13　MAC 地址的命名规则

小贴士

　　　　MAC 地址在实际使用过程中采用了不同的表现形式，如在不同物理设备的 NIC 中，MAC 地址可以表示为 00-60-2F-3A-07-BC、00:60:2F:3A:07:BC 或 00602F.3A07BC。

4.6.3　MAC 地址的类型

（1）广播地址：48 位二进制位全为 1 的地址，局域网内的所有主机都接收此帧并处理。

（2）多播地址：第 1 个字节的最低位为 1，只有一部分主机接收此帧并处理。

（3）单播地址：第 1 个字节的最低位为 0，仅网卡地址与该目的地址相同的主机处理此帧。

小贴士

　　　　在以太网中，为了减轻主机的工作负担，NIC 只将发送给本节点的帧交给主机，而将其余帧丢掉。另外，有些特殊的设备需要接收网络上传输的所有帧，如使用 Wireshark 捕获以太网帧等，此时只要将这些设备的 NIC 配置为混杂模式就可以接收所有的帧。

课堂同步

　　　　在以太网中，有 A、B、C、D 这 4 台主机，若 A 向 B 发送数据，则（　　　）。

　　　　A．只有 B 可以接收到数据

　　　　B．4 台主机都可以接收到数据

　　　　C．只有 B、C、D 可以接收到数据

　　　　D．4 台主机都不能接收到数据

4.6.4　MAC 地址的管理

RAC 在确定 MAC 地址分配方案时，对以太网 MAC 地址第 1 个字节的最低两位进行了一些限定，如图 4-14 所示。IEEE 802.3 标准规定：MAC 地址第 1 个字节的次低有效位为全局管理/本地管理（Global/Local，G/L）位，MAC 地址的第 1 个字节的最低有效位为单播/多播（Individual/Group，I/G）位，因此 I/G 位和 G/L 位的取值共有 4 种组合，即 MAC 地址有 4 种类型，如表 4-1 所示。需要注意的是 IEEE 802 局域网的 MAC 地址发送顺序，字节发送顺序为第 1 个字节→第 6 个字节；字节内的位发送顺序为 $b_0 \rightarrow b_7$。

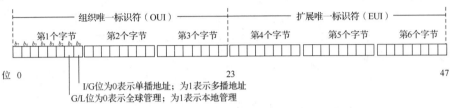

图 4-14 MAC 地址限定

表 4-1 MAC 地址的 4 种类型

第 1 个字节的 b_1 位	第 1 个字节的 b_0 位	MAC 地址类型	地址占比	地址数量
0	0	全球 单播 （由厂商生产网络设备时固化在设备中）	1/4	$2^{48} \approx 280$ 万亿
0	1	全球 多播 （交换机、路由器等标准网络设备所支持的多播地址）	1/4	
1	0	本地 单播（由网络管理员分配，优先级高于网络接口的全球单播地址）	1/4	
1	1	本地 多播 （可由用户对网卡编程实现，以表明其属于哪些多播组）	1/4	

4.6.5 MAC 地址的作用

有了 MAC 地址，数据帧的传输就是有目的的传输。数据帧头中包含源主机和目的主机的 MAC 地址，主机网卡一旦探测到数据帧，就会检查此帧中的目的 MAC 地址是否为本机的 MAC 地址，若是则继续接收完整的数据帧，否则放弃。这一作用被称为 NIC 的过滤功能。

任何一个数据帧中的源 MAC 地址和目的 MAC 地址相关的主机必然是相邻的，显然，源主机和目的主机在同一个局域网内，如图 4-15 所示。

但是对于跨网通信，源主机发送给目的主机的数据帧中的目的 MAC 地址并非目的主机的网卡地址，而是与源主机相连的网关路由器的 MAC 地址。由于数据要发送到目的主机，必须要依靠路由器的选路才能到达目的主机，因此数据帧应先发给与源主机相邻的网关，由相邻网关选择路由。如图 4-15 所示，主机 H1 和 H3 通信，此时数据帧封装的目的 MAC 地址就不应该是 H3 主机的 MAC 地址，而是路由器 A 的接口 1 的 MAC 地址 05-EA-AC-3D-EA-3A。

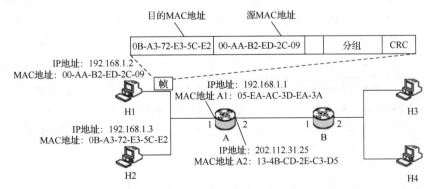

图 4-15 MAC 地址的作用

4.7 以太网帧结构

"业精于勤荒于嬉，行成于思毁于随"，要知道这句古文的意思，首先要会断句，即"业，精于勤，荒于嬉；行，成于思，毁于随"。对网络通信来说也是如此。我们知道，物理层传输的是比特流，如果要正确处理这些比特流，那么就要能够对这些比特流进行"正确分割"。从物理层的比特流到数据链路层的帧，我们称为"比特流断流成帧"。因此，帧是对数据的一种包装或封装，之后这些数据将被分割成一个个位并在物理层上传输。由于以太网技术是局域网的主流技术，本书只讨论以太网帧。图 4-16 所示为一个典型的以太网 Ⅱ 帧的帧结构（假设该网络层使用的协议是 IP）。

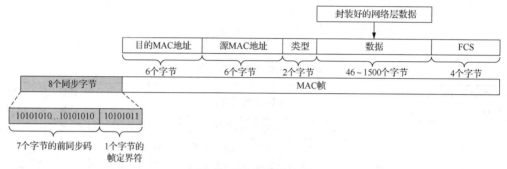

图 4-16　以太网 Ⅱ 帧的帧结构

（1）前同步码是 7 个字节的 10101010。前同步码字段的曼彻斯特编码会产生频率为 10 MHz、持续 5.6 μs 的方波，便于接收方的接收时钟与发送方的发送时钟进行同步。这一过程本身的内容没有任何实际意义，可简单理解为通知接口做好数据接收的准备工作。

（2）帧定界符为 10101011，标志着一帧的开始。

　以太网帧并不需要结束符，因为以太网在传送帧时，各帧之间必须有一定的间隔，因此，接收方只要能找到开始帧定界符，其后面连续到达的比特流就都属于同一个以太网帧，所以图 4-16 中只有开始帧定界符。

（3）目的 MAC 地址和源 MAC 地址字段各为 48 位二进制数，分别指示接收方和发送方。

（4）类型字段有 2 个字节，指明可以支持的高层协议，主要是 IP，也可以是其他协议，如 Novell IPX 和 AppleTalk 等。类型字段的意义重大，如果没有它标识上层协议类型，则以太网将无法支持多种网络层协议。当类型字段的值为 0x0800（0x 表示后面的数字为十六进制）时，表示上层使用的协议是 IP。

（5）数据字段用于指明数据段中的字节数，其值为 46～1500。当网络层传递下来的数据不足 46B 时，需在数据字段的后面加入一个整数字节的填充字段，将数据凑足 46B，以保证以太网帧的长度不小于 64B。

　数据字段中，46 和 1500 是怎么来的？首先，由 CSMA/CD 算法可知，以太网帧的最短帧长为 64B，而以太网帧的首部和尾部的长度为 18B，所以以太网帧中数据长度最短 64-18=46B。其次，以太网帧数据长度最大为 1500B 是规定，没有具体原因。

（6）FCS 字段表示使用 CRC-32 循环冗余校验，共 4 个字节，由接收方检测，若有错，则丢弃该帧。

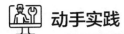 **动手实践**

分析以太网帧

图4-17所示为使用Wireshark捕获到的以太网帧，请分析以太网帧的结构，并回答下列问题。

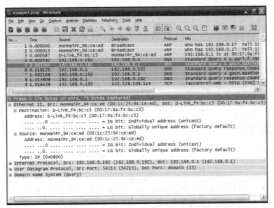

图 4-17　使用 Wireshark 捕获到的以太网帧

（1）此设备MAC地址的OUI是什么？此设备MAC地址的序列号是什么？查找制造此网卡的供应商名称。

（2）以太网帧并没有明确长度的字段，它是如何知道一个帧的开始和结束的呢？以太网帧的最短和最长的长度分别是多少？

（3）为什么要规定以太网帧长度的上限？

（4）写出以太网帧各个字段的值。

（5）传输以太网帧时使用的是同步传输技术还是异步传输技术？

课后检测

一、填空题

1. 在网络中，网卡的 MAC 地址位于 OSI 参考模型的_____层。

2. MAC 地址也称物理地址，是内置在网卡中的一组代码，由_____位十六进制数组成，总长_____bit。

3. MAC 地址的类型分为_____、_____和_____。

二、选择题

1. 下列不属于网卡功能的是（　　　）。

　　A. 实现介质访问控制　　　　　　　B. 实现数据链路层的功能

　　C. 实现物理层的功能　　　　　　　D. 实现调制和解调功能

2. 以下关于 MAC 地址叙述正确的是（　　　）。

　　A. MAC 地址是一种便于修改的逻辑地址

　　B. MAC 地址固化在 ROM 中，通常情况下无法改动

　　C. 通常只有主机才需要 MAC 地址，路由器等网络设备不需要 MAC 地址

　　D. MAC 地址长度为 32bit，通常以点分十进制形式表示

3. 以下（   ）表示的 MAC 地址是正确的。

    A. 00-16-5B-4A-34-2H   B. 192.168.1.55

    C. 65-10-96-58-16   D. 00-06-5B-4F-45-BA

三、判断题

1. MAC 地址空间为 2^{48} 个。   （   ）

2. 任何一个数据帧中的源 MAC 地址和目的 MAC 地址相关的主机必然是相邻的。

                                                                                        （   ）

3. 帧是对数据的一种包装或封装。   （   ）

四、简答题

什么是 MAC 地址？MAC 地址由哪几部分组成？

五、重要词汇（英译汉）

1. Hardware Address   （   ）

2. Physical Address   （   ）

3. Network Interface Card   （   ）

4. Organizational Unique Identifier   （   ）

5. Extended Unique Identifier   （   ）

主题 4   以太网技术

⚙ 学习目标

通过本主题的学习达到以下目标。

知识目标

- ◉ 了解物理层网络设备的主要功能及以太网物理层标准。
- ◉ 掌握快速以太网技术标准。
- ◉ 掌握高速以太网技术标准。
- ◉ 掌握交换式以太网的优点。

技能目标

- ◉ 能够借助网络工具对比共享式和交换式以太网的优缺点。

素质目标

- ◉ 通过介绍常见的以太网技术，充分理解资源利用和经济成本之间的约束关系，引导学生逐步建立以"工程学"的方法来分析并解决复杂网络问题的意识。

🔍 课前评估

1. 结合前面所学知识，尽可能列举出扩展网络覆盖范围时采用的技术及措施。

2. 请说明人们提高网络性能、增强用户体验效果所采用的技术手段。

3. 假设某人及其朋友之间的通信终端的距离为 100~300m，请设计使这两个通信终端正常通信的以太网的组网方案。

4.8 以太网的组网规范

任何网络设备都有自己的特性和适用范围，只有在规定的范围内使用才能正常发挥其功能。实践证明，网络物理层的传输介质与设备在组网的过程中都有一定的条件限制，违背这些组网规范就会降低网络的性能，甚至造成严重的网络故障。下面分别讨论常见的物理层传输介质与设备在组网中的使用规范。

4.8.1 以太网的命名原则

IEEE 802.3 标准定义了一种缩写符号来表示以太网的某一标准实现：n-信号-传输介质。其中，n 表示以 Mbit/s 为单位的数据传输速率（如 10Mbit/s、100Mbit/s、1000Mbit/s 等）；信号表示基带或宽带类型；传输介质表示网络的布线特性，在同轴电缆（Coaxial Cable）中，用网络的分段长度 5 表示 500m，2 表示 185m，用 T 表示采用双绞线作为传输介质，用 C 表示采用同轴电缆作为传输介质，用 F 表示采用光纤作为传输介质，用 X 表示编码方式，100Mbit/s 网络中使用 4B、5B 编码，1000Mbit/s 网络中使用 8B、10B 编码等。

4.8.2 物理层组网设备介绍

物理层的设备主要包括中继器和集线器。利用这些设备组建以太网时，需遵循"5-4-3"规则。

1. 中继器

中继器（Repeater）具有对物理信号进行放大和再生的功能，可将输入端口接收的物理信号经过放大和整形后从输出端口送出，如图 4-18 所示。中继器具有典型的单进单出结构，因此当网络规模增加时，可能会需要许多单进单出结构的中继器来放大信号。在这种需求背景下，集线器应运而生。

输入信号　　　　　中继器　　　消除了噪声的影响
　　　　　　　　　　　　　　　再生输出信号

图 4-18　中继器的作用

2. 集线器

集线器（Hub）是网络连接中常用的设备，它在物理上被设计成集中式的多端口中继器，其多个端口可为多路信号提供放大、整形和转发功能。集线器除具备中继器的功能外，其多个端口还提供了网络线缆连接的一个集中点，可增加网络连接的可靠性。集线器是较早使用的设备，它具有低价格、容易查找故障、方便网络管理等优点，曾在小型的局域网中被广泛应用。

小贴士　　与使用大量机械接头和同轴电缆构成的共享式以太网相比，使用集线器和双绞线组建的以太网具有可靠、廉价、使用方便的优点，因此 10Base-5、10Base-2 共享总线以太网已从市场上消失。

3. "5-4-3"规则

下面讨论物理层设备在组网过程中应遵循的"5-4-3"规则。

"5-4-3"规则的内容：在一个 10Mbit/s 以太网中，任意两个工作站之间最多可以有 5 个网段、4 个中继器，同时 5 个网段中只有 3 个网段可以用于安装计算机等网络设备，如图 4-19 所示。网段是指计算机与网络设备、网络设备与网络设备之间形成的链路，计算机与计算机之间的链路不是网段。

小贴士　　"5-4-3"规则只适用于网络物理层的设备，对于交换机和路由器及高层的设备没有约束，并且只适用于 10Mbit/s 的网络，对 100Mbit/s、1000Mbit/s 的网络不适用。

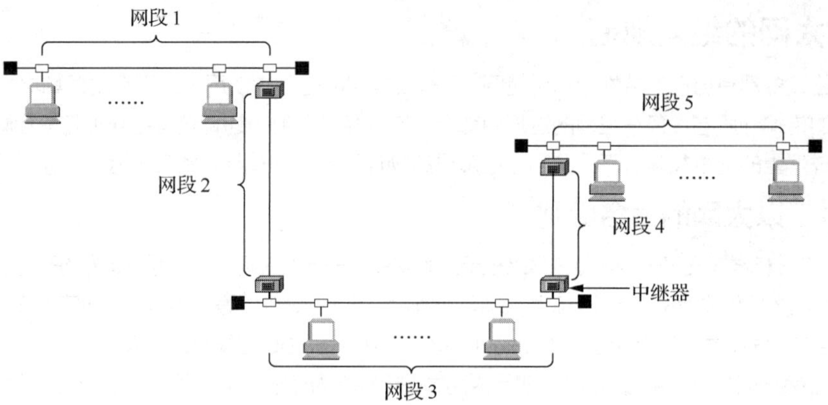

图 4-19 "5-4-3" 规则

4.8.3 以太网物理层标准

IEEE 802.3 标准先后为不同的传输介质制定了不同的物理层标准，如 10Base-5、10Base-2、10Base-T 和 10Base-F 等，目前 10Base-5 和 10Base-2 标准以太网已经基本被淘汰。常见以太网物理层标准的比较如表 4-2 所示。

表 4-2　常见以太网物理层标准的比较

特性	10Base-T	10Base-F
IEEE 规范	802.3i	802.3j
数据传输速率	10Mbit/s	10Mbit/s
信号传输方式	基带	基带
网段的最大长度	100m	2000m
最大网络跨度	500m	4000m
网络介质	UTP	单模、多模光纤
网段上的最大工作站数目	1024 台	没有限制
拓扑结构	星形	星形
介质挂接方法	网卡	网卡
网线上的连接端	RJ-45	光纤
线缆电阻	100Ω	—

4.9　快速以太网技术

提高以太网的带宽，是解决网络规模与网络性能之间矛盾的方案之一，一般把数据传输速率为 100Mbit/s 的局域网称为快速局域网。对于目前已大量存在的以太网来说，需要保护用户已有的投资，因此快速以太网（Fast Ethernet）必须和传统以太网兼容，即使快速以太网可以不采用 CSMA/CD 协议，但是它必须保持局域网的帧结构、最大与最小帧长度等基本特征。在物理层提高数据传输速率时，必然要在使用的传输介质和信号编码方式方面有所变化。

4.9.1　100Mbit/s 以太网标准

100Mbit/s 以太网保留了 10Mbit/s 以太网的特征，两者有相同的介质访问控制方法（即 CSMA/CD）、相同的接口与相同的组网方法，而不同的只是把以太网每位发送时间由 100ns 降低到 10ns。100Mbit/s 以太网有 4 种标准，其性能比较如表 4-3 所示。

表 4-3　4 种 100Mbit/s 以太网的性能比较

特性	100Base-TX	100Base-T4	100Base-FX	100Base-T2
传输介质	UTP Cat 5，STP	3 类以上 UTP	单模光纤/多模光纤	3 类以上 UTP
接头	RJ-45	RJ-45	ST、SC	RJ-45
最长介质段	100m	100m	412m/2000m	100m
拓扑结构	星形	星形	星形	星形
传输线对数目	2	4	1	2
发送线对数目	1	3	1	1
集线器数量	2	2	不支持集线器组网	2
全双工支持	是	否	是	是
信号编码方式	4B/5B	8B/6T	4B/5B	PAM5X5
信号频率	125MHz	25MHz	125MHz	25MHz

4.9.2　100Mbit/s 以太网应用举例

在网络设计方案中，快速以太网曾经采用快速以太网集线器作为中央设备，采用 5 类 UTP 以星形连接的方式连接网络节点（工作站或服务器）、另一个快速以太网集线器和 10Base-T 的共享集线器，其连接如图 4-20 所示。

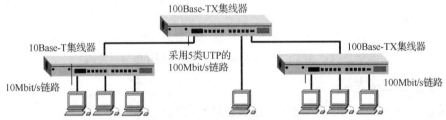

图 4-20　100Mbit/s 以太网典型应用

4.10　1000Mbit/s 以太网技术

1997 年 2 月 3 日，IEEE 确定了 1000Mbit/s 以太网的核心技术，1998 年 6 月正式通过 1000Mbit/s 以太网（GE）标准 IEEE 802.3z，1999 年 6 月正式批准 IEEE 802.3ab 标准（即 1000Base-T），将双绞线用于 1000Mbit/s 以太网中。1000Mbit/s 以太网标准的制定基础如下：以 1000Mbit/s 的传输速率进行半双工、全双工操作；使用 IEEE 802.3 以太网帧格式；使用 CSMA/CD 访问方式。

4.10.1　1000Mbit/s 以太网标准

表 4-4 所示为 4 种 1000Mbit/s 以太网的性能比较。

表 4-4　4 种 1000Mbit/s 以太网的性能比较

特性	1000Base-SX	1000Base-LX	1000Base-CX	1000Base-T
编码技术	8B/10B	8B/10B	8B/10B	PAM-5
传输介质	多模光纤	多模光纤/单模光纤	STP	5 类 UTP
线路数	2	2	2	4
接口	SC	SC	DB9	RJ-45
最长介质段	275m/550m	550m/5000m	25m	100m
拓扑结构	星形	星形	星形	星形

4.10.2 1000Mbit/s 以太网应用举例

在网络设计中，通常用一个或多个 1000 Mbit/s 以太网交换机构成主干网，以保证主干网有较大的带宽；用快速以太网交换机构成楼内局域网。组网时，采用层次结构将几种不同性能的交换机结合起来。1000 Mbit/s 以太网的组网结构如图4-21 所示。

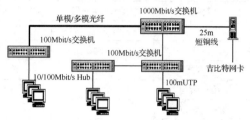

图 4-21　1000Mbit/s 以太网的组网结构

4.11 10Gbit/s 以太网技术

在 GE 标准 IEEE802.3z 通过后不久，1999 年 3 月 IEEE 成立高速研究组，致力于 10Gbit/s 以太网技术与标准的研究。10Gbit/s 以太网（10GbE 或 10GE 或 10GigE）又称为万兆位以太网。10GbE 标准由 IEEE 802.3ae 委员会制定，正式标准在 2002 年完成。

10GbE 并非将 GE 的传输速率简单提高 10 倍，还存在很多复杂的技术问题要解决。10GbE 主要具有以下特点。

（1）10GbE 保留着传统以太网的帧格式与最小、最大帧长度的特征。

（2）10GbE 定义了传输介质专用接口 10GMII，将 MAC 子层与物理层分隔开。这样，物理层在实现 10 Gbit/s 传输速率时使用的传输介质和信号编码方式的变化不会影响 MAC 子层。

（3）10GbE 只工作在全双工通信方式，如在网卡与交换机之间使用两根光纤连接，分别完成发送与接收的任务，因此不再采用 CSMA/CD 协议，这就使得 10GbE 的覆盖范围不受传统以太网的冲突窗口限制，传输距离只取决于光纤通信系统的性能。

（4）10GbE 的应用领域已经从局域网逐渐扩展到城域网与广域网的核心交换网络。

（5）10GbE 的物理层协议分为局域网物理层标准与广域网物理层标准两类。

4.12 交换式以太网

本节将围绕交换式以太网的基本概念和应用实例展开介绍。

4.12.1 交换式以太网的基本概念

对共享式以太网而言，受到 CSMA/CD 协议的制约，整个网络都处于冲突域中，网络带宽被所有站点共同分割，当网络规模不断扩大时，网络中的冲突概率就会大大增加，造成了网络整体性能的下降，因此集线器的带宽成了网络的瓶颈。

交换式以太网（Switched Ethernet）采用了以以太网交换机为核心的技术。交换机连接的每个网段都是一个独立的冲突域，它允许多个用户之间同时进行数据传输；每个节点独占端口带宽，随着网络用户的增加，网络带宽也随之增加，因而交换式以太网从根本上解决了网络带宽问题。

共享式以太网和交换式以太网的主要区别如图 4-22 所示。

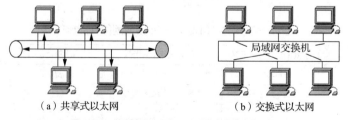

（a）共享式以太网　　　　（b）交换式以太网

图 4-22　共享式以太网与交换式以太网的主要区别

4.12.2 交换式以太网的应用实例

在实际应用中，通常将一台或多台快速交换式以太网交换机连接起来，构成园区的主干网，再下连交换式以太网交换机或自适应交换式以太网交换机，组成全交换的快速交换式以太网。通常，用以太网交换机构成星形结构，主干交换机可以连接共享式快速以太网设备，交换机的普通端口连接客户端，上行端口连接数据传输量很大的服务器。其应用如图 4-23 所示。

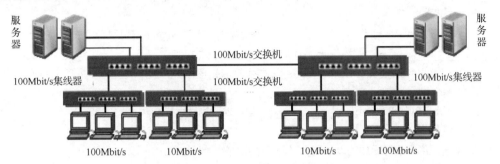

图 4-23　快速交换式以太网应用

课堂同步

实现两个相距 2000m 的 100Mbit/s 交换机端口互联时，采用的连接方式是（　　　）。

A. 多段由集线器互联的双绞线

B. 多段由集线器互联的光缆

C. 单段采用全双工通信方式的双绞线

D. 单段采用全双工通信方式的光缆

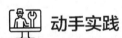 **动手实践**

探索交换式以太网的优势

本节利用 Packet Tracer 的仿真功能，直观地观察交换式以太网的优势，实现步骤如下。

（1）绘制交换式以太网拓扑图，如图 4-24 所示。

（2）设置 PC 的 IP 地址。

动手实践
动手实践 14

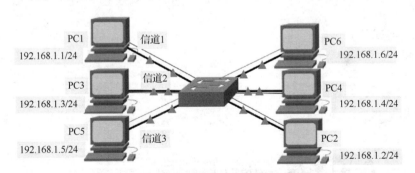

图 4-24　交换式以太网拓扑图

（3）进入仿真模式，设置捕获 ICMP 数据包。

（4）在 PC1 上 ping PC2 的 IP 地址；在 PC3 上 ping PC4 的 IP 地址；在 PC5 上 ping PC6 的 IP 地址。

（5）执行单步仿真，观察数据包的流动过程，查看是否有冲突发生，并分析其中的原因。

课后检测

一、填空题

1. 在 IEEE 802.3 标准中，先后为不同的传输介质制定了不同的物理层标准，有 10Base-5、_____、_____和 10Base-F 等。

2. 100Mbit/s 以太网保留了 10Mbit/s 以太网的特征，两者的不同只是把以太网每位的发送时间由 100ns 降低到_____。

3. 10GbE 的物理层协议分为_____与广域网物理层标准两类。

二、选择题

1. 对于采用集线器组成的以太网，其网络拓扑结构为（　　）。

    A. 总线结构　　　　B. 星形结构　　　　C. 环形结构　　　　D. 以上都不是

2. IEEE 802.3 标准定义了一种缩写符号来表示以太网的某一标准实现，下列说法错误的是（　　）。

    A. T 表示采用双绞线　　　　　　　　　　B. C 表示采用同轴电缆

    C. F 表示采用光纤　　　　　　　　　　　D. X 表示采用铜质线缆

三、判断题

1. 交换式以太网从根本上解决了网络带宽问题。　　　　　　　　　　　　　（　　）

2. 10GbE 仅仅将 GE 的传输速率提高了 10 倍。　　　　　　　　　　　　　（　　）

3. 共享式以太网受到 CSMA/CD 介质访问控制协议的制约，整个网络都处于一个冲突域中。

                                                            （　　）

四、简答题

某个公司目前的网络拓扑结构如图 4-20 所示，它采用了具有中央集线器的以太网，由于网络节点的不断扩充，各种网络应用日益增加，网络性能不断下降，因此，该网络急需升级和扩充。基于此，回答以下问题。

（1）为什么该网络的性能会随着网络节点的扩充而下降？分析技术原因。

（2）如果要将该网络升级为快速以太网，并突破集线器之间的"瓶颈"，则应该使用什么样的交换机？

五、重要词汇（英译汉）

1. Coaxial Cable　　　　　　　（　　　　　　　　　　　）

2. Hub　　　　　　　　　　　　（　　　　　　　　　　　）

3. Fast Ethernet　　　　　　　（　　　　　　　　　　　）

4. Switched Ethernet　　　　　（　　　　　　　　　　　）

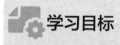

主题 5　交换式局域网

学习目标

通过本主题的学习达到以下目标。

知识目标

◉　理解交换机的工作原理。

- ⊙ 掌握交换机的数据转发方式。
- ⊙ 了解交换机与集线器的区别。
- ⊙ 掌握交换机之间的连接方式。

技能目标 ────────────────────
- ⊙ 能够借助网络模拟工具探究交换机的工作原理。

素质目标 ────────────────────
- ⊙ 通过交换机工作原理的介绍，引导学生树立自主学习的意识。

课前评估

1. 与集线器相比，交换机能有效隔离冲突的原因是_____。

2. 交换机的背板带宽决定了交换机的交换带宽，其定义是交换机接口处理器、接口卡和数据总线之间单位时间能够交换的最大数据量。背板带宽的计算方法：端口数 × 相应端口速率（全双工通信方式乘以 2）。若一台交换机有 24 个 100Mbit/s 和 2 个 1000Mbit/s 端口，则其最大背板带宽是_____。

3. 以太网性能的演进如图 4-25 所示，请写出（1）~（8）的名称。

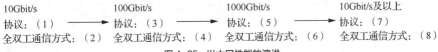

10Gbit/s	100Gbit/s	1000Gbit/s	10Gbit/s 及以上
协议：（1）→	协议：（3）→	协议：（5）→	协议：（7）
全双工通信方式：（2）	全双工通信方式：（4）	全双工通信方式：（6）	全双工通信方式：（8）

图 4-25　以太网性能的演进

4.13　交换机的工作原理

动画10　　　微课4.4

交换机是工作在 OSI 参考模型第 2 层上的设备，其主要任务是将接收到的数据帧快速转发到目的地，当交换机从某个端口接收到一个数据帧时，它将按照图 4-26 所示的流程进行操作。

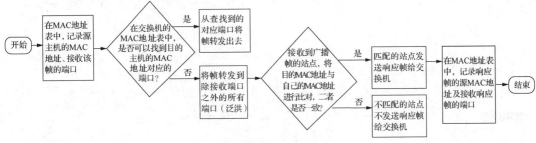

图 4-26　交换机工作流程

（1）交换机在自己的转发表（也称为 MAC 地址表或交换表）中添加一条记录，记录下发送该帧的站点 MAC 地址（源 MAC 地址）和交换机接收该帧的端口，通常称这种行为是交换机的"自学习功能"（Self-Learning Function）。

（2）依据帧的目的 MAC 地址，在转发表中查找该 MAC 地址对应的端口。

（3）如果在转发表中找到目的 MAC 地址对应的端口，则将该数据帧从找到的端口转发出去，这种行为称为交换机的"转发功能"（Forwarding Function）。

（4）如果在转发表中没有找到"目的 MAC 地址"，则交换机会将该帧广播到除接收端口之外的所有端口，这种行为称为交换机的"泛洪功能"（Flooding Function）。

（5）接收到广播帧的站点将目的 MAC 地址与自己的 MAC 地址进行比较，如果匹配，则发送一个响应的单播数据帧给交换机，交换机在转发表中记录下响应数据帧的源 MAC 地址和交换机接收相应数据帧的端口。

（6）交换机将接收数据帧从接收响应帧的端口转发出去。

另外，如果交换机发现数据帧中的源 MAC 地址和目的 MAC 地址都在转发表中，并且两个 MAC 地址对应的端口为同一个端口，则说明两台计算机是通过集线器连接到交换机的同一端口上的，不需要该交换机转发数据帧，交换机将不对该数据帧进行任何转发处理，这种行为称为交换机的"过滤功能"（Filtering Function）。

4.14　交换机数据转发方式

以太网交换机的数据转发方式可以分为直通交换、存储转发交换和免碎片交换 3 类，如图 4-27 所示。

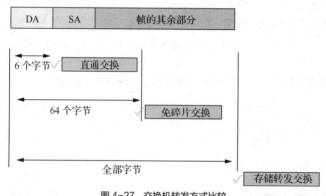

图 4-27　交换机转发方式比较

4.14.1　直通交换

在直通交换（Cut-Through Switching）方式中，交换机边接收边检测。一旦检测到目的地址字段，就立即将该数据转发出去，而不管这一数据是否出错，出错检测任务交由目的主机完成。这种交换方式的优点是交换时延短，缺点是缺乏差错检测能力，不支持不同输入输出速率的接口之间的数据帧转发。

课堂同步

对于 100Mbit/s 的以太网交换机，采用直通交换方式转发一个以太网帧（不包括前导码）时的转发时延至少是（　　　）。

4.14.2　存储转发交换

在存储转发交换（Store And Forward Switching）方式中，交换机首先要完整地接收站点发送的数据帧，并对数据帧进行差错检测。如果接收数据帧是正确的，则根据目的地址确定输出接口号，再将数据帧转发出去。这种交换方式的优点是具有差错检测能力，并能支持不同输入输出速率接口之间的数据帧转发，缺点是交换时延相对较长。

4.14.3 免碎片交换

免碎片交换（Fragment-Free Switching）将直通交换与存储转发交换两种方式的优点结合起来，通过过滤掉无效的碎片帧来降低交换机直接交换错误数据帧的概率。在以太网的运行过程中，一旦发生冲突，就要停止帧继续发送并发送帧冲突的加强信号，形成冲突帧或碎片帧。碎片帧的长度小于 64B，在改进的直通交换方式中，只转发那些长度大于 64B 的帧，任何长度小于 64B 的帧都会被立即丢弃。显然，免碎片交换的时延要比其他交换方式的时延大，但它的传输可靠性得到了提高。

4.15 交换机与集线器的区别

1. 工作层次不同

集线器工作在物理层，对接收的电磁信号进行放大、整形。交换机至少工作在 OSI 参考模型的第 2 层（数据链路层），将接收到的比特流转化为有意义的数据帧，更高级的交换机可以工作在模型的第 3 层（网络层）和第 4 层（传输层）。

2. 数据传输方式不同

集线器对比特流是透明的，它只能将一个接口接收到的比特流"盲目转发"到集线器剩余接口，也就是采用广播的工作方式。交换机能识别数据帧，根据其中的转发表，实现数据帧的"明确转发"功能，只有在自己的转发表中找不到目的地址的情况下才使用广播方式发送。

3. 带宽占用方式不同

集线器所有接口共享集线器的总带宽，而交换机的每个接口都具有自己的带宽，这样交换机每个接口的带宽比集线器接口的可用带宽高许多，这也决定了交换机的数据转发速率比集线器的数据转发速率要快许多。

4. 传输模式不同

集线器只能采用半双工通信方式，而交换机可以采用全双工通信方式，因此在同一时刻交换机可以同时进行数据的接收和发送，这不但使数据的转发速率大大加快，而且在整个系统的吞吐量方面，交换机是集线器的两倍以上。

小贴士

> 交换机的每个接口可以连接计算机，也可以连接集线器或另一个交换机。当交换机的接口与计算机或交换机连接时，可以采用全双工的通信方式，并能在自身内部同时连通多对接口，使每一对相互通信的计算机都能像独占传输介质那样，无碰撞地传输数据，这样就不需要使用 CSMA/CD 协议了。当交换机的接口连接的是集线器时，该接口就只能使用 CSMA/CD 协议，并只能采用半双工通信方式。现在的交换机和计算机中的网卡都能自动识别上述两种情况，并自动切换到相应的通信方式。

4.16 交换机的连接方式

常见的交换机连接方式有两种，分别是级联和堆叠。

4.16.1 级联

级联（Cascade Connection）是最常见的交换机连接方式，即使用网线将两台交换机连接起来，分为普通端口级联和使用 Uplink 端口级联两种情况。当普通端口之间相连时，使用交叉线；当一台交换机使用 Uplink 端口，另一台交换机使用普通端口相连时，使用直通线，如图 4-28 所示。

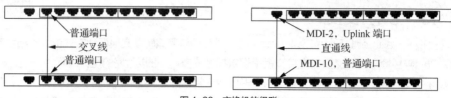

图 4-28　交换机的级联

4.16.2　堆叠

提供堆叠（Stack）接口的交换机之间可以通过专用的堆叠线连接起来，以扩大带宽。堆叠的带宽是交换机接口速率的几十倍，例如，一台 100Mbit/s 交换机，堆叠后两台交换机之间的带宽可以达到几百兆甚至数十吉比特。堆叠的方法有菊花链和主从式。菊花链堆叠方式如图 4-29 所示，主从式堆叠方式如图 4-30 所示。

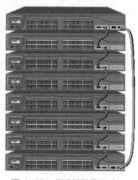

图 4-29　菊花链堆叠方式

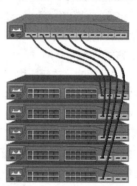

图 4-30　主从式堆叠方式

4.16.3　级联和堆叠的区别

1. 连接方式不同

级联是两台交换机通过两个接口互联，而堆叠是交换机通过专门的背板堆叠模块相连。堆叠可以增加设备总带宽，而级联不能增加设备的总带宽。

2. 通用性不同

级联可通过光纤或双绞线在任何网络设备厂商的交换机之间实现，而堆叠只在相同厂商的设备之间，且设备必须具有堆叠功能才可实现。

3. 连接距离不同

级联的设备之间可以有较远的距离（一百米至几百米），而堆叠的设备之间距离十分有限，必须在几米以内。

动手实践

演示交换机工作原理

本节使用Packet Tracer网络模拟器研究交换机的工作过程。绘制如图4-31所示的以太网帧分析拓扑图，主要操作步骤如下。

（1）按照图4-31中规划的IP地址为各PC设置IP地址。

（2）为了认识交换机的工作过程，在交换机上使用clear mac-address-table命令，清除学习到的MAC地址表信息。

动手实践

动手实践 15

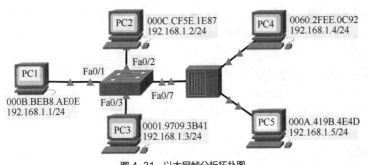

图 4-31 以太网帧分析拓扑图

（3）进入仿真模式，设置数据捕获ICMP数据包。

（4）在PC1上ping PC2的IP地址，执行单步仿真过程，注意观察链路上数据帧的运行过程。

（5）数据帧到达交换机后，使用show mac-address-table命令查看MAC地址表信息，观察交换机是否在Fa0/1接口学习到PC1的MAC地址。

（6）继续单步执行，观察数据帧在链路上的运行过程，确认数据帧是否从交换机上被广播到以太网链路上。

（7）继续单步执行，观察哪台PC接收了数据帧。

（8）继续单步执行，接收数据帧的PC会回送一个数据帧给交换机，此时使用show mac-address-table命令查看交换机是否在Fa0/2接口学习到了PC2的MAC地址。

（9）按照同样的方法，使得交换机学习到PC4和PC5的MAC地址，观察它们是从哪一个接口学习到MAC地址的。

（10）在PC4上ping PC5的IP地址，观察数据帧的流动过程，说出在学习端口上执行了什么操作。

课后检测

一、填空题

1. 交换式局域网的核心设备是_____。

2. 以太网交换机的数据转发方式可以分为_____、_____和_____。

二、选择题

1. 交换式局域网增加吞吐量的方法是在交换机接口节点之间建立（　　）。

　A. 并发连接　　　B. 点对点连接　　　C. 物理连接　　　D. 数据连接

2. 以太网交换机中的接口和MAC地址映射表（　　）。

　A. 是由交换机的生产厂商建立的

　B. 是交换机在数据转发过程中通过学习动态建立的

　C. 是由网络管理员建立的

　D. 是由网络用户利用特殊的命令建立的

3. 在交换式以太网中，以下说法（　　）是正确的。

　A. 连接于两个接口的两台计算机同时发送数据时，仍会发生冲突

　B. 计算机的发送和接收可能采用CSMA/CD方式

C. 当交换机的接口数增多时，交换机的系统总吞吐量下降

D. 交换式以太网不能消除信息的传输回路

三、判断题

1. 在直通交换方式中，交换机采用边接收边检测策略。（　　）

2. 提供堆叠接口的交换机之间可以通过公用的堆叠线连接起来，扩大级联带宽。（　　）

3. 集线器只能采用半双工通信的方式进行数据传输，而交换机可以采用全双工通信的方式进行数据传输。（　　）

四、简答题

简述交换机的功能及工作原理，并指出交换机与集线器的区别。

五、重要词汇（英译汉）

1. Self-Learning Function 　　　　（　　　　　　　　　　）

2. Forwarding Function 　　　　（　　　　　　　　　　）

3. Store And Forward Switching 　　　　（　　　　　　　　　　）

4. Filtering Function 　　　　（　　　　　　　　　　）

5. Fragment-Free Switching 　　　　（　　　　　　　　　　）

主题 6　虚拟局域网

学习目标

通过本主题的学习达到以下目标。

知识目标

- 了解冲突域和广播域的概念。
- 掌握不同层次中网络设备隔离冲突域和广播域的效果。
- 掌握虚拟局域网技术的概念、优点及分类。

技能目标

- 能够使用虚拟局域网技术隔离广播域。

素质目标

- 通过在交换机上划分虚拟局域网时不同接口之间的相互配合实现网络隔离功能的介绍，引导学生树立"我为人人，人人为我"的大爱观。

课前评估

1. 计算机网络中需要广播，但如果网络中存在过量的广播包，则会极大地影响网络性能，如消耗网络的＿＿＿＿＿＿和主机的＿＿＿＿＿＿。

2. 在日常生活中，如果有很多人在一个大的房间内开会，则很难做到人与人之间有秩序地沟通交流，甚至可能存在场面失控的情况。为了解决这个问题，我们可以把同一个房间内的参会人员分成若干个小组，各组之间单独沟通。在计算机网络通信中，也采用了类似的思路，将一个大的广播域分割成若干个小的广播域，避免过大的广播域带来的负面影响，这是如何实现的呢？请提出解决方案。

4.17 冲突域与广播域

微课

微课 4.5

动画

动画 11

冲突和广播是计算机网络中非常重要的基本概念，是学习交换式局域网的基础，同时是掌握集线器、交换机等设备的工作原理的必备知识。

4.17.1 冲突和冲突域

冲突是指在以太网中，共享链路上的节点同时传输数据时发生碰撞的现象，如图 4-32 所示。冲突是影响网络性能的重要因素。

图 4-32 共享链路上的冲突现象

冲突域（Collision Domain）是指共享链路上所有节点所构成的区域。冲突域被认为是 OSI 参考模型中物理层上的概念，因此集线器、中继器连接的所有节点都被认为属于同一个冲突域，如图 4-33 所示。虽然交换机不是物理层上的设备，但它工作在半双工通信方式下，与交换机连接的所有节点也将构成一个冲突域。工作在全双工通信方式下的数据链路层设备，如交换机等，以及工作在网络层的设备，如路由器、三层交换机等则可以隔离冲突域，如图 4-34 所示。

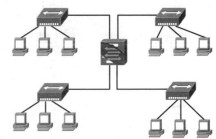

图 4-33 中继器、集线器构成的冲突域

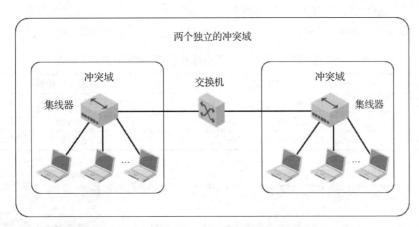

图 4-34 交换机隔离冲突域

4.17.2 广播和广播域

动画

动画 12

广播是指向连接在网络中的所有节点发送数据流量的现象，告知网络中的所有节点接收并处理此数据帧。需要注意的是，过量的广播操作会降低网络带宽的利用率及增加终端的处理负担。更为严重的是，广播传输方式将 MAC 帧传输给网络中的每一个终端时，将引发 MAC 帧中数据的安全问题。

广播域（Broadcast Domain）是指网络中能够接收到同样广播信息的节点的集合。默认状态下，通过交换机连接的终端构成一个广播域，交换机的每一个接口都是一个冲突域，所有接口都在同一个广播域内。我们可把广播域认为是 OSI 参考模型中数据链路层上的概念，因此集线器、交换机等物理层、数据链路层设备连接的节点被认为属于同一广播域，而网络层上的路由器、三层交换机可分割广播域。

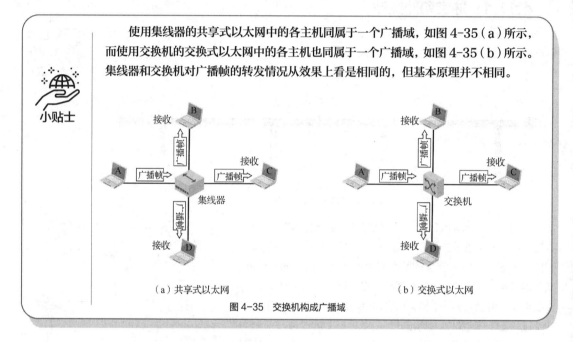

使用集线器的共享式以太网中的各主机同属于一个广播域，如图 4-35（a）所示，而使用交换机的交换式以太网中的各主机也同属于一个广播域，如图 4-35（b）所示。集线器和交换机对广播帧的转发情况从效果上看是相同的，但基本原理并不相同。

（a）共享式以太网　　　　（b）交换式以太网

图 4-35　交换机构成广播域

4.17.3　冲突域与广播域比较

冲突域和广播域最大的区别如下：任何设备发出的 MAC 帧均覆盖整个冲突域，而只有以广播形式传输的 MAC 帧才能覆盖整个广播域。集线器、交换机、路由器分割冲突域与广播域的比较如表 4-5 所示。

表 4-5　集线器、交换机、路由器分割冲突域与广播域的比较

设备	冲突域	广播域
集线器	所有接口处于同一冲突域	所有接口处于同一广播域
交换机	每个接口处于同一冲突域	可配置的（划分虚拟局域网）广播域
路由器	每个接口处于同一冲突域	每个接口处于同一广播域

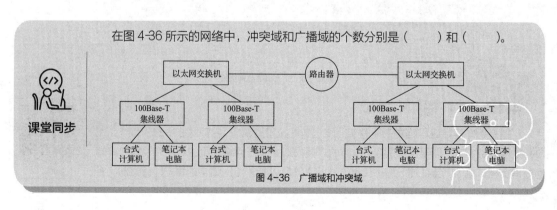

在图 4-36 所示的网络中，冲突域和广播域的个数分别是（　　）和（　　）。

课堂同步

图 4-36　广播域和冲突域

动画

动画 13

4.18 虚拟局域网技术

虚拟局域网（Virtual Local Area Network，VLAN）是一种将局域网内的站点划分成与物理位置无关的多个逻辑组的技术。一个逻辑组就是具有某些共同应用需求的VLAN，这些逻辑组在物理上是连接在一起的，在逻辑上是分离的。

VLAN 技术的实施可以确保：在不改变一个大型交换式以太网的物理连接的前提下，任意划分子网；每一个子网中的终端都具有物理位置无关性，即每一个子网都可以包含位于任何物理位置的终端；子网划分和子网中终端的组成可以通过配置改变，且这种改变对网络的物理连接不会提出任何要求。VLAN 连接示意图如图 4-37 所示。

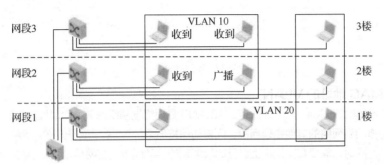

图 4-37　VLAN 连接示意图

4.18.1　VLAN 的优点

1. 控制广播流量

默认状态下，在交换式以太网中，交换机所有接口都在一个广播域内。采用 VLAN 技术可将某个（或某些）交换机接口划分到某一个 VLAN 内，以控制广播域的大小。一个 VLAN 就是一个独立的广播域，在同一个 VLAN 内的接口处于相同的广播域。图 4-37 所示的 VLAN 10、VLAN 20 各是一个独立的广播域，终端发送的广播帧的传播范围被限制在同一个 VLAN 内。

2. 简化网络管理

当用户的物理位置变动时，不需要重新布线、配置和调试，只需保证在同一个 VLAN 内即可，这样可以减少网络管理员在移动、添加和修改终端时的开销。

3. 提高网络安全性

不同 VLAN 内的终端未经许可是不能直接相互访问的。人们也可以将重要资源放在一个安全的 VLAN 内，通过在三层交换机上设置安全访问策略允许合法终端访问重要资源，限制非法终端访问重要资源。

4. 提高设备利用率

一个 VLAN 就是一个逻辑子网。通过在交换机上合理划分 VLAN，将运行不同应用程序的服务器放在不同的 VLAN 内，实现在一个物理平台上运行多个相对独立的应用程序，而且各应用程序之间不会相互影响。

4.18.2　VLAN 的实现技术

在应用 VLAN 时，各交换机设备生产商对 VLAN 的具体实现方法会有所不同，其中，基于接口的 VLAN 和基于 MAC 地址的 VLAN 是常见的两种实现方法。

1. 基于接口的 VLAN

基于接口的 VLAN（Port-Based VLAN）是一种使用最广泛、最简单、最有效的 VLAN 实现方法。在一台交换机上，可以按需求将不同的接口划分到不同的 VLAN 中，如图 4-38 所示。在多台交换机上，也可以将不同交换机上的几个接口划分到同一个 VLAN 中，每一个 VLAN 可以包含任意的交换机接口组合。

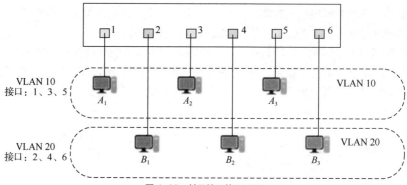

图 4-38　基于接口的 VLAN

2. 基于 MAC 地址的 VLAN

基于 MAC 地址的 VLAN（MAC-Based VLAN）是用终端系统的 MAC 地址定义的 VLAN。这种实现方法允许终端移动到网络的其他物理网段，而自动保持原来的 VLAN 成员资格。这种 VLAN 技术的不足之处是在终端入网时，需要在交换机上进行比较复杂的手动配置，在网络规模较小时，这种方法是一种较好的方法，但随着网络规模的扩大，网络设备、终端均会增加，在很大程度上加大了管理的难度。

判断：MAC 帧只能在一个 VLAN 内传输。　　　　　　　　（　　　）

课堂同步

动手实践

使用 VLAN 隔离广播域

本节使用Packet Tracer网络模拟器实现VLAN隔离广播域，所采用的网络拓扑图、IP地址及VLAN规划如图4-39所示，主要操作步骤如下。

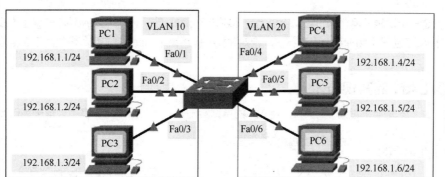

动手实践

动手实践 16

图 4-39　VLAN 隔离广播域的网络拓扑图、IP 地址及 VLAN 规划

（1）按照图4-39规划的IP地址，在PC上完成IP地址的配置。

（2）在交换机上创建并划分VLAN。

在交换机上划分VLAN的具体步骤如下。

```
Switch>                                              //进入用户模式
Switch>enable                                        //进入特权模式
Switch #                                             //特权模式提示符
Switch #config terminal                              //进入全局配置模式
Switch (config)#                                     //全局配置模式提示符
Switch (config)#hostname SW2-1                       //设置交换机名称为 SW2-1
SW2-1(config)#vlan 10                                //创建一个 VLAN，编号为 10
SW2-1(config vlan)#vlan 20                           //创建一个 VLAN，编号为 20
SW2-1(config vlan)#interface range fastethernet 0/1-3   //指定批量端口
SW2-1(config-if-range)#switchport access vlan 10     //将指定的批量端口分配给 VLAN 10
SW2-1(config-if-range)# interface range fastethernet 0/4-6   //指定批量端口
SW2-1(config-if-range)#switchport access vlan 20     //将指定的批量端口分配给 VLAN 20
```

（3）进入仿真模式，在PC1上发送广播帧，观察数据帧的流向，并记录结果。

（4）在PC1上ping PC4的IP地址，结果是_____。

课后检测

一、填空题

1. 冲突是指在以太网中，当两个数据帧同时被发送到传输介质上，并完全或部分_____时产生的现象。

2. 在实际应用中，VLAN 分为基于_____的 VLAN 和基于_____的 VLAN 两种类型。

3. 默认情况下，交换机上的每个端口属于一个_____域，不同的端口属于不同的_____，交换机上所有的端口属于同一个_____域。

二、选择题

1. 以下关于 VLAN 优点的描述正确的是（   ）。

    A. 控制广播流量   B. 简化网络管理   C. 提高网络安全性   D. 以上都正确

2. 下列有关 VLAN 的说法不正确的是（   ）。

    A. VLAN 是建立在局域网交换机上的以软件方式实现的逻辑分组

    B. 可以使用交换机的接口划分 VLAN，且 VLAN 可以跨越多台交换机

    C. 使用 IP 地址定义的虚拟网与使用 MAC 地址定义的 VLAN 相比，前者性能较高

    D. VLAN 中的逻辑工作组中的各节点可以分布在同一物理网段上，也可以分布在不同的物理网段上

三、判断题

1. VLAN 中的网段在物理上是连接在一起的，在逻辑上是分离的。   （   ）

2. 任何设备发出的 MAC 帧均能覆盖整个广播域。   （   ）

3. 默认状态下，通过交换机连接的所有终端属于一个广播域。   （   ）

四、简答题

什么是 VLAN 技术？它有哪几种划分方法？各有什么优点？

五、重要词汇（英译汉）

1. Collision Domain （   ）
2. Broadcast Domain （   ）
3. Virtual Local Area Network （   ）
4. Port-Based VLAN （   ）

134

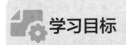

主题 7　无线局域网

学习目标

通过本主题的学习达到以下目标。

知识目标

⊙ 了解有线局域网和无线局域网的区别。

⊙ 掌握无线局域网的常见标准。

⊙ 掌握无线局域网常见组件的主要功能。

技能目标

⊙ 能够组建家庭无线局域网。

素质目标

⊙ 通过介绍常见的无线局域网技术，从需求牵引和技术推动的角度，引导学生正确认识其中蕴含的矛盾运动规律。

课前评估

1. 写出禁用和启用无线网卡的重要操作步骤。

2. 通过单击"无线网络连接状态"图标，查看自己笔记本电脑上连接的无线路由器的服务集标识符（Service Set Identifier，SSID）是_____，无线连接速度是_____。

3. 单击"无线网络连接状态"界面中的"详细信息"超链接，显示的无线网卡的 MAC 地址为_____。

4. 在"无线网络属性"窗口中，选择"安全"选项卡，安全类型是_____，加密类型是_____。

4.19　无线局域网简介

无线局域网（Wireless Local Area Network，WLAN）与有线局域网的用途十分类似，最大的区别在于使用的传输介质不同，WLAN 用电磁波取代了网线。通常情况下，有线局域网依赖同轴电缆、双绞线或光缆作为主要的传输介质，但在某些场合下会受到布线的限制，存在布线改线工程量大、线路容易损坏、网络中各节点移动不便等问题，WLAN 就是为了解决有线局域网的这些问题而出现的。

小贴士

公众无线局域网（Public Wireless Local Area Network，PWLAN）是指利用 WLAN 技术为用户提供公用电信网接入的网络。现在许多机场、饭店、图书馆、购物中心等公共场所都能够向公众提供有偿或无偿接入 Wi-Fi 的服务，这样的地点叫作热点，也就是公众无线接入点（Wireless Access Point，WAP）。由许多热点和 WAP 连接起来的区域叫作热区。

4.19.1　WLAN 的常见标准

从 WLAN 诞生至今，IEEE 制定了许多 WLAN 标准。

（1）IEEE 802.11a：使用 5GHz 频段，最高数据传输速率为 54Mbit/s，与 IEEE 802.11b 不兼容。

（2）IEEE 802.11b：使用 2.4GHz 频段，最高数据传输速率为 11Mbit/s。

（3）IEEE 802.11g：使用 2.4GHz 频段，最高数据传输速率为 54Mbit/s，可向后兼容 IEEE 802.11b。

（4）IEEE 802.11n：使用 2.4GHz 和 5GHz 频段，数据传输速率范围为 150Mbit/s～600Mbit/s，向后兼容 IEEE 802.11a/b/g。

（5）IEEE 802.11ac：使用 5GHz 频段，数据传输速率范围为 450Mbit/s～1300Mbit/s，向后兼容 IEEE 802.11a/n。

（6）IEEE 802.11ad：使用 60GHz 频段，理论数据传输速率最高达 7Gbit/s，向后兼容现有 WLAN 设备。

（7）IEEE 802.11ax：使用 2.4GHz 和 5GHz 频段，理论数据传输速率最高可达 9.6Gbit/s。

4.19.2　WLAN 的常用组件

组建 WLAN 时所需的组件主要包括无线网卡、WAP、无线路由器（Wireless Router）、天线（Antenna）等，其中无线网卡是必需的组件，而其他的组件则可以根据不同的网络环境选择使用。例如，WLAN 与以太网连接时需要用到 WAP，WLAN 接入 Internet 时需要用到无线路由器，接收远距离传输的无线信号或者扩展网络覆盖范围时需要用到天线。

1. 无线网卡

无线网卡的作用类似以太网的网卡，其作为无线网络的接口，实现与无线网络的连接。

2. WAP

WAP 的作用类似以太网中的集线器。当网络中增加一个 WAP 之后，即可成倍地扩展网络覆盖直径，也可使网络中容纳更多的网络设备。通常情况下，一个 WAP 最多可以支持 80 台无线终端的接入，推荐接入 30 台无线终端。

3. 无线路由器

无线路由器是 WAP 与宽带路由器的结合，如图 4-40 所示。其中，WAP 实现有线与无线网络互联，交换机互联 WAP、终端和路由器，路由器实现 ADSL、同轴电缆调制解调器和小区宽带的无线共享接入。如果不购置无线路由器，则必须在无线网络中设置一台代理服务器才可以实现 Internet 连接共享。

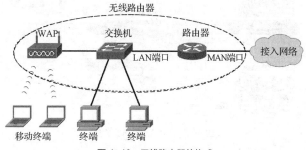

图 4-40　无线路由器的构成

在通常情况下，无线路由器通常拥有 4 个以太网接口，其外观如图 4-41 所示，用于直接连接传统的台式计算机。当然，如果网络规模较大，其也可以用于连接交换机，为更多的计算机提供 Internet 连接共享。

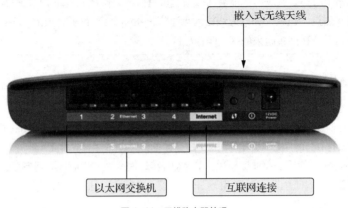

图 4-41　无线路由器外观

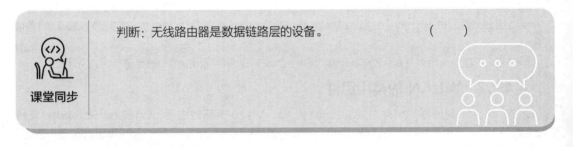

判断：无线路由器是数据链路层的设备。　　　　　　（　　）

课堂同步

4. WLAN 的实现

简单地讲，WLAN 的组建步骤如下。

（1）将 WAP 通过网线与网络接口（如局域网或 ADSL 宽带网络接口等）相连。

（2）WAP 为配置了无线网卡的笔记本电脑或台式计算机等无线终端提供 SSID，当无线终端搜索到该 SSID 并连接成功后，无线终端即可在有效的无线信号覆盖范围内登录局域网或 Internet。

WLAN 组网示意图如图 4-42 所示。

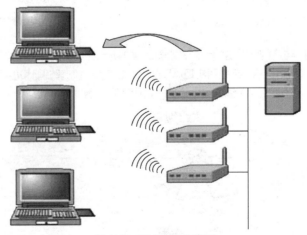

图 4-42　WLAN 组网示意图

动手实践

配置家庭无线局域网

本节利用Packet Tracer网络模拟器，实现家庭无线局域网的构建，采用的网络拓扑图如图4-43所示，实现家庭用户通过有线和无线连接方式接入Internet。图4-43中从ADSL调制解调器至ISP服务器属于广域网范围，非用户所能控制的范围，ADSL调制解调器下方的局域网由用户自行构建。主要操作步骤如下。

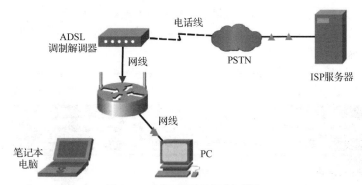

图 4-43　家庭无线局域网网络拓扑图

（1）使用合适的网线将终端、无线路由器和ADSL调制解调器连接起来。

（2）配置PC的IP地址为192.168.0.2，子网掩码为255.255.255.0。

（3）打开PC的Web浏览器，在其地址栏中输入"http://192.168.0.1"，按Enter键后弹出登录界面，输入默认的用户名与密码admin，弹出无线路由器的图形化配置界面。

（4）配置Internet连接方式和家庭终端IP地址的分配方式，如图4-44所示。将滚动条拖动到最下方，单击"Save"按钮，使配置生效。

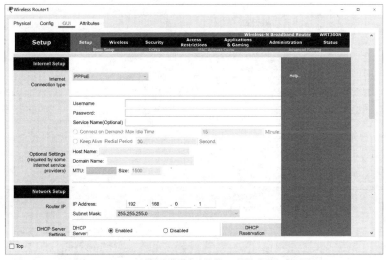

图 4-44　Internet 连接方式和家庭终端 IP 地址分配方式配置界面

（5）选择"Wireless"选项卡，配置无线网络，如图4-45所示。配置完成后需要保存才能生效。

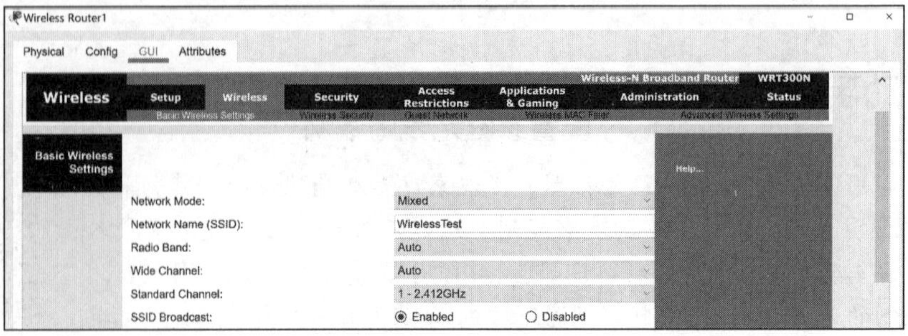

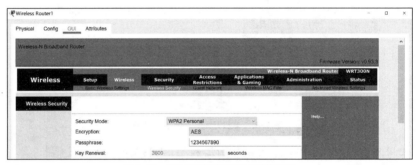

图 4-45　无线网络配置界面

（6）选择"Wireless Security"选项卡，配置接入无线网络安全认证，这里安全模式设置为"WPA2 Personal"，密码设置为"1234567890"，其他为默认值，如图4-46所示。配置完成后需要保存才能生效。

图 4-46　接入无线网络安全认证配置界面

（7）为笔记本电脑添加无线网卡。

（8）在笔记本电脑上设置无线连接，如图4-47所示。

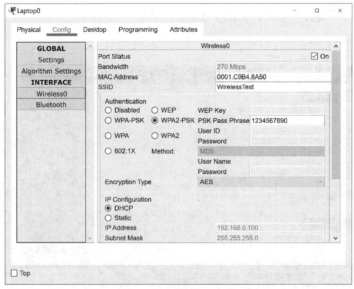

图 4-47　无线连接设置界面

（9）设置PC的IP地址获取方式为DHCP，如图4-48所示。

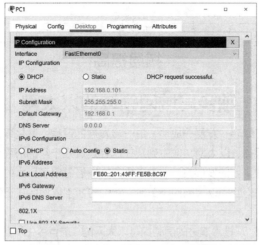

图 4-48 PC 的 IP 地址获取方式设置界面

（10）在 PC 的命令提示符窗口中，ping 笔记本电脑的 IP 地址，结果是（　　　　）。

课后检测

一、填空题

1. WLAN 利用＿＿＿＿＿＿＿取代了网线。

2. 组建 WLAN 所需的组件主要包括＿＿＿＿＿＿、无线接入点和＿＿＿＿＿＿等。

3. 无线路由器是＿＿＿＿＿＿与＿＿＿＿＿＿的结合。

二、选择题

1. WLAN 与有线局域网相比的优势在于（　　　）。

   A. 速度快 　　　　　　　　　　　 B. 减少安装时间

   C. 用户可以共享更多资源 　　　　 D. 不易受到其他设备干扰

2. 下列不属于 WLAN 的常见标准的是（　　　）。

   A. IEEE 802.11a 　　　　　　　　 B. IEEE 802.11b

   C. IEEE 802.11c 　　　　　　　　 D. IEEE 802.11g

三、判断题

1. WLAN 与有线局域网的用途十分类似，最大的区别在于使用的传输介质不同。　（　　　）

2. IEEE 802.11ac 使用了 2.4GHz、5GHz 和 60GHz 频段，理论数据传输速率最高达 7Gbit/s，向后兼容现有 WLAN 设备。　　　　　　　　　　　　　　　　　　　（　　　）

四、简答题

简述无线路由器的作用。

五、重要词汇（英译汉）

1. Wireless Local Area Network 　　　（　　　　　　　　　　　　）

2. Wireless Access Point 　　　　　　（　　　　　　　　　　　　）

3. Antenna 　　　　　　　　　　　　（　　　　　　　　　　　　）

拓展提高

独步局域网领域的以太网

　　万事万物都需要经历缘起—发展—成熟—进一步发展的过程，这是事物发展的客观规律，以太网的发展同样遵循这一规律。以太网从诞生到现在已经走过几十年的历程，在这几十年里，一些公司在以太网技术领域开辟了新的发展方向，为以太网的发展做出了巨大的贡献，如今这些公司有些已经不复存在，但是当人们回顾以太网的历史时，它们的名字依然会在记忆中闪现，就像夜空中闪耀的星辰。

　　请读者以时间为线索，从技术演进的层面探寻以太网的"前世今生"，总结局域网领域中以太网的发展是如何经历从诞生之初到百花齐放、从三足鼎立到一枝独秀、从优势领先到一统天下的过程的，并进一步说明从中能够得到哪些启示，至少列举3点。

　　建议：本部分内容课堂教学为1学时（45分钟）。

电子活页
拓展提高 4

模块5

05

扩展网络立体空间——
网络互联技术

学习情景

　　使用IEEE 802标准实现的任何一种网络均能正常进行通信，但是不同的网络因各自环境条件的不同，在实现技术上存在很大的差别，并且这些网络是异构的，即便连接在一起也是相互隔离的网络"孤岛"。随着计算机技术、计算机网络技术和通信技术的飞速发展，以及计算机网络的广泛应用，单一网络环境已经不能满足社会中各行各业的人员对信息资源的获取需求，因此将多个相同或不同的计算机网络互联成规模更大、功能更强、资源更丰富的网络系统，以实现更广泛的资源共享和信息交流成为大势所趋。Internet的巨大成功和人们对Internet的热情都充分证明了计算机网络互联的重要性。

　　网络互联涉及许多要解决的问题，如在网络间提供互联的链路；在不改变所有互联网络体系结构的前提下，采用网间互联设备来协调和适配网络之间存在的各种差异等。IP是一种面向Internet的网络层协议，在设计之初就考虑了各种异构的网络和协议的兼容性，使异构网络的互联变得很容易，它屏蔽了互联的网络在数据链路层、物理层上协议与技术实现的差异问题，向传输层提供统一的IP分组。路由器（Router）是在网络层上实现网络互联的重要设备，为数据的传输指出了一条明确的路径。

学习提示

　　本模块的思维导图如图5-1所示。本模块围绕如何实现多网络之间的互联和通信这一主线，将计算机网络的连接和通信范围扩展到多个网络环境，主要内容包含网络互联、IP数据包格式、定长子网掩码划分方法、可变长子网掩码划分方法、IPv6地址、网络互联设备、静态路由配置、动态路由协议8个主题，重点讨论IP的基本概念、IP数据包格式、划分子网的方法、路由器的工作原理和路由选择协议等内容。

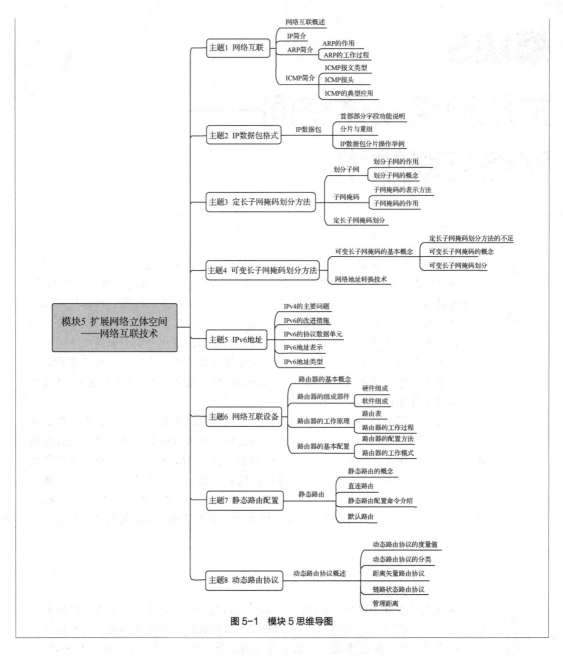

图 5-1　模块 5 思维导图

主题 1　网络互联

学习目标

通过本主题的学习达到以下目标。

知识目标

- ⊚　了解网络互联的概念。
- ⊚　掌握 IPv4 的特点。

◎ 掌握 ICMP、ARP 的作用。

技能目标

◎ 能够使用常见网络命令工具解决实际问题。

素质目标

◎ 通过 IP 在网络层的核心地位的介绍，引导学生做事情要从整体着手，树立"观大势，谋全局"的观念。

课前评估

1. 网络已经成为人们日常生活中的一部分，互联网在改变人们通信及生活方式的同时，也推动着各行各业的发展。请读者了解互联网在过去 30 年里发生的变化，探究其未来的发展趋势，并进一步思考使用网络还能做哪些方面的事情。

2. 在生活中，人们不再局限于与同一个网络中的终端进行通信，还希望可以与其他网络中的终端进行通信，产生联系，因此需要进行网络互联，将两个以上的传输网络通过一定的方法，使一种或多种网络通信设备相互连接起来，构成更大规模的网络系统。请读者思考网络互联的动力来源是什么？

3. 人们对当前 Internet 采用的 TCP/IP 模型的描述是"Everything over IP，IP over Everything"，如何理解这一描述？

5.1 网络互联概述

动画 14

没有哪种交通工具能够满足所有出行需求，如出租车适合市内短途通勤，大巴车适合城际间的中短途旅行，火车适合距离较远的中长途旅行，飞机适合距离更远的长途旅行。网络技术也是如此，没有哪种网络技术可以满足所有通信需求，如局域网技术主要用于短距离、高速通信，而广域网技术主要用于长距离、低速通信。恰恰因为没有哪一种交通工具可以满足所有的出行需求，人们在完成一次完整的旅行时才需要将多种交通工具衔接起来使用。为了到达最终目的地，人们常常会采用诸如出租车—火车/飞机—出租车这样的方式衔接。同样，为了实现任意联网设备之间的通信，人们也需要将由不同网络技术构成的传输网络衔接起来。

互联网络简称互联网，是指将多个异构网络（Heterogeneous Network）相互连接而成的计算机网络。互联网是"网络的网络"，将网络互联起来需要使用一些中间设备（也称中间系统），如中继器、网桥/交换机、路由器等。当中间设备是集线器或网桥/交换机时，不能称为网络互联，因为其仅仅是把一个网络扩大了。从网络层的角度看，其仍然属于同一个网络。当通过路由器将很多异构网络连接起来时，如图 5-2（a）所示，所有异构网络在网络层使用的都是相同的 IP，人们把互联以后的计算机网络称为如图 5-2（b）所示的虚拟互联网络。所谓的"虚拟互联网络"是指位于不同物理网络中的任何两台主机都能够进行信息交互和资源共享，就像在同一个物理网络中一样。通过在网络层使用 IP，就可以使各种异构的物理网络在网络层看就像是一个统一的网络（IP 网），通信双方在使用虚拟互联网络时，不需要看见互联网的具体异构实现细节就能够进行互联互通。

历史的原因，许多有关 TCP/IP 的文献将网络层使用的路由器称为网关。

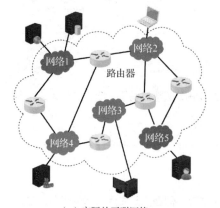
（a）实际的互联网络

（b）虚拟互联网络

图 5-2　网络互联示意图

Internet（简称网际网络或因特网）是一个互联网的全球集合。图 5-3 所示为将 Internet 看作互联的局域网和广域网集合示例。Internet 的全球化速度已超乎所有人的想象，社会、商业、政治和人际交往的方式正紧随这一全球性网络的发展而快速更新。

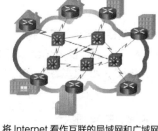

图 5-3　将 Internet 看作互联的局域网和广域网集合示例

5.2　IP 简介

IP 是 TCP/IP 协议族中最重要的两种协议之一，也是最重要的因特网标准协议之一，与 IP 配套使用的还有 4 种协议，分别是 ARP、RARP、ICMP 和 IGMP，具体介绍如下。

① ARP 和 RARP，用于实现 IP 地址和物理地址之间的相互转换。

② ICMP，用于对传送的 IP 报文实现差错控制。

③ IGMP，一种多播协议，用于主机和路由器之间。

图 5-4 所示为这 4 种协议和 IP 的关系。ARP 和 RARP 在 IP 的下面，这是因为在用户使用 IP 传送 IP 报文的过程中，需要使用这两种协议完成地址转换。ICMP 和 IGMP 在 IP 的上面，这是因为这两种协议产生的报文在传送过程中需要使用 IP。需要说明的是，RARP 现在已被淘汰不再使用了。

微课 5.1

1. IP 提供的是一种"尽力而为"的服务

（1）IP 是不可靠的分组传输服务协议。这意味着 IP 不能保证数据包的可靠投递，IP 本身没有能力证实发送的报文是否被正确接收。与普通包裹的投递一样，邮寄单上看不到诸如"投递前先联系收件人""投递失败则将包裹退回寄件人""投递失败通知寄件人""包裹损坏险"等选项。投递公司只负责把包裹投递到信封上列明的目的地址，至于该地点有无人收件、包裹是否损坏、是否在投递过程中因为某种原因而遭到丢弃等，投递公司既不负责，也不向发送方反馈。

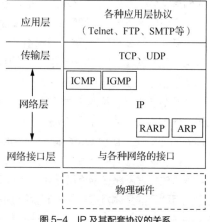

图 5-4　IP 及其配套协议的关系

（2）无连接的传输服务。IP 不管数据包沿途经过哪些节点，甚至不管数据包起始于哪台计算机，终止于哪台计算机。从源节点到目的节点的每个数据包可能经过不同的传输路径，且在传输过程中数据包有可能丢失，也有可能正确到达。

（3）尽最大努力投递服务。尽管 IP 提供的是无连接的不可靠服务，但它不会随意地丢弃数据包，只有在系统的资源用尽、接收数据错误或网络故障等状态下，IP 才被迫丢弃数据包。

2. IP 是点对点的网络层通信协议

网络层需要在 Internet 中为通信的两台主机寻找一条路径，而这条路径通常由多台主机和路由器构成的点对点链路组成。IP 要保证分组从一台路由器到另一台路由器，通过多条路径从源节点到目的节点。因此，IP 是针对源主机 – 路由器、路由器 – 路由器、路由器 – 目的主机之间的数据传输的点对点的网络层通信协议。

3. IP 屏蔽了底层物理网络的差异

IP 作为一种面向互联网的网络层协议，必然要面对各种异构的网络和协议，如局域网、广域网和城域网等，它们的物理层和数据链路层协议可能不同，但通过 IP，网络层向传输层提供统一的 IP 分组，网络层不需要考虑互联的不同类型的物理网络在数据帧结构和地址上的差异，使各种异构网络的互联变得更容易。

课堂同步

关于 IP，以下描述（　　　）是错误的。
A. IP地址是独立于传输网络的统一地址格式
B. IP数据包是独立于传输网络的统一分组格式
C. IP over X和X传输网络实现IP分组在X传输网络中两个节点之间的传输
D. 所有传输网络以IP分组为分组格式，以IP地址为节点地址

5.3　ARP 简介

在网络层使用统一的 IP 地址屏蔽了底层网络寻址的差异，但这种"统一"实际上是将底层的物理地址隐藏起来，而不是用 IP 地址代替它。事实上，其通过 IP 地址确定目的节点在网络中的位置，通过物理地址确定以太网的传输路径，找到目的节点的某个接口。基于这个原因，在使用 IP 地址时，有必要在它与物理地址之间建立映射关系，这样才可以将数据最终送到物理设备的某个接口上。

5.3.1　ARP 的作用

以太网内传输 IP 分组的过程如图 5-5 所示。在图 5-5 中，假设终端 A 和服务器 B 通过交换机连接在同一网络上，即便如此，终端 A 访问服务器 B 时所给出的地址也不是服务器 B 的 MAC 地址，而是服务器 B 的 IP 地址（若是域名地址，则要经过解析，最终得到的也只能是 IP 地址）。根据以太网交换机的工作原理，以太网交换机只能根据以太网帧的目的 MAC 地址和转发表来转发以太网帧，这就意味着不能在以太网上直接传输 IP 数据包，必须将 IP 数据包封装成以太网帧；在将 IP 数据包封装成以太网帧前，必须先获取连接在同一个网络上的源终端和目的终端的 MAC 地址。源终端的 MAC 地址可以直接从终端安装的网卡中读取，问题是如何根据目的终端的 IP 地址来获取目的终端的 MAC 地址。

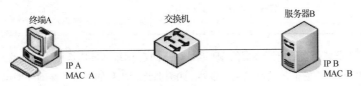

图 5-5　以太网内传输 IP 分组的过程

微课

微课 5.2

5.3.2　ARP 的工作过程

将 IP 地址映射成物理地址的方法有多种，每种网络都可以根据自身的特点选择适合

动画

动画 15

自己的映射方法。ARP 是以太网中经常使用的将 IP 地址映射为 MAC 地址的方法，它充分利用了以太网的广播能力。在图 5-5 中，终端 A 获取了服务器 B 的 IP 地址 IP B 后，广播一个以太网帧，该以太网帧的结构如图 5-6 所示，它的源 MAC 地址为终端 A 的 MAC 地址 MAC A，目的 MAC 地址为广播地址 FF-FF-FF-FF-FF-FF，以太网帧的数据字段包含终端 A 的 IP 地址 IP A 和 MAC 地址 MAC A，同时包含服务器 B 的 IP 地址 IP B，IP B 为需要解析的地址。该以太网帧被称为 ARP 请求帧，它要求 IP 地址为 IP B 的网络终端向 IP 地址为 IP A 的网络终端回复它的 MAC 地址。

图 5-6　用于地址解析的以太网帧

由于该帧的目的地址为广播地址，同一网络内的所有终端都能接收到该帧，每一个接收到该以太网帧的终端会先检查自己的 ARP 缓冲区（Buffer），如果 ARP 缓冲区中没有发送终端的 IP 地址和 MAC 地址对，则将发送终端的 IP 地址和 MAC 地址对（IP A 和 MAC A）记录在 ARP 缓冲区中，然后比较以太网帧中给出的目的 IP 地址是否和自己的 IP 地址相同。如果不相同，则丢弃；如果相同，则以单播帧回复自己的 MAC 地址，如图 5-7 所示。当终端 A 接收到 ARP 响应帧后，发现 ARP 响应帧中的目的 MAC 地址就是自己的 MAC 地址，于是接收该单播帧，并将其所封装的 ARP 响应报文交给上层处理。上层的 ARP 进程解析该 ARP 响应报文，将其包含的服务器 B 的 IP 地址与 MAC 地址记录到自己的 ARP 高速缓存列表中。

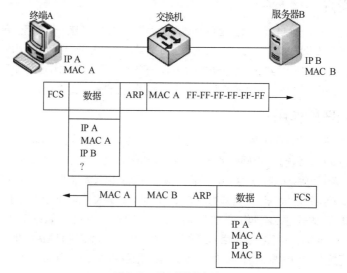

图 5-7　ARP 地址解析过程

　　ARP 请求帧中会给出源终端的 IP 地址和 MAC 地址，即广播域中其他终端在 ARP 缓存中记录下它们的关联关系。另外，如果源终端和目的终端不在同一网络中，则此时 ARP 如何工作？

通过以上分析可以知道，ARP 的主要用途是在知道同一以太网内目的主机 IP 地址的前提下，获取目的主机的 MAC 地址。在 Windows 操作系统的命令提示符窗口下，使用 arp 命令能够查看本地计算机或另一台计算机的 IP 地址和 MAC 地址的映射对（Mapping Pair）。查看之前，网络应能 ping 通。arp 命令格式如下。

> arp [选项] [主机 IP 地址] [主机 MAC 地址]

常见选项如下。

-a：显示本机与该接口相关的 ARP 缓存项。

-s：向 ARP 缓存中人工加入一条静态项目。

-d：删除一条静态项目。

以下是一个使用 arp 命令的示例，如图 5-8 所示。

ARP 表中包含两类地址映射信息：一类是静态（Static）映射信息，这类信息是由网络管理员或用户手动配置的 ARP 映射信息；另一类是动态（Dynamic）映射信息，这类信息是由 ARP 自动学习得来的。动态 ARP 缓存表是有时间限制的，如果在 2min 内未使用该 ARP 表项，则其会被自动删除。

```
C:\Documents and Settings\Administrator>arp -a

Interface: 192.168.2.100 --- 0x2
  Internet Address        Physical Address      Type
  192.168.2.1             c8-3a-35-48-aa-c0     dynamic

Interface: 0.0.0.0 --- 0x3
  Internet Address        Physical Address      Type
  192.168.1.100           00-1d-60-9e-49-cf     static
```

图 5-8　使用 arp 命令的示例

5.4　ICMP 简介

IP 提供的是一种无连接的、不可靠的、尽力而为的服务，不存在关于网络连接的建立和维护过程，也不包括流量控制与差错控制功能，在数据包通过互联网的过程中，出现各种传输错误是难免的。对于源主机而言，一旦数据包被发送出去，那么对该数据包在传输过程中是否出现差错，是否顺利到达目的主机等就会变得一无所知。因此，需要设计某种机制来帮助人们对网络的状态有一些了解，包括路由、拥塞和服务质量等问题，ICMP 就是为此而设计的。

虽然 ICMP 属于 TCP/IP 模型中网络层的协议，但它的报文并不直接传送给网络接口层，而是先封装成 IP 数据包再传送给网络接口层，如图 5-9 所示。

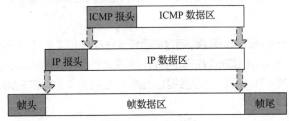

图 5-9　ICMP 消息格式

5.4.1　ICMP 报文类型

ICMP 定义了多种报文类型，可分为差错报告报文和查询报文两种。差错报告报文又分为终点不可达、超时、参数问题、源抑制（Source Quench）和重定向（Redirect）路由 5 种类型。查询报文又分为回应请求（ICMP Echo）与应答（ICMP Reply）、时间标记请求与应答、地址掩码请求与应答、路由器询问与通告等类型。

5.4.2　ICMP 报头

正如数据链路层的帧头包含网络层报头（在此为 IP 报头）样，IP 报头也包含着 ICMP 报头。这是因为 IP 为整个 TCP/IP 栈提供数据传输服务，那么 ICMP 要传递的某种信息被封装在 IP 数据包中是自然而然的事情。表 5-1 显示了 ICMP 报头包含的 5 个字段，共 8 个字节的长度。

表 5-1　ICMP 报头

类型	代码	校验和	标记	队列号
1 个字节	1 个字节	2 个字节	2 个字节	2 个字节

其中最重要的是类型字段。类型字段通知接收方终端，发送方 IP 数据包中所包含的 ICMP 数据的类型。如果需要，则代码字段可进一步限制类型字段。举例来说，类型字段可能表示消息是一条"目的地不能到达"消息；代码字段则可以显示更加详细的信息，如"网络不可到达"或"主机或端口不可到达"等。

微课
微课 5.3

5.4.3　ICMP 的典型应用

大部分操作系统和网络设备会提供一些 ICMP 工具程序，方便用户测试网络的连接状况。如在 UNIX、Linux、Windows 操作系统和网络设备中都集成了 ping 及 tracert 命令。我们经常使用这些命令来测试网络的连通性和可达性。

1．测试网络的连通性

回应请求/应答 ICMP 报文用于测试目的主机或路由器的连通性，如图 5-10 所示。请求者（某主机）向特定目的 IP 地址发送一个包含任选数据区的回应请求，要求具有目的 IP 地址的主机或路由器响应。当目的主机或路由器收到该请求后，发出相应的回应应答。

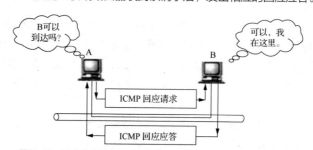

图 5-10　回应请求/应答 ICMP 报文用于测试主机或路由器的连通性

2．实现路由跟踪

tracert 是路由跟踪（Traceroute）程序，通过向目标发送具有不同 IP 生存周期（Time To Live，TTL）值的 ICMP 回应数据包，tracert 诊断程序确定到目标所采取的路由，要求路径上的每台路由器在转发数据包之前至少将数据包上的 TTL 递减 1。当数据包上的 TTL 减为 0 时，路由器应该将"ICMP 已超时"的消息发回源系统。

tracert 命令格式如下。

tracert[选项 1][选项 2]目的主机

常见选项如下。

-d：不解析目的主机地址。

-h：指定跟踪的最大路由数，即经过的最多主机数。

-j：指定松散的源路由表。

-w：以毫秒（ms）为单位指定每个回应应答的超时时间。

该命令的路由跳数默认为 30。使用 tracert 命令的示例如图 5-11 所示。

```
C:\>tracert  172.16.0.99 -d
Tracing route to 172.16.0.99 over a maximum of 30 hops
  1   2s    3s    2s    10.0.0.1
  2   75 ms   83 ms   88 ms  192.168.0.1
  3   73 ms   79 ms   93 ms  172.16.0.99
Trace complete.
C:\
```

图 5-11　使用 tracert 命令的示例

🖥️ **动手实践**

ping 命令的使用

1. 任务实施条件

两台安装Windows操作系统的计算机；以太网网卡及驱动程序；交叉线1条；Wireshark软件包。两台计算机上的IP地址和子网掩码参考表5-2进行设置。

动手实践18

2. 连接计算机并配置 IP 地址

根据表5-2进行IP地址和子网掩码的配置。

表5-2　IP 地址和子网掩码

参数	计算机	
	PC1	PC2
IP 地址	192.168.1.23	192.168.1.1
子网掩码	255.255.255.0	255.255.255.0

3. 测试网络的连通性

（1）使用网线将PC1和PC2连接起来。

（2）在PC1中打开命令提示符窗口，在命令行中输入"ping /?"命令，可以获得ping命令的用法和一些可用选项。ping命令的使用如图5-12所示。

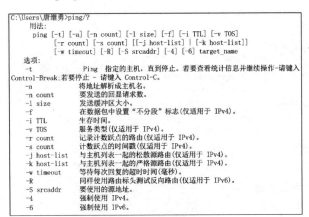

图 5-12　ping 命令的使用

（3）测试本地主机网络的连通性。在命令提示符窗口中输入"ping 192.168.1.2"命令，输出结果如图5-13所示，说明两台计算机之间是_____的。

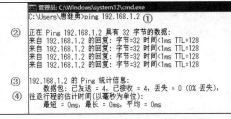

图 5-13　本地主机上的 ping 命令输出结果

默认情况下，ping会向目的设备发送4个ping请求并收到应答信息。具体分析如下。

① 目的地址，设置为本地计算机的IP地址。

② 应答信息如下。

- 字节——ICMP数据包的大小，默认值为32 B。
- 时间——传输和应答之间经过（往返）的时间。
- TTL——数据包在网络中的生存周期。其值为目的设备的默认TTL减去路径中的路由器数量。TTL的最大值为255，较新的Windows计算机的TTL的默认值为128。

③ 关于回应应答的摘要信息。

- 发送的数据包——传输的数据包数量。默认发送4个数据包。
- 接收的数据包——接收的数据包数量。
- 丢失的数据包——发送与接收的数据包数量之间的差异。

④ 往返行程的估计时间以毫秒为单位。往返时间越短，表示链路带宽越高。计算机计时器设置为每10ms计时一次。快于10ms的值将显示为0。

课后检测

一、填空题

1. 网络层次主要有＿＿＿＿＿、＿＿＿＿＿＿和＿＿＿＿＿＿，使用的网络设备分别为＿＿＿＿＿、＿＿＿＿＿＿和＿＿＿＿＿＿。

2. 网络层上使用的常见协议有＿＿＿＿＿、＿＿＿＿＿、＿＿＿＿＿＿和＿＿＿＿＿＿。

3. ICMP 报文可以分为＿＿＿＿＿和＿＿＿＿＿。

4. ARP 充分利用了以太网的＿＿＿＿＿，将 IP 地址与 MAC 地址进行动态联编。

二、选择题

1. （　　）负责将 IP 地址转换成 MAC 地址。

    A. TCP　　　　　　B. ARP　　　　　　C. UDP　　　　　　D. RARP

2. IP 提供的服务是（　　）。

    A. 可靠服务　　　　　　　　　　　　B. 有确认的服务

    C. 不可靠无连接数据包服务　　　　　D. 以上都不对

3. ping 命令就是利用（　　）来测试网络的连通性。

    A. TCP　　　　　　B. ICMP　　　　　　C. ARP　　　　　　D. IP

4. 删除 ARP 表项可以通过（　　）命令实现。

    A. arp -a　　　　　B. arp -s　　　　　C. arp -t　　　　　D. arp -d

三、判断题

1. 主机名与 IP 地址之间的转换是通过 ARP 实现的。　　　　　　（　　）

2. ICMP 报文封装在 IP 数据包的数据部分。　　　　　　　　　（　　）

3. IP 提供的是一种可靠的、尽力而为的服务。　　　　　　　　（　　）

四、简答题

1. ICMP 的作用是什么？如果没有 ICMP，IP 能否正常工作？

2. 归纳总结 ping 命令的主要作用。ARP 的主要功能是什么？

五、重要词汇（英译汉）

1. Address Resolution Protocol （　　　　　　　）
2. Internet Control Message Protocol （　　　　　　　）
3. Time-To-Live （　　　　　　　）

主题 2　IP 数据包格式

学习目标

通过本主题的学习达到以下目标。

知识目标

- ◉ 理解 IP 数据包的格式。
- ◉ 掌握 IP 数据包分片原理。

技能目标

- ◉ 能够捕获与分析 IP 数据包。

素质目标

- ◉ 通过以"剥洋葱"的方式揭开 IP 数据包的神秘"面纱"，引导学生建立"透过现象看本质"的哲学思维。

课前评估

1. IP 网络中不允许两个节点有相同的 IP 地址，网络中使用＿＿＿＿＿＿机制来检测这一冲突。当对终端分配了 IP 地址后，终端可以通过＿＿＿＿＿＿测试广播域中是否存在具有相同 IP 地址的终端。＿＿＿＿＿＿广播一个 ARP 请求帧，该 ARP 请求帧中的源终端地址为＿＿＿＿＿＿，表明是未知地址，下一跳地址是终端自身的 IP 地址。如果源终端接收到响应帧，则意味着广播域中已经有终端使用了该 IP 地址，终端报错。

2. ping 的主要功能是测试网络＿＿＿＿＿＿。ping 命令使用＿＿＿＿＿＿协议的回送请求、回送应答。客户机传送一个回送请求包给服务器，服务器返回一个＿＿＿＿＿＿。在默认情况下，ping 发送请求数据包的大小为＿＿＿＿＿＿ B，屏幕上回显＿＿＿＿＿＿个应答包。回显的应答包中包含 TTL 的信息，其中文含义是＿＿＿＿＿＿，这里 TTL 并不表示一个时间，因为要确保所有网络设备上的时间完全同步是非常困难的，因此采用了一种简化的等效处理方法，其值为目的设备的默认 TTL 减去路径中的路由器数量。TTL 的默认最大值为 255，不同网络设备或操作系统的 TTL 不一样，利用 TTL 这一特性，可以用来识别＿＿＿＿＿＿的类型。TTL 字段封装在＿＿＿＿＿＿协议数据单元中。

5.5　IP 数据包

网络层的主要功能是将多个异构网络互联在一起，如何互联呢？可以类比日常生活中邮政网络的建设：使用统一规范的通信地址、使用统一的信封格式、建设邮政局。构建互联的计算机网络也可拆分为 3 个相应的问题：设计 IP 地址、规范统一的数据包格式、开发路由器设备。IP 是 TCP/IP 栈中的核心协议之一，定义了数据传送的基本单元——IP 数据包及其数据格式。IP 中非可靠投递、逐跳路由、尽力而为服务等思想是通过数据包的各个具体字段来实现的。因此，理解 IP 数据包的报文结构及其首部格式，对深入掌握 IP 的工作原理至关重要。在 TCP/IP 栈中，各种数据包格式通常以 4 个字节为单位来进行描述。IP 数据包的完整格式如图 5-14 所示。从图 5-14 可以看出 IP 数据包由首部和数据区两部分组成，首部中的前一部分是固定部分，共 20B，是所有 IP 数据包必须有的；后一部分是可变部分。

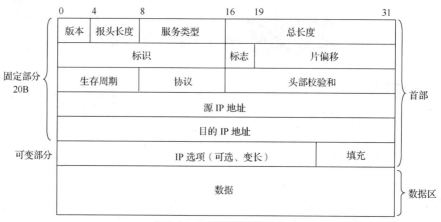

图 5-14　IP 数据包的完整格式

5.5.1　首部部分字段功能说明

1. 版本与协议类型

在 IP 首部中，版本字段表示该数据包对应的 IP 版本号，不同 IP 版本规定的数据包格式稍有不同，目前使用的 IP 版本号为 "4"，通常称为 IPv4。若 IP 版本号是 6，则称为 IPv6。协议字段表示 IP 数据包所对应的上层协议（如 TCP）或网络层中的子协议（如 ICMP）。

2. 长度

首部中有两个表示长度（Length）的字段，一个为报头长度，一个为总长度。

（1）报头长度（Internet Head Length，IHL）表示首部占据了多少个 32bit，或者说多少个 4B 的数目。在没有选项和填充的情况下，该值为 5，即 IP 首部的长度为 20B。IP 报头长度值最大为 15，即 60B。

（2）总长度（Total Length）表示整个 IP 数据包的长度（其中包含首部长度和数据区长度）。数据包的总长度以 32B 为单位。由于该字段用 16 位二进制数来表示，因此 IP 数据包的总长度字段取值的最大值为（$2^{16}-1$）B，即 65535B。需要注意的是，这里讨论的 IP 数据包格式中总长度字段的最大取值（65535）和 IP 数据包总长度的最大值（65536 B，即 64 KB）是两个完全不同的概念。

小贴士　在互联网中，IP 数据包长度的选取应当适中。因为在一个 IP 数据包中，首部的开销是一定的，首先从传输效率方面考量，如果 IP 数据包数据部分的长度过短，则会导致使用同样开销的 IP 数据包传送的数据量过低；同时，IP 数据包不能过长，这是因为网络层之下的数据链路层有自己的帧格式，每种协议在帧格式中都定义了能够传送的数据字段的最大值。

3. 服务类型

服务类型（Type of Service，ToS）字段规定对本数据包的处理方式，常用于服务质量（Quality of Service，QoS）中，如图 5-15 所示。其中，前 3 位为优先级，用于表示数据包的重要程度，优先级取值范围为 0（普通优先级）～7（网络控制高优先级）；第 4 位到第 7 位分别为 D、T、R 和 C 位，表示本数据包希望的传输类型，D 表示时延（Delay）需求，T 表示吞吐量（Throughput）需求，R 代表可靠性（Reliability）需求，C 代表花销（Cost）需求，并且这几位是互相排斥的，只有其中一位可以被置 1；第 8 位保留。

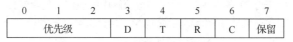

0	1	2	3	4	5	6	7
优先级			D	T	R	C	保留

图 5-15　IP 数据包提供的服务类型

4. 生存周期

IP 数据包的路由选择具有独立性，因此，从源主机到目的主机的传输延迟具有随机性。如果路由表发生错误，则数据包有可能进入一条循环路径，无休止地在网络中流动。生存周期是用以限定数据包生存期的计数器，最大值为 $2^8-1=255$。数据包每经过一台路由器，其生存周期的取值就要减 1，当生存周期取值为 0 时，报文将被删除。利用 IP 数据包报头中的生存周期字段，就可以有效地避免死循环和过度消耗链路带宽的情况发生。

5. 头部校验和

头部校验和（Checksum）用于保证 IP 数据包报头的完整性。在 IP 数据包中，只有报头有头部校验和字段，而数据区没有该字段。这样做的最大好处是可大大节约路由器处理每一个数据包的时间，并允许不同的上层协议选择自己的数据校验方法。

6. 地址

在 IP 数据包的报头中，源 IP 地址和目的 IP 地址分别表示该 IP 数据包发送方和接收方的地址。在整个数据包传输过程中，无论经过什么路由，无论如何分片，这两个字段一直保持不变。

7. IP 选项（可选、变长）和填充

IP 选项（可选、变长）主要用于控制和测试。作为选项，用户可以根据具体情况选择使用或不使用。但作为 IP 的组成部分，所有实现 IP 的设备必须能处理 IP 选项。在使用 IP 选项过程中，有可能出现数据包的首部长度不是 32bit 的整数倍的情况，如果发生这种情况，则需要使用填充（Padding）字段凑齐。

5.5.2　分片与重组

传输网络中允许的数据链路层帧的数据字段最大长度称为最大传输单元（Maximum Transmission Unit，MTU）。例如，以太网的 MTU 为 1500B，光纤分布式数据接口的 MTU 为 4352B，PPP 的 MTU 为 296B。因此，一个 IP 数据包的长度只有小于或等于一个网络的 MTU 时才能在这个网络中进行传输。如果一个 IP 数据包的长度超过传输网络所允许的 MTU，则必须对 IP 数据包进行分片。分片就是将 IP 数据包的数据分为多个数据片。IP 数据包分片的原则如下：除最后一个数据片外，其他数据片必须是 8B 的倍数，且加上 IP 首部后尽量接近 MTU。在 IP 数据包首部中，标识、标志和片偏移 3 个字段与控制分片和重组有关。

小贴士　　　　**IP 数据包中有 3 个关于长度字段的标记——报头长度、总长度、片偏移，基本单位分别是 4B、1B、8B。**

1. 标识

该字段用于标识（Identification）被分片后的数据包。目的主机利用此值和目的地址判断收到的分片属于哪个数据包，以便进行数据包重组。所有属于同一数据包的分片被赋予相同的标识值。

2. 标志

该字段用来告知目的主机该数据包是否已经分片。其最高位为 0；次高位为 DF（Don't Fragment），该位的值为"1"时表示不可分片，为"0"时表示可分片；第三位为 MF（More Fragment），其值为"1"

时表示接收到的分片不是最后一个分片，为"0"时表示接收的是最后一个分片。

3. 片偏移

该字段用于指出本分片数据在初始 IP 数据包的数据区中的位置，位置偏移量以 8 个字节为单位。由于各分片数据包独立传输，故其到达目的主机的顺序是无法保证的，而路由器也不向目的主机提供附加的分片顺序信息，因此，重组的分片顺序需要依靠片偏移（Offest）提供。

动画 17　　学思素材

5.5.3　IP 数据包分片操作举例

例如，一个 IP 数据包在以太网上传输，其中数据部分为 4900B（使用固定首部），该以太网的 MTU 为 1500B。

传输的 IP 数据包的数据部分长度（4900B）已超过以太网所允许的 MTU 值（1500B），因此在通过以太网链路传输之前，需要对 IP 数据包进行分片处理，具体操作方法如下。

1. 确定数据包分片后的数据长度 L

根据 $L+20 \leqslant 1500$（MTU）即 $L \leqslant 1480$，且 L 能被 8 整除两个条件，因为 $1480/8=185$，能被 8 整除，所以 $L=1480$，小于且非常接近规定的 MTU 值。另外，$4900/1480 \approx 3.3$，逢小数进位后取整为 4，即将原始数据分为 4 个数据包分片，长度分别为 1480B、1480B、1480B 和 460B。

小贴士

> 当确定分片数不能整除时，不能采用"四舍五入"后取整的方法，而采用"尽可能分为最多片"的策略。

2. 确定分片后数据报片的偏移量

需要注意的是，计算机中位的计数是从 0 开始的。就本例而言，数据报片 1 的计数范围是 0～1479，数据报片 2 的计数范围是 1480～2959，数据报片 3 的计数范围是 2960～4439，数据报片 4 的计数范围是 4440～4899。片偏移量由每个分片的起始位置决定，如数据报片 1 的起始位置为 0，故数据报片 1 的偏移量为 0/8=0，其他数据报片处理类似。分片后片偏移量的结果如图 5-16 所示。

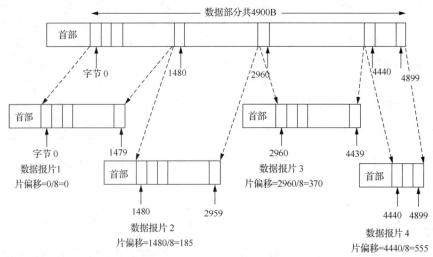

图 5-16　分片后片偏移量的结果

3. 确定分片后数据报片标识字段

原始数据包首部被复制为各数据报片的首部，但必须修改有关字段的值。一个 IP 数据包分片后，每一个分片的标识值都是随机产生的，表示来自同一个 IP 数据包，这里 IP 数据包的标识值取为 13579。

4. 确定分片后数据报片标志字段

根据 IP 数据包中 MF 和 DF 标志字段的定义可知，除最后一个分片的 MF=0 外，其他分片的 MF=1；DF 均为 0，表示还可以继续分片。表 5-3 是各种数据包的首部中与分片有关的字段中的数值。

表 5-3　各种数据包的首部中与分片有关的字段中的数值

数据包	总长度/B	标识	MF	DF	片偏移
原始数据包	4920	13579	0	0	0
数据报片 1	1500	13579	1	0	0
数据报片 2	1500	13579	1	0	185
数据报片 3	1500	13579	1	0	370
数据报片 4	480	13579	0	0	555

课堂同步

以下关于 IP 数据包结构的描述中，错误的是（　　　）。

A. IPv4数据包的长度是可变的

B. 协议字段表示IP的版本，值为4表示IPv4

C. 报头长度字段以4B为单位，总长度字段以B为单位

D. 生存周期字段值表示一个数据包可以经过的最多跳数

动手实践

IP 数据包的捕获与分析

在一台安装了Wireshark且能接入Internet的计算机上，启动Wireshark。

动手实践
动手实践 19

1. 选择网络接口

启动Wireshark后，在主菜单中选择"Capture"→"Interfaces"选项，选择要捕获数据包的网络接口，如图5-17所示。

图 5-17　选择网络接口

2. 捕获数据包

（1）指定在哪个接口（网卡）上捕获数据包，单击"Start"按钮，开始捕获数据包，如图5-18所示。

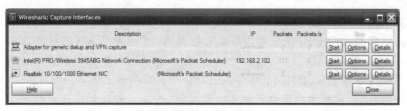

图 5-18　开始捕获数据包

（2）在另一台主机的命令提示符窗口中使用"ping IP地址"命令，其中IP地址为运行Wireshark的计算机的IP地址，捕获IP数据包界面如图5-19所示。

（3）由于捕获到了很多与使用ping命令无关的数据包，因此执行协议过滤时，需要选择数据包进行针对性分析。在Wireshark的"Filter"文本框中输入"icmp"（因为ping命令是基于ICMP实现的），按Enter键后弹出协议过滤界面，如图5-20所示。

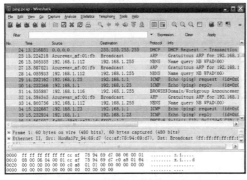

图 5-19 捕获 IP 数据包界面

图 5-20 协议过滤界面

（4）执行协议过滤后，得到需要的数据。请根据图5-20分析以下问题。

① ICMP如何探测网络的可达性？

② 在默认情况下，使用ping命令后，主机屏幕只会回显4个报文，为什么捕获的数据包却有8个？

（5）双击捕获到的29号数据包，展开各协议字段，如图5-21所示，分析以下问题。

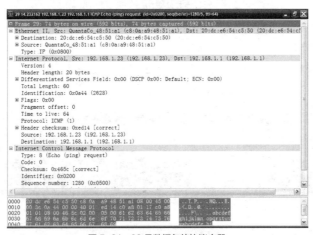

图 5-21 29 号数据包的协议字段

在默认情况下，使用ping命令后，为何发送数据包的大小为32B，而捕获到的数据包大小为74B？

（6）捕获到的数据包由协议的头部和数据两部分构成，真实的数据是封装在ICMP报文中的，因此需要展开ICMP字段对该报文进行解码，才能看见真实的数据内容，如图5-22所示。

（7）请读者根据图5-22对ICMP各字段进行分析，在横线上填写相应内容。

该ICMP回送请求报文的类型代码是_____，校验和是_____，标记是_____，队列号是_____，ICMP数据是_____。

3. 分析网络体系分层结构

（1）在运行Wireshark的计算机上打开浏览器，访问http://www.baidu.com，使用Wireshark捕获数据包，结果如图5-23所示。

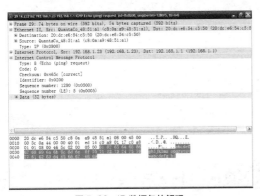

图5-22　IP数据包的解码　　　　　图5-23　捕获数据包的结果

（2）从图5-23中可以了解到网络体系结构共分成_____层，每层的名称和协议分别是_____。

（3）根据图5-23简单分析网络层IP的组成。

课后检测

一、填空题

1. IP 数据包报头长度字段的值为 10，代表 IP 报头长度为_____ B。

2. 以太网的 MTU 为_____ B。

二、选择题

1. 在 IP 数据包中，标识、标志、片偏移 3 个字段与控制（　　）有关。

　　A. 生存周期　　　　B. 分片与重组　　　　C. 封装　　　　　　D. 服务类型

2. 当数据包到达目的网络后，要传送到目的主机，此过程需要知道 IP 地址对应的（　　）。

　　A. 逻辑地址　　　　B. 动态地址　　　　　C. 域名　　　　　　D. 物理地址

3. 在 IP 首部的字段中，与分片和重组无关的字段是（　　）。

　　A. 总长度　　　　　B. 标识　　　　　　　C. 标志　　　　　　D. 片偏移

4. 以下关于 IP 数据包的分片与重组的描述中，错误的是（　　）。

　　A. IP 首部中与分片和重组相关的字段是标识、标志与片偏移

　　B. IP 数据包的总长度字段的最大取值为 65535

　　C. 以太网的 MTU 为 1500B

　　D. 片偏移的单位是 4B

三、判断题

1. 若 IP 数据包报头长度字段的值为 12，则 IP 报头长度为 48B。　　　　　　　　（　　）

2. 在 IP 数据包的传递过程中，IP 数据包报头中保持不变的字段包括标识和目的地址。

　　　　　　　　　　　　　　　　　　　　　　　　　　　　　　　　　　　　　（　　）

3. IP 数据包中的头部校验和字段的检查范围是整个 IP 数据包。　　　　　　　　（　　）

4. IP 数据包总长度的最大值为 65536B。 （　　　）

四、简答题

假设链路的 MTU 为 1200B，若网络层收到上层传递的 4000B，试对其进行分片，并说明每个分片的标识、标志和分片的偏移量。

五、重要词汇（英译汉）

1. Internet Header Length 　　　（　　　　　　　　）
2. Quality of Service 　　　（　　　　　　　　）
3. Time To Live 　　　（　　　　　　　　）
4. Maximum Transmission Unit 　　　（　　　　　　　　）

主题3 定长子网掩码划分方法

⚙ 学习目标

通过本主题的学习达到以下目标。

知识目标

- ◉ 了解划分子网的优点。
- ◉ 掌握划分子网的概念。
- ◉ 理解子网掩码的作用。
- ◉ 掌握划分子网的原理。

技能目标

- ◉ 能够结合网络实际需求规划 IP 地址方案。

素质目标

- ◉ 学习定长子网掩码划分方法，使学生认识到使用科学的方法带来的价值，树立"理论联系实际"的思想。

🔍 课前评估

1. 在前面的课程中先后介绍了 IP 地址和 MAC 地址的相关知识，已经了解到 IP 地址类似邮政通信地址，是一种长度为＿＿＿＿＿ bit 且采用＿＿＿＿＿结构的地址，反映了主机在网络中的位置关系；MAC 地址类似人的名字，是一种长度为＿＿＿＿＿ bit 且采用＿＿＿＿＿结构的地址，但不能反映主机的位置关系。从这里可以看出，出于通信效率和可行性等方面的考虑，IP 地址用于＿＿＿＿＿规模网络内的主机之间的寻址，MAC 地址用于＿＿＿＿＿规模网络内的主机之间的寻址，这就是计算机网络中主机之间的通信有了 MAC 地址还必须有 IP 地址的原因。

2. 在 ARPANET 的早期，IP 地址的设计出现了不合理的现象。例如，在 A 类 IP 地址中，默认一个网络可以支持＿＿＿＿＿台主机；在 B 类 IP 地址中，默认一个网络可以支持＿＿＿＿＿台主机。如果直接把 A 类或 B 类 IP 地址分配给一个公司来使用，则会带来哪些问题呢？请至少列举 2 点。

如何解决这一问题呢？可能想到的一个解决方案是将一个大的网络从逻辑上划分成若干个小的网络，如同一个婴儿要吃下一个苹果，需要将一个苹果切割成若干小片。在计算机网络中，将大网划分成若干个小网的过程称为划分子网。划分子网可以带来很多好处，如降低整体网络流量并改善网络性能，让网络管理员实施安全策略，以及确定哪些子网之间允许或不允许通信。网络管理员可以通过如下依据为设备和服务划分子网：大型楼栋中的各楼层；同公司的各部门；设备类型的不同；任何对网络有意义的其他划分，如图 5-24 所示。通过以上介绍，你能说出划分子网还能带来哪些其他好处吗？

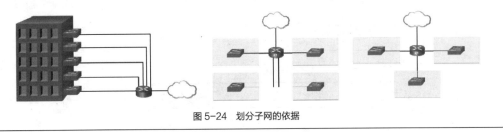

图 5-24　划分子网的依据

5.6　划分子网

一方面，公网上可用的 IP 地址越来越少；另一方面，在 IP 地址的使用过程中存在严重的浪费现象。例如，某单位的路由器互联时只需要两个 IP 地址，如果申请了一个 C 类地址，则为两个路由器的互联接口各分配一个 IP 地址后，还剩余大量的 IP 地址，这些 IP 地址既不能被该单位的网络使用，又不能被其他单位的网络使用，造成 IP 地址资源的浪费，因此，在实际应用中，一般以子网（Subnet）的形式将主机分布在若干物理网络上。

5.6.1　划分子网的作用

网络上常常需要将大型的网络划分为若干小网络，这些小网络称为子网，如图 5-25 所示。划分子网的作用主要体现在 3 个方面：一是隔离广播流量在整个网络内的传播，提高信息的传输效率；二是在小规模的网络中细分网络，起到节约 IP 地址资源的作用；三是进行多个网段划分，提高 IP 地址使用的灵活性。

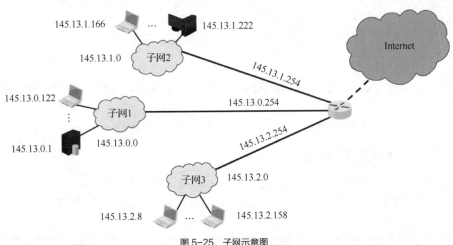

图 5-25　子网示意图

5.6.2　划分子网的概念

IP 地址具有层次化结构的特点，标准的 IP 地址分为网络号和主机号两层。这两级编址可以提供基础网络分组，便于将数据包路由到目的网络。路由器根据 IP 地址的网络号转发数据包，一旦确定了网络位置，就可以根据该 IP 地址的主机号找到目的主机。但是，随着网络规模不断扩大，许多组织将数百甚至数千台主机添加到网络中，两级分层结构就显得不够灵活，很难保证组织的网络结构与管理结构相适应。因此，申请到网络地址的组织一般会在网络地址的基础上进一步划分子网，使 IP 地址的使用更加灵活。

为了创建子网，需要从原有 IP 地址的主机号中借出连续的若干高位作为子网号，于是 IP 地址从原来两层结构的"网络号+主机号"变成了三层结构的"网络号+子网号+主机号"，如图 5-26 所示。可以这样理解，经过划分后的子网的主机数量减少，已经不需要原来那么多位作为主机号，人们可以借用多余的主机位作为子网号。

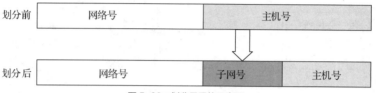

图 5-26　划分子网的示意图

划分子网后，原有的网络号并未发生变化，对于一个拥有多个物理网络的组织来说，需要为每个所属的物理网络分配一个子网号。

5.7　子网掩码

一个标准的 IP 地址，无论采用二进制形式还是点分十进制形式都可以从数值上直观地判断它的类别，指出它的网络号和主机号。但是，当包括子网号的三层结构的 IP 地址出现后，一个很现实的问题是如何从 IP 地址中提取子网号。为了解决这个问题，人们提出了子网掩码（Subnet Mask）的概念。

动画

动画 18

5.7.1　子网掩码的表示方法

子网掩码采用与 IP 地址相同的格式，由 32 位的二进制数构成，也被分为 4 个 8 位组并采用点分十进制来表示。子网掩码通常与 IP 地址配对出现，它将 IP 地址中网络号（包含子网号）对应的所有位设置为"1"，主机号对应的所有位设置为"0"。为了表达方便，在书写上还可以采用更加简单的"X.X.X.X/Y"方式来表示 IP 地址与子网掩码对。其中，每个 X 分别表示与 IP 地址中的一个 8 位组对应的十进制值，而 Y 表示子网掩码中与网络号对应的位数。例如，IP 地址为 102.2.3.3，默认掩码为 255.0.0.0，可表示为 102.2.3.3/8，这种表示方法称为 IP 地址的前缀表示法。

小贴士

需要注意的是，子网掩码的位数是网络位和子网位之和，并不只是子网位数。

5.7.2　子网掩码的作用

下面举一个例子，说明子网掩码的第一个作用：分离给定 IP 地址的子网号。

如给定的 IP 地址为 192.168.1.203，子网掩码为 255.255.255.224，试求取这个 IP 地址的子网号和主机号。

首先，将 IP 地址与子网掩码由十进制形式转换为二进制形式，再做"与"运算，得到的结果为子网号，过程如下。

| 11000000 | 10101000 | 00000001 | 110 01011 | （192.168.1.203）……① |

11111111　11111111　11111111　111 00000　（255.255.255.224）……②

将①式和②式对应位做"与"运算，所得结果如下。

11001010　10101000　00000001　110 00000　（192.168.1.192）……③

③式中的 192.168.1.192 即所求的子网号。可以看出，一个 IP 地址为 192.168.1.203 的主机，在子

网 192.168.1.192 中的主机号为 11。

由于 IP 地址的长度固定为 32bit，子网号所占的位数越多，拥有的子网数就越多，可分配给主机的位数就越少，分配给主机的 IP 地址数量也就越少。反之，子网号所占的位数越少，拥有的子网数就越少，可分配给主机的位数就越多，分配给主机的 IP 地址数量也就越多。因此，可以使用子网掩码来划分子网，这是子网掩码的第二个作用。划分子网的关键是所需子网数量和最大子网所需主机数量之间的平衡。

 需要注意的是，IP 地址使用非默认掩码，其不再具备类别属性。在分类 IP 地址的分界线上，掩码位数可变大或变小。如一个 C 类网络地址，网络号和主机号的分界线在掩码的第 24 位上，如果掩码位数变大，则说明是将一个大的网络划分为若干个小的网络；如果掩码位数变小，则说明是将若干个标准网络聚合成一个大的网络。

5.8 定长子网掩码划分

当借用 IP 地址主机部分的高位作为子网号时，就可以在某类地址中划分出更多的子网。设原主机号的高位借用 n 位给子网，剩下 m 位作为主机号（$n+m$=主机号的位数，若为 A 类网络，则 $n+m$=24；若为 B 类网络，则 $n+m$=16；若为 C 类网络，则 $n+m$=8），则有式（5-1）和式（5-2）的结论。

$$子网数 \leq 2^n（个）\tag{5-1}$$
$$每个子网具有的最大主机数量（含网关）\leq 2^m-2（台）\tag{5-2}$$

 RFC 950 文档规定，子网号全为 0 和全为 1 的情况是不可分配的，但随着无类别域间路由选择（Classless Inter-Domain Routing，CIDR）的广泛使用，全为 0 和全为 1 的子网号可以使用了。本书在讨论的时候，默认全为 0 和全为 1 的子网号可使用。

下面以一个例子来说明划分子网的过程。

将一个 C 类网络 192.168.10.0/24 划分为 6 个子网，每个子网能容纳的主机数量分别为 14、24、7、12、2、30，不考虑子网中网关的分配情况，请给出子网掩码和对应的地址空间范围。

微课

微课 5.4

因为需要 6 个子网，子网中最大主机数为 30 台，所以根据式（5-1）有 $6 \leq 2^n$；根据式（5-2）有 $30 \leq 2^m-2$；且 $n+m$=8（因为 C 类 IP 地址的主机位数是 8）。所以取 n=3，m=5，能够满足 6 个子网、子网最大主机数为 30 台的需要。

经过划分子网后，新的子网掩码的网络位数变为默认掩码位数 24 加上 n（这里 n 取 3）即 27，如表 5-4 所示。将其表示成点分十进制，其值为 225.255.255.224。

表 5-4　划分子网后掩码变化

默认子网掩码（C 类）	从原主机号借 n 位作为子网号	剩下 m 位作为主机号
11111111.11111111.11111111.	111	00000

显然，原有的网络位并没有发生变化，因此经过划分子网后的 IP 地址的二进制形式可以写成 11000000.10101000.00001010.$xxxyyyyy$ 形式，其中 xxx 为子网位，$yyyyy$ 为主机位。根据网络地址的概念，在写出子网地址的时候，变化的是 xxx，为 0、1 的 3 位组合，$yyyyy$ 为 00000，子网划分的具体过程如表 5-5 所示。

表5-5 子网划分的具体过程

子网地址	网络位	子网位 （xxx）	主机位 （yyyyy）	子网序号
192.168.10.0	11000000 10101000 00001010	000	00000	子网1
192.168.10.32	11000000 10101000 00001010	001	00000	子网2
192.168.10.64	11000000 10101000 00001010	010	00000	子网3
192.168.10.96	11000000 10101000 00001010	011	00000	子网4
192.168.10.128	11000000 10101000 00001010	100	00000	子网5
192.168.10.160	11000000 10101000 00001010	101	00000	子网6
192.168.10.192	11000000 10101000 00001010	110	00000	子网7
192.168.10.224	11000000 10101000 00001010	111	00000	子网8

接下来写出每一个子网可用的 IP 地址范围。此时变化的部分不再是子网位 xxx 了，而是主机位 yyyyy，如写出其中一个子网 192.168.10.32 可用的 IP 地址范围，具体过程如表 5-6 所示。

表5-6 子网2中的IP地址

子网2地址	网络位	子网位 （xxx）	主机位 （yyyyy）	子网2的IP地址序号
192.168.10.32	11000000 10101000 00001010	001	00000	子网2的网络地址（192.168.10.32）
			00001	第一个可用 IP 地址（192.168.10.33）
			00010	第二个可用 IP 地址（192.168.10.34）
			00011	第三个可用 IP 地址（192.168.10.35）
			……	……
			11110	最后一个可用 IP 地址(192.168.10.62)
			11111	子网2的广播地址（192.168.10.63）

由表 5-6 可知，192.168.10.32 子网的第二个地址是子网的网络地址，最后一个地址是子网的广播地址，都不能用作主机的 IP 地址，故每一个子网可用的 IP 地址数量都要去掉 2 个。经过子网划分后，所有子网的可用 IP 地址范围和子网广播地址的分配情况如表 5-7 所示。

表5-7 所有子网的IP地址范围和子网广播地址的分配情况

子网地址	广播地址	主机地址	子网广播地址的分配情况
192.168.10.0	192.168.10.31	192.168.10.1～192.168.10.30	分配给具有 14 台主机的子网
192.168.10.32	192.168.10.63	192.168.10.33～192.168.10.62	分配给具有 24 台主机的子网
192.168.10.64	192.168.10.95	192.168.10.65～192.168.10.94	分配给具有 7 台主机的子网
192.168.10.96	192.168.10.127	192.168.10.97～192.168.10.126	分配给具有 12 台主机的子网
192.168.10.128	192.168.10.159	192.168.10.129～192.168.10.158	分配给具有 2 台主机的子网
192.168.10.160	192.168.10.191	192.168.10.161～192.168.10.190	分配给具有 30 台主机的子网
192.168.10.192	192.168.10.223	192.168.10.193～192.168.10.222	预留将来使用
192.168.10.224	192.168.10.255	192.168.10.225～192.168.10.254	预留将来使用

以上划分子网的方法被称为定长子网掩码（Fixed Length Subnet Mask，FLSM）划分方法，特点是每个子网都使用同一个子网掩码，每个子网所分配的 IP 地址数量相同，在一定程度上提高了 IP 地址分配的灵活性，但可能造成 IP 地址资源的浪费，如上例中 192.168.10.128 子网中的绝大部分 IP 地址资源被浪费了。

如果某个路由器接口配置的IP地址是192.1.1.19,子网掩码是255.255.255.240,以下IP地址（　　　）可能是该路由器接口连接的网络中主机的IP地址。

课堂同步

A. 192.1.1.16
B. 192.1.1.14
C. 192.1.1.31
D. 192.1.1.30

动手实践

设计子网划分方案

设计子网划分方案时，需要考虑以下6个方面的问题。

（1）需要划分多少个子网。

（2）每个子网中需要安置多少台主机。

（3）符合网络要求的子网掩码是什么。

（4）每个子网的网络地址是什么。

（5）每个子网的广播地址是什么。

（6）每个子网可用的IP地址范围是什么。

———动手实践———

动手实践20

某学校需要新建两个网络专业机房，每个机房安置了49台计算机，使用C类IP地址192.168.1.0/24。为了便于管理，请运用子网划分技术，对新建的两个机房进行IP地址的合理规划。

请根据以上要求合理规划IP地址分配方案，将结果填写在表5-8中的空白处。

表5-8　IP地址规划

分析：需要向给定 IP 地址的主机号的高位借（　　　）位，子网掩码为（　　　），每个子网的 IP 地址数量为（　　　）个。

子网地址	子网中可用 IP 地址范围	子网广播地址

课后检测

一、填空题

1. IP 地址 199.25.23.56 的默认子网掩码是_____。

2. IP 地址是两级分层地址结构，包含_____部分和_____部分。

3. 若存在一个 IP 地址 192.168.1.5/30，则其掩码采用点分十进制法可表示为_____。

二、选择题

1. 使用子网的主要目的是（　　）。

　　A. 增加网络带宽
　　B. 增加主机地址的数量
　　C. 扩大网络规模
　　D. 合理使用 IP 地址，避免浪费，便于管理

2. 若把网络 202.112.78.0 划分为多个子网（子网掩码是 255.255.255.192），则各子网中可用的 IP 地址总数是（　　）。

　　A. 254
　　B. 252
　　C. 64
　　D. 62

3. 以下地址中不是子网掩码的是（　　）。

　　A. 255.255.255.0
　　B. 255.255.0.0
　　C. 255.241.0.0
　　D. 255.255.254.0

三、判断题

1. 255.255.241.0 是一个子网掩码。　　　　　　　　　　　　　　　　　（　　）

2. 子网掩码可以单独存在。　　　　　　　　　　　　　　　　　　　　（　　）

3. 广播地址的主机号全为 0，网络地址的主机号全为 1。　　　　　　　（　　）

4. 在使用定长子网掩码划分出来的子网中，每一个子网所能容纳的主机数量相同。（　　）

四、简答题

1. 什么是子网？什么是子网掩码？子网掩码的作用是什么？

2. 设有一个网络 IP 地址为 192.168.1.0，此网络的子网掩码是 255.255.255.192，此网络划分了多少个子网？每个子网可以拥有的主机数量是多少？每个子网的网络地址是什么？每个子网的广播地址是什么？

3. 某单位申请到一个 C 类网络地址 192.168.10.0，根据实际要求需划分 5 个子网。请写出每个子网的网络地址、子网掩码、子网内可用 IP 地址范围、广播地址和供主机使用的 IP 地址数量。

五、重要词汇（英译汉）

1. Fixed Length Subnet Mask　　　　　　　　（　　　　　　　　　　　）

2. Classless Inter-Domain Routing　　　　　　（　　　　　　　　　　　）

主题4　可变长子网掩码划分方法

学习目标

通过本主题的学习达到以下目标。

知识目标
- 了解可变长子网掩码的使用场合。
- 掌握使用可变长子网掩码划分子网的过程。

技能目标
- 能够根据网络实际需求优化子网划分方案。

素质目标
- 通过探究可变长子网掩码划分过程，明确其是对定长子网掩码划分的继承与发展，培养学生用发展的眼光看问题。

🔍 课前评估

1. 随着计算机技术的普及和网络技术的高速发展，单纯的计算机已经不能满足办公、生活和学习的需求，网络已经成为计算机发展的主流，它正以一种全新的方式改变着人们的生活方式。说到网络，IP 地址是不能避免的话题。一个网络要满足通信功能，除了最基本的物理连接，首要的是配置 IP 地址，其次是配置通信协议，手动配置 IP 地址涉及的通信参数有哪些？

2. 目前上网的人和物越来越多，必然存在 IP 地址不够用的情况，为了提高 IP 地址的可用性、网络效率和安全性，划分子网不失为一种临时的解决方案，IP 地址采用＿＿＿＿＿＿＿、＿＿＿＿＿＿＿和＿＿＿＿＿＿＿三级层次结构。

3. 定长子网掩码划分方法类似日常生活中将一张正方形纸片对折若干次后的结果，每个子网使用的子网掩码都是＿＿＿＿＿＿＿的，每个子网的 IP 地址数量是＿＿＿＿＿＿＿，该方法能否节省 IP 地址资源？是否可以进一步提高 IP 地址资源的利用率？请举例说明。

5.9　可变长子网掩码的基本概念

定长子网掩码划分为每个子网分配了相同数量的地址，如果所有子网对主机数量的要求相同，则这些固定大小的地址块有较高的利用效率。但是绝大多数情况并非如此。

5.9.1　定长子网掩码划分方法的不足

虽然定长子网掩码划分方法满足了最大主机数量的需要，并将地址空间划分为足够数量的子网，但是大量 IP 地址未被使用，造成了地址资源的浪费。例如，在 5.8 节的例子中，对网络 192.168.10.0 进行子网划分，从最后一个二进制 8 位数的主机部分借用 3 位，以满足其 6 个子网的要求，其中每个子网最多可容纳 30 台主机（即 30 个可用地址），而部分子网中仅仅使用到 14、24、7、12、2 个地址，这些子网中就会产生 16、6、23、18、28 个未使用地址。因此，对示例场景采用定长子网掩码划分方法，IP 地址的利用率并不高，而且比较浪费，这种低效的地址使用率正是定长子网掩码划分方法的不足。

5.9.2　可变长子网掩码的概念

定长子网掩码划分方法使用定长子网掩码，可以创建大小相等的子网，其中每个子网都使用相同的子网掩码，如图 5-27（a）所示。可变长子网掩码（Variable Length Subnet Mask，VLSM）使网络空间能够分为大小不等的部分，如图 5-27（b）所示。通常将这种允许在同一网络范围内使用不同长度子网掩码的情况，称为可变长子网掩码。使用可变长子网掩码，子网掩码将根据特定子网所借用的位数而变化，从而成为可变长子网掩码的"变量"部分。

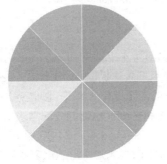

（a）定长子网掩码划分子网

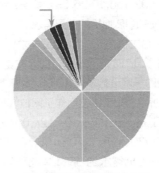

（b）可变长子网掩码划分子网

图 5-27　划分子网的依据

5.9.3 可变长子网掩码划分

可变长子网掩码划分方法与定长子网掩码划分方法类似，都是通过借用 IP 地址主机号的高位来创建子网，用于计算每个子网主机数量和所创建子网数量的公式仍然适用。区别在于，子网划分不再是可以一次性完成的活动。使用可变长子网掩码时，要先对网络划分子网，再对子网进行子网划分。该过程可以重复多次，最终创建不同大小的子网。需要注意的是，使用可变长子网掩码划分方法划分子网时，根据子网中拥有的主机数目，按从大到小的顺序，连续分配 IP 地址，直到 IP 地址空间用完。下面仍以 5.8 节所举例子进行说明，本例需要最大化地利用 IP 地址资源。

将一个 C 类网络 192.168.10.0/24 划分为 6 个子网，每个子网分别能容纳的主机数量分别为 14、24、7、12、2、30，不考虑子网中网关的分配情况，请以最节约的方式设计一个 IP 地址编址方案（Addressing Scheme）。

由于每个子网的主机数量不一样，因此采用可变长子网掩码划分方法，步骤如下。

（1）满足主机数量最大的网络需求：具有 30 台主机的子网。

按照 $30 \leqslant 2^m - 2$，求得 $m=5$，且 $n+m=8$，所以 $n=3$，即需要向 IP 地址 192.168.10.0/24 的主机号借 3 位作为子网位，划分的结果如表 5-5 所示，并且子网掩码均为 255.255.255.224。将 192.168.10.0/27 作为 30 台主机需求的网络前缀。

（2）满足 24 台主机的 IP 地址分配需求。

在进行第一次划分子网后，每个子网的 IP 地址空间为 32 个，若进一步划分子网，则必然会划分为 2 个最大具有 16 个 IP 地址空间的子网，显然不能满足子网中分配 24 个 IP 地址的要求，因此，在完成第一次子网分配后，从剩下的 7 个子网中任选一个子网作为 24 台主机 IP 地址需求的子网，这里选择 192.168.10.32 /27 作为 24 台主机 IP 地址需求的网络前缀。

（3）满足 14 台和 12 台主机的 IP 地址分配需求。

由于 14 和 12 与 16 非常接近，因此需要从剩下的 6 个子网中选出 1 个子网进行进一步的子网划分，这里将子网 192.168.10.64/27 再进行 1 位长度的子网划分（相当于子网掩码长度为 28），得到 2 个具有 16 个 IP 地址空间的子网：192.168.10.64/28（满足 14 台主机的 IP 地址分配需求）和 192.168.10.80/28（满足 12 台主机的 IP 地址分配需求）。注意，子网掩码再次发生了变化，从 255.255.255.224 变为 255.255.255.240。

（4）满足 7 台主机的 IP 地址分配需求。

7 台主机至少需要 7 个 IP 地址，实际所需的 IP 地址数量为 9（加上子网地址和广播地址），因此将 192.168.10.96/27（具有 32 个 IP 地址空间）划分成 4 个具有 8 个 IP 地址空间的子网，显然不能满足要求。因为 9 与 16 更接近，可将 192.168.10.96/27 划分成 2 个具有 16 个 IP 地址空间的子网，因此需要对 192.168.10.96/27 进行 1 位长度的子网划分（相当于子网掩码长度为 28），得到 2 个具有 16 个 IP 地址空间的子网：192.168.10.96/28（满足 7 台主机的 IP 地址的分配需求）和 192.168.10.112/28（用于满足其他子网中主机 IP 地址的分配需求）。

（5）满足 2 台主机的 IP 地址分配需求。

对于 2 台主机所在的子网空间，实际需要的 IP 地址数量为 4，因此可对 192.168.10.112/28 具有 16 个 IP 地址空间的子网进行子网化。4 个 IP 地址需要占用 2 位主机位，即需要向 192.168.10.112/28 子网的主机号的高位再借 2 位用作子网位，即可以划分成 4 个具有 4 个 IP 地址容量空间的子网，分别是 192.168.10.112/30（满足 2 台主机的 IP 地址的分配需求）、192.168.10.116/30（备用）、192.168.10.120/30（备用）、192.168.10.124/30（备用）。

至此，所有主机需求的 IP 地址都已分配完成，剩下的 192.168.10.128/27、192.168.10.160/27、192.168.10.192/27、192.168.10.224/27 子网地址未进行分配。

学思素材

下面针对本例的可变长子网掩码划分过程做一个小结，如表 5-9 所示。

表 5-9　可变长子网掩码划分过程小结

所需地址个数	子网地址	子网掩码	网络前缀	浪费 IP 地址个数
30	192.168.10.0	255.255.255.224	192.168.10.0/27	2
24	192.168.10.32	255.255.255.224	192.168.10.32/27	8
14	192.168.10.64	255.255.255.240	192.168.10.64/28	2
12	192.168.10.80	255.255.255.240	192.168.10.80/28	4
7	192.168.10.96	255.255.255.240	192.168.10.96/28	9
2	192.168.10.112	255.255.255.252	192.168.10.112/30	2

掩码长度变化：24→27→28→30

小贴士　从以上划分子网的过程中可以知道，每划分一个子网至少要浪费 2 个 IP 地址，那么为什么还要划分子网呢？相比之下，因子网数增加而造成的 IP 地址浪费是微不足道的。实际上，在进行 IP 地址规划时只能做到尽量节省，除非网络中节点数正好是 2^n-2，否则在分配 IP 地址时无法保证绝对不浪费 IP 地址。

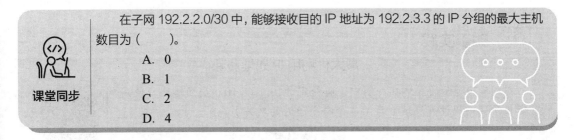

课堂同步　在子网 192.2.2.0/30 中，能够接收目的 IP 地址为 192.2.3.3 的 IP 分组的最大主机数目为（　　　）。

A. 0

B. 1

C. 2

D. 4

5.10　网络地址转换技术

IP 地址空间内大部分是公有 IP 地址，使用公有 IP 地址的主机可以访问 Internet 资源。与之相对，使用私有 IP 地址的主机访问范围被限制在组织机构的内部网络内，不能直接访问 Internet 上的资源。在 A、B、C 这 3 类网络的 IP 地址空间中，各取出其中的一个子集作为私有 IP 地址空间，A 类私有地址（Private Address）空间为 10.0.0.0～10.255.255.255（10.0.0.0/8），B 类私有地址空间为 172.16.0.0～172.31.255.255（172.16.0.0/12），C 类私有地址空间为 192.168.0.0～192.168.255.255（192.168.0.0/16）。

动画

动画 19

如果组织内部的主机使用私有地址访问 Internet，则需要使用网络地址转换（Network Address Translation，NAT）技术。NAT 是因特网工程任务组（Internet Engineering Task Force，IETF）公布的标准，允许一个组织以一个公有 IP 地址的形式出现在 Internet 上。它能够解决 IP 地址紧缺问题，而且使内外网络隔离，提供一定的网络安全保障。它解决问题的办法如下：在内联网络（Intranet）中使用私有 IP 地址，通过 NAT 把私有 IP 地址翻译成公有 IP 地址在 Internet 上使用。其具体做法是把 IP 数据包内的地址域用公有 IP 地址来替换，如图 5-28 所示。NAT 功能通常被集成到路由器、防火墙中，也有单独的 NAT 设备。NAT 设备会维护一个状态表，用来把私有 IP 地址映射到公有 IP 地址上。

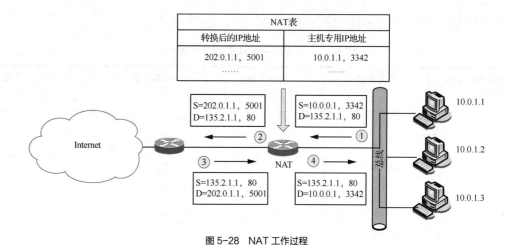

NAT表	
转换后的IP地址	主机专用IP地址
202.0.1.1，5001	10.0.1.1，3342
……	……

图 5-28　NAT 工作过程

普通路由器在转发 IP 数据包时，不改变其源 IP 地址和目的 IP 地址。而 NAT 路由器在转发 IP 数据包时，一定要更换其 IP 地址（转换源 IP 地址或目的 IP 地址）。普通路由器仅工作在网络层，而 NAT 路由器转发数据包时需要查看和转换传输层的端口号，如图 5-28 所示。

动手实践

最大化利用 IP 地址资源

在图5-29所示的网络拓扑图中，将给定的192.168.10.0/24网络地址使用可变长子网掩码设计编址方案（包含每个子网的网关）。

动手实践

动手实践 21

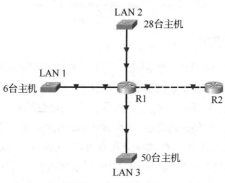

图 5-29　网络拓扑图

1. 分析网络要求

确定所需子网的数量，该网络的要求如下。

（1）LAN 1要求使用＿＿＿＿＿＿＿＿个IP地址。

（2）LAN 2要求使用＿＿＿＿＿＿＿＿个IP地址。

（3）LAN 3要求使用＿＿＿＿＿＿＿＿个IP地址。

（4）R1和R2之间互联需要＿＿＿＿＿＿＿＿个IP地址。

（5）网络拓扑中需要＿＿＿＿＿＿＿＿个子网。

2. 确定每个子网的子网掩码信息

（1）LAN 1使用子网掩码_____即可满足所需IP地址的数量。

（2）LAN 2使用子网掩码_____即可满足所需IP地址的数量。

（3）LAN 3使用子网掩码_____即可满足所需IP地址的数量。

（4）R1和R2之间互联使用子网掩码_____即可满足所需IP地址的数量。

3. 记录可变长子网掩码划分结果

填写可变长子网掩码划分结果列表5-10，列出子网名称、网络地址、子网掩码、第一个可用的IP地址和广播地址。

表 5-10　可变长子网掩码划分结果列表

子网名称	网络地址	子网掩码（前缀表示法）	第一个可用的 IP 地址	广播地址

4. IP 地址资源的利用率

通过可变长子网掩码划分子网后，已占用IP地址数量为_____个，留待将来使用的IP地址数量为_____个，IP地址资源的利用率为_____。

课后检测

一、填空题

1. 当 IP 地址为 210.198.45.60，子网掩码为 255.255.255.240 时，其对应的网络地址是_____，广播地址是_____。

2. 将 A 类、B 类、C 类网络的私有 IP 地址使用前缀表示法来表示，分别为_____、_____和_____。

3. NAT 是将_____转换或翻译为_____的过程。

二、选择题

1. IP 地址 200.200.8.68/24 的网络地址是（　　）。

　　A. 200.200.8.0　　　B. 200.200.8.32　　　C. 200.200.8.64　　　D. 200.200.8.65

2. 若把网络 202.112.78.0 划分为多个子网后，子网掩码是 255.225.255.192，则各子网中的可用主机数是（　　）。

　　A. 254　　　　　　　B. 252　　　　　　　C. 64　　　　　　　　D. 62

3. 若某公司申请到一个 C 类 IP 地址，但要连接 6 个分部，最大的分部有 26 台计算机，则子网掩码应设为（　　）。

　　A. 255.255.255.0　　　　　　　　　　B. 255.255.255.128

　　C. 255.255.255.192　　　　　　　　　D. 255.255.255.224

三、判断题

1. 使用可变长子网掩码划分方法可以使 IP 地址的利用率达到 100%。　　　　　（　　　）

2. 可变长子网掩码划分出来的所有子网的子网掩码都相同。 （ ）

3. 192.168.1.0/24 使用掩码 255.255.255.240 划分子网，其可用子网数为 14。 （ ）

4. 172.16.10.32/24 代表的是一个网络地址。 （ ）

四、简答题

1. 子网掩码 255.255.255.0 代表什么意思？如果某一网络的子网掩码为 255.255.255.128，那么该网络能够连接多少台主机？

2. 某公司有工程部、市场部、财务部和办公室 4 个部门，每个部门分别需要 5、17、28 和 40 台计算机。假设申请到一个 C 类网络 192.168.161.0，请运用子网划分技术合理设计该公司网络编址方案（每个子网应单独分配一个网关），方案中明确划分多少个子网？每个子网的网络地址、子网掩码、广播地址是什么？每个子网包含多少个 IP 地址？各子网中的主机 IP 地址范围是多少？

五、重要词汇（英译汉）

1. Variable Length Subnet Mask （   ）

2. Addressing Scheme （   ）

3. Private Address （   ）

4. Network Address Translation （   ）

主题 5　IPv6 地址

学习目标

通过本主题的学习达到以下目标。

知识目标

- ⊙ 了解 IPv6 地址的基本概念。
- ⊙ 掌握 IPv6 地址的表示方法。

技能目标

- ⊙ 能够在终端、中间设备上配置 IPv6 地址。

素质目标

- ⊙ 通过分析 IPv4 地址必然向 IPv6 地址演化的本质原因，帮助学生认识事物发展的基本规律，建立对"量变到质变"的正确认知。

课前评估

1. 理论上，IPv4 最多有_____亿个地址。_____、_____和_____对放缓 IPv4 地址空间的耗尽起了不可或缺的作用。在万物互联时代，交互对象关系正在经历从人与人、人与物到物与物的深刻变化，因此，当今的 Internet 设备不仅仅只有计算机、平板电脑和智能手机，还有嵌入通信与计算功能设备，甚至包括安装有传感器和 Internet 预留装置的设备（如汽车、家用器械），以及自然生态系统等一切事物。IPv4 地址空间已经无法满足巨大联网设备数量的需求。

2. 到目前为止，全球 IPv4 地址空间已耗尽。考虑到 Internet 用户数量的不断增加、有限的 IPv4

地址空间和万物互联等问题，是时候向 **IPv6** 地址过渡了。**IPv6** 地址不仅拥有 _____ 位地址空间，提供 _____ 个地址，还修复了 IPv4 的一些限制，如 _____ 和 _____ 等，并开发了额外的增强功能。需要注意的是，过渡到 **IPv6** 不是一朝一夕可以完成的，因此，**IPv4** 和 **IPv6** 共存会花费数年时间。

5.11　IPv4 的主要问题

在 Internet 快速发展的过程中，IPv4 存在的局限性逐渐凸显出来。IPv4 的局限性和需要改进的原因如下。

1. 地址空间的局限性

IPv4 地址长为 32bit，地址空间具有多于 40 亿的地址编码。有人可能会认为 Internet 很容易容纳数以亿计的主机，但这只适用于 IP 地址顺序分布的情况，即第一台主机的地址为 1，第二台主机的地址为 2，以此类推。而 IPv4 地址是采用分类的层次结构划分的，造成 IP 地址空间浪费严重。

2. 缺乏对安全性的支持

长期以来人们认为在底层网络协议的安全问题并不重要，都把网络安全问题交给高层协议来处理。例如，安全套接字层（Secure Socket Layer，SSL）和安全超文本传送协议（Secure Hypertext Transfer Protocol，S-HTTP），就是分别在传输层和应用层上增强网络安全性的技术。但这些技术均不能从根本上解决网络安全问题。

3. 缺乏对服务质量的支持

IPv4 提供"尽力而为"的服务，缺乏对多媒体信息传输的有效支持，不能提供高带宽、低时延、低误码率和抖动等服务质量保证。目前，计算机网络中主要是音频和视频信息流的传输，尽管已经提出了资源预留协议（Resource Reservation Protocol，RSVP）、综合服务（IntServ）、区分服务（DiffServ）、实时传输协议（Real-time Transport Protocol，RTP）和实时传输控制协议（Real-time Transport Control Protocol，RTCP），但是这些附加的协议又增加了构建网络的复杂性和成本。

4. IPv4 路由问题

由于 IPv4 路由表的长度随着网络数量的增加而变长，路由器在表中查询正确路由的时间变得越来越长。现在的 Internet 拥有大量的网络，在骨干路由器上通常携带超过 10 万条不同网络地址的显式路由表项，查询路由的时延将直接影响到网络的性能，这种影响远比地址空间的匮乏更加严重，必须寻找采用分级地址寻址来汇聚和简化选路的方法。

小贴士　可以看到，IPv4 对存在问题的解决基本采用了"打补丁"的方式，并未从根本上解决如 IP 地址资源枯竭等问题。

5.12　IPv6 的改进措施

相对于 IPv4 来说，IPv6 主要有以下 5 个方面的改进。

1. 扩展的地址空间和结构化的路由层次

IPv6 地址长度由 IPv4 地址的 32bit 扩展到 128bit，其全局单播地址采用支持无类别域间路由选择的地址聚类机制，可以支持更多的地址层次和更多的节点数目，并且使自动配置地址更加简单。

2. 简化了报头格式

IPv6 将 IPv4 报头中一些不必要的字段取消了，首部字段数量减少到 8 个，但由于 IPv6 地址长度扩展到 128bit，使得 IPv6 的基本头（Base Header）的长度反而增大了，是 IPv4 报头首部固定部分长度的 2 倍。

3. 使管理更简单，支持即插即用

通过实现一系列的自动发现和自动配置功能，IPv6 简化了网络节点的管理和维护，如 IPv6 支持主机或路由器自动配置 IPv6 地址及其他的网络配置参数。因此，IPv6 不需要使用 DHCP。

4. 增加了网络的安全性

IPv6 支持 IP 安全（IPSec）协议，为网络安全提供一套标准的解决方案，并提高不同 IPv6 实现方案之间的互操作性。IPSec 由两种不同类型的扩展头和一种用于处理安全设置的协议组成，为 IPv6 数据包提供数据完整性、数据机密性、数据验证和重放保护服务。

5. 提高了网络服务质量能力

IPv6 报头中的流标记字段用于鉴别同一数据流的所有报文，因此在传输路径上所有路由器可以鉴别同一个流的所有报文，实现非默认的服务质量或实时服务等特殊处理。

 小贴士

> 需要说明的是，直接将以太网的核心协议从 IPv4 更换成 IPv6 是不可行的。IPv6 保留了 IPv4 中很多成功的设计特性，如无连接等。

5.13 IPv6 的协议数据单元

IPv6 的协议数据单元也称为分组，由长度为 40B 的基本头和长度可变的有效载荷（Payload）组成，有效载荷由 0 个或多个扩展头（Extension Header）/数据组成。

1. IPv6 基本头

IPv6 基本头长度为 40B，包含 8 个字段，如图 5-30 所示。

图 5-30　IPv6 基本头格式

IPv6 基本头 8 个字段的作用如下。

（1）版本（Version），占 4 位，指明了协议的版本，IPv6 的该字段值是 6。

（2）通信量类（Traffic Class），占 8 位，用于区分不同的 IPv6 数据包的类别或优先级。目前正在进行不同的通信量类性能实验。

（3）流标记（Flow Label），占 20 位。IPv6 的一个新机制是支持资源预分配，并且允许路由器把每一个数据包与一个给定的资源分配相联系。IPv6 提出流（Flow）的抽象概念，即互联网上从特定源点到特定终点的一系列数据包（如实时音频或视频信息流），而在这个"流"所经过的路径上的路由器都要保证指明的服务质量。所有属于同一个流的数据包都具有相同的流标记，因此流标记对实时音频或视频信息流的传送特别有用。对于传统的电子邮件和非实时数据，流标记没有用处，将其置为 0 即可。

（4）有效载荷长度（Payload Length），占 16 位，用于指明 IPv6 数据包除基本头以外的字节数（所有扩展头都算在有效载荷之内）。这个字段的最大取值为 65535，有效载荷是 64 KB。

（5）下一个头（Next Header），占 8 位，相当于 IPv4 的协议字段或可选字段。当 IPv6 数据包没有扩展头时，下一个头字段的作用和 IPv4 的协议字段一样，它的值指出了基本头后面的数据应交付给 IP 上面的哪一种高层协议（如 6 或 17 分别表示应交付给 TCP 或 UDP）。当出现扩展头时，下一个头字段的值标识了后面第一个扩展头的类型。

（6）跳段限制（Hop Limit），占 8 位，用来防止数据包在网络中无限期地存在。源点在每个数据包发出时即设定某个跳段限制（最大为 255 跳）。每台路由器在转发数据包时，要先把跳段限制字段中的值减1。当跳段限制的值为 0 时，就要把这个数据包丢弃。

（7）源地址，占 128 位，即数据包的发送端的 IPv6 地址。

（8）目的地址，占 128 位，即数据包的接收端的 IPv6 地址。

2. IPv6 扩展头

IPv6 分组在基本头的后面允许有 0 个或多个扩展头，在其后面是数据部分。有多个可选扩展头的 IPv6 分组的一般格式如图 5-31 所示。

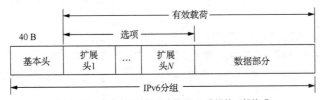

图 5-31　有多个可选扩展头的 IPv6 分组的一般格式

大家知道，IPv4 的数据包如果在其头中使用了选项，那么沿数据包传送的路径上的每一台路由器都必须对这些选项逐一进行检查，这就降低了路由器处理数据包的速率。然而，实际上很多选项在中途的路由器上是不需要检查的（因为不需要使用这些选项的信息）。IPv6 把原来 IPv4 头中选项的功能都放在扩展头中，并把扩展头留给路径两端的源点和终点的主机来处理，数据包途中经过的路由器不需要处理这些扩展头（只有一个头，即逐跳选项扩展头例外），这样就大大提高了路由器的处理效率。

5.14　IPv6 地址表示

IPv6 的主要改变之一就是地址的长度变成了 128bit，IPv6 地址空间的大小为 2^{128}（大于 3.4×10^{38}），这个地址数足够使如今的每个人拥有上千个 IPv6 地址。为了使 IPv6 地址的表示更加简洁，使用冒号十六进制法将其分割成 8 个 16bit 的数组，每个数组表示成 4 位十六进制数。IPv6 地址不区分字母大小写，可用大写或小写书写。其一般有 4 种文本表示形式，具体如下。

1. 首选的格式

把 128bit 划分成 8 组，每组 16bit，用十六进制表示，并使用冒号等间距分隔，如图 5-32 所示。例如，F00D:4598:7304:3210:FEDC:BA98:7654:3210。

2. 压缩格式

在某些 IPv6 地址的形式中，很可能包含长串的"0"。为了书写方便，可以允许"0"压缩，即一连串的 0 用一对冒号来取代。例如，地址 1080:0:0:0:8:8000:200C:417A 可以表示为 1080::8:8000:200C:417A。但要注意，为了避免出现地址表示得不清晰，一对冒号（::）在一个地址中只能出现一次。

3. 内嵌 IPv4 的 IPv6 地址

当涉及 IPv4 和 IPv6 的混合环境时，为了实现 IPv4 与 IPv6 互通，IPv4 地址会嵌入 IPv6 地址中，此时地址常表示为 $X:X:X:X:X:X:d.d.d.d$，前 96bit 采用冒号十六进制法表示，后 32bit 则使用 IPv4 的点分十进制法表示。例如，0:0:0:0:0:0:218.129.100.10，该地址还可以压缩格式表示为::218.129.100.10。

微课

微课 5.5

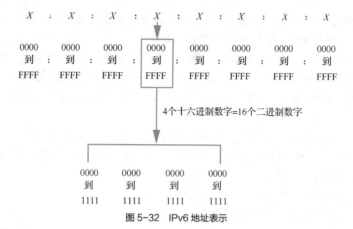

图 5-32 IPv6 地址表示

4. "地址/前缀长度"表示法

IPv6 还可以使用"地址/前缀长度"(Prefix Length)表示法进行表示,·其中"前缀长度"是一个十进制数,表示该地址的前多少位是地址前缀。例如,F00D:4598:7304:3210:FEDC:BA98:7654:3210,其地址前缀占 64 位,就可以表示为 F00D:4598:7304:3210:FEDC:BA98:7654:3210/64。当使用 Web 浏览器向一台 IPv6 设备发起 HTTP 连接时,必须将 IPv6 地址输入浏览器,且要用方括号将 IPv6 地址括起来。为什么呢?这是因为浏览器在指定端口号时,已经使用了一个冒号。因此,如果不用方括号将 IPv6 地址括起来,浏览器将无法识别哪个是 IPv6 地址,哪个是端口号。例如,在浏览器中输入 http://[2001:0db8: 3c4d:0012:0000:0000:1234:56ab]:80/default.html,其中的方括号内部是 IPv6 地址,外面的:80 是端口号。显然,如果可以,人们更愿意使用网站的域名来访问 Web 站点,所以在 IPv6 的网络中 DNS 显得尤为重要。

课堂同步

将地址 2001:0db8:4004:0010:0000:0000:6543:0ffd 写为压缩格式的 IPv6 地址。

学思素材

5.15 IPv6 地址类型

RFC 2373 中定义了 3 种 IPv6 地址类型,即单播(Unicast)地址、多播(Multicast)地址、任播(Anycast)地址。

1. 单播地址

单播地址是点对点通信时使用的地址,此地址仅标识一个接口,路由器负责把对单播地址发送的数据包传送到该接口上。单播地址的形式有全球单播地址(Global Unicast Address)、未指定地址(Unspecified Address)、环回地址(Loopback Address)等。IPv6 全球单播地址格式如图 5-33 所示。

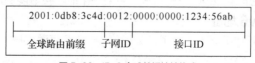

图 5-33 IPv6 全球单播地址格式

① 全球路由前缀（Global Routing Prefix）：典型的分层结构，由 ISP 组织，用来分配给站点（Site），站点是子网的集合。

② 子网 ID（Subnet ID）：站点内子网的标识符，由站点的管理员分层构建。

③ 接口 ID（Interface ID）：用来标识链路上的接口，在同一子网内是唯一的。

2. 多播地址

多播地址用于标识一组接口。当数据包的目的地址是多播地址时，路由器会尽量将其发送到该组的所有接口上。信源利用多播功能生成一次报文即可将其分发给多个接收者。多播地址以 11111111 或 FF 开头。

3. 任播地址

任播地址用于标识一组接口，它与多播地址的区别在于发送数据包的方法。向任播地址发送的数据包并未分发给组内的所有成员，而是发往该地址标识的"最近的"接口。任播地址从单播地址空间中分配，可使用单播地址的任何格式。因而，在语法上，任播地址与单播地址没有区别。当一个单播地址被分配给多于一个接口时，就将其转换为任播地址。被分配的具有任播地址的节点必须得到明确的配置，从而知道它是一个任播地址。

动手实践

配置 IPv6 地址

在图 5-34 所示的网络拓扑图中，根据规划的 IPv6 地址，在 PC 上配置 IPv6 地址，并使两台 PC 之间能相互连通。

动手实践
动手实践 22

2001:DB8:1:1::1/64   2001:DB8:1:1::2/64
网关：FE80::1   网关：FE80::1

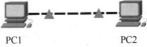

PC1   PC2

图 5-34　IPv6 地址配置网络拓扑图

（1）使用 Packet Tracer 构建网络拓扑图，在 PC1 的配置界面中，选择"Desktop"（桌面）选项卡，选择"IP Configuration"（IP 配置）选项。

（2）将"IPv6 Address"（IPv6 地址）设置为 2001:DB8:1:1::1，前缀为 64。

（3）将"IPv6 Gateway"（IPv6 网关）设置为本地链路地址 FE80::1。

（4）在 PC2 上重复步骤（1）～步骤（3），配置规划的 IPv6 地址。

（5）在 PC1 的命令提示符窗口中，使用 ping 2001:DB8:1:1::2 命令，测试两台 PC 能否 ping 通。

课后检测

一、填空题

1. IPv6 的地址空间为_____。

2. IPv6 有 3 种地址类型，分别是_____、_____和_____。

3. 采用压缩格式 0:0:0:0:0:0:0:0 等于_____，这是 IPv4 中 0.0.0.0 的等价物，当向 DHCP 服务器请求地址时，源地址就是 0:0:0:0:0:0:0:0。0:0:0:0:0:0:0:1 等于_____，这是 IPv4 中 127.0.0.1 的等价物。

二、选择题

1. 由 IPv4 升级到 IPv6，对 OSI 参考模型来说是对（　　　）进行了更改。

    A. 网络层   B. 数据链路层   C. 物理层   D. 应用层

2. 目前来看，下列关于 IPv4 的描述错误的是（　　　）。

    A. IPv4 地址空间即将耗尽   B. 路由表急剧膨胀

    C. 能够提供多样的服务质量   D. 网络安全令人担忧

3. 下列关于 IPv6 基本头中有效载荷长度字段的描述错误的是（　　　）。

    A. 字段长度为 16 bit

    B. 有效载荷长度不包含基本头的长度

    C. 一个 IPv6 数据包可以容纳 64 KB 数据

    D. 有效载荷长度包含基本头的长度

4. 下列（　　　）是错误的 IPv6 地址。

    A. ::FFFF   B. ::1   C. ::1:FFFF   D. ::1::FFFF

三、判断题

1. IPv6 地址没有广播地址。   （　　　）

2. IPv6 不再有分片操作。   （　　　）

四、简答题

从报文格式角度出发，比较 IPv4 和 IPv6 数据包格式。

五、重要词汇（英译汉）

1. Flow Label   （　　　　　　　　）

2. Payload   （　　　　　　　　）

3. Prefix Length   （　　　　　　　　）

4. Loopback Address   （　　　　　　　　）

主题 6　网络互联设备

学习目标

通过本主题的学习达到以下目标。

知识目标

- 理解路由器的组成及其基本组件。
- 掌握路由器的工作原理和路由表的内容。
- 掌握路由器的基本配置方式和管理方式。

技能目标

- 能够描述路由器的物理部件。
- 能够配置和管理路由器。

素质目标

- 通过分析路由器工作原理，告诉学生自觉遵守社会秩序的重要性，引导学生发扬中华民族谦恭礼让的传统美德。

课前评估

1. 通过前面的学习，我们知道路由器是一种_____两台或多台网络的硬件设备，在网络间起_____的作用，通过读取_____中的网络地址，并决定如何转发的专用智能网络设备。

2. 在数据传输过程中会用到 MAC 地址和 IP 地址两种地址。_____地址用于同一物理或逻辑网络设备间的通信，而_____用于多个网络的设备之间的通信，其中的一个重要操作是 ARP，即在知道下一跳 IP 地址的前提下，获取下一跳 MAC 地址。请分析 IP 数据包在跨网通信的过程中，IP 地址与 MAC 地址是如何发生变化的。

3. 回顾 IP 数据包的格式中各个字段的含义，路由器可以互联两个或多个独立的相同类型和不同类型的网络，当它收到一个 IP 分组的前 8 位是 01000010 时，会选择丢弃该分组，为什么？

4. 到网络实训室或借助 Internet 熟悉路由器的外部特征及其组件，如电源开关、管理端口、LAN 和 WAN 接口、指示灯、网络扩展槽、内存扩展槽和 USB 端口。图 5-35 所示为 Cisco 1941 Series 背板示意图，请识别该路由器的各个组成部分，并回答下列问题。

图 5-35　Cisco 1941 Series 背板示意图

（1）圈出并标记图中描绘的路由器的电源开关。

（2）圈出并标记管理端口。

（3）圈出并标记路由器的 LAN 接口。图中路由器有多少个 LAN 接口，接口的技术类型是什么？

（4）圈出并标记路由器的 WAN 接口。图中路由器有多少个 WAN 接口，接口的技术类型是什么？

5.16　路由器的基本概念

路由器是在不同网络之间传递分组的设备，工作在 OSI 参考模型中的网络层，利用网络层上定义的"逻辑"网络地址（即 IP 地址）来区分不同的网络。路由器用于互联两个或多个独立的相同类型和不同类型的网络，它能对不同网络或网段之间的数据信息进行"翻译"，使它们能够相互"读懂"对方的数据，从而构成一个更大的网络。通过路由器互联的广域网示例如图 5-36 所示。

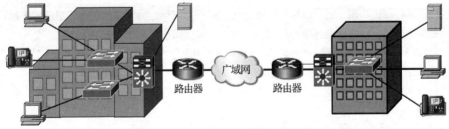

图 5-36　通过路由器互联的广域网示例

路由器主要完成两项工作，即"寻径"和"转发"。"寻径"是指建立和维护路由表的过程，主要由软件实现；"转发"是指把数据分组从一个接口传输到另一个接口的过程，主要由硬件实现。

5.17 路由器的组成部件

路由器是具有特殊功能的计算机，它的主要功能不是用来进行传统的文字和图像处理，而是进行路由计算和数据包的转发。路由器不仅具有和传统的计算机类似的体系结构，而且拥有与之相似的操作系统（Operating System，OS）。下面介绍路由器的结构。

5.17.1 硬件组成

路由器的硬件组成如图 5-37 所示。

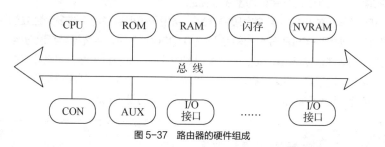

图 5-37 路由器的硬件组成

1. CPU

中央处理单元（Central Processing Unit，CPU）是路由器的控制和运算部件。

2. RAM

随机存储器（Random Access Memory，RAM）是路由器主要的存储部件。RAM 也称为工作存储器，包含动态的配置信息，用于存储临时的运算结果，如路由表、ARP 表、快速交换缓存、缓冲数据包、数据队列、当前配置文件等。

3. 闪存

闪存（Flash Memory）是可擦除、可编程的 ROM，用于存放路由器的操作系统，闪存的可擦除特性允许更新、升级操作系统而不用更换路由器内部的芯片。路由器断电后，闪存的内容不会丢失。当闪存容量较大时，就可以存放多个版本的操作系统。

4. NVRAM

非易失性 RAM（Non-volatile RAM，NVRAM）用于存放路由器的配置文件，路由器断电后，NVRAM 中的内容不会丢失。NVRAM 包含的是配置文件的备份。

5. ROM

只读存储器（Read-Only Memory，ROM）存储了路由器的开机诊断程序、引导程序和特殊版本的操作系统软件（用于诊断等），ROM 中的软件升级时需要更换芯片。

6. 接口

接口（Interface）用于网络连接，路由器就是通过这些接口和不同的网络进行连接的。路由器具有非常强大的网络连接和路由功能，它可以与各种各样的网络进行物理连接，这就决定了路由器的接口技术非常复杂，越是高档的路由器，所能连接的网络类型越多，其接口种类也就越多。

（1）附件接口（Attachment Unit Interface，AUI）用来与粗同轴电缆连接的接口，它是一种"D"型 15 针接口，在令牌环网或总线网络中比较常见。

（2）RJ-45 接口。RJ-45 接口是最常见的双绞线以太网接口。一般为两个，分别标为 Ethernet 0/0 和 Ethernet 0/1。

（3）CON 接口。CON 接口（本地配置接口）使用配置专用连线直接连接至计算机的串口，利用终端仿真程序（如 Windows 操作系统中的"超级终端"）进行路由器本地配置。路由器的 Console 接口多为 RJ-45 接口，但使用的线为反转线。

（4）AUX 接口用于路由器的远程配置连接。AUX 接口为异步接口，主要用于远程配置，也可用于拨号连接，还可通过收发器与调制解调器进行连接。设备制造商通常同时提供 AUX 接口与 Console 接口，因为它们的用途不一样。

（5）高速同步串口。在路由器的广域网连接中，应用最多的接口是高速同步串口。这种接口主要用于连接 DDN、帧中继（Frame Relay）、X.25、PSTN 等网络。在企业网之间有时也通过 DDN 或 X.25 等广域网连接技术进行专线连接。这种同步接口一般要求速率非常高，因为通过这种接口所连接的网络的两端都要求实时同步。

小贴士　　从上面的分析可知，路由器的网络接口有 3 种，分别是以太网、广域网和配置接口。对路由器来说，既然用于连接不同的网络，所有网络都理应被"平等对待"，那么区分以太网接口和广域网接口的意义不大。不过，在许多情况下，路由器被用来把一个"小网络"连接到一个大网络中，或把一个内部网络（采用 LAN 技术）接入（采用 WAN 技术）外部网络（或 Internet）中，在应用上存在一定的不对称性，所以保留了 LAN 接口和 WAN 接口的说法。

5.17.2　软件组成

1. 路由器操作系统

不同厂商的路由器操作系统不一样。例如，大部分思科路由器使用的是思科互联网操作系统（Internetwork Operating System，IOS）。IOS 配置通常是基于文本的命令行接口（Command Line Interface，CLI）进行的。

2. 配置文件

（1）启动配置文件（Startup-Configure）：也称为备份配置文件，被保存在 NVRAM 中，并且在路由器每次初始化时加载到内存中变成运行配置文件。

（2）运行配置文件（Running-Configure）：也称为活动配置文件，驻留在内存中。当通过路由器的命令行接口对路由器进行配置时，配置命令被实时添加到路由器的运行配置文件中并被立即执行。

5.18　路由器的工作原理

路由器是用来连接不同网段或网络的，它要确定通信的两台主机是否在同一网络中，而为了保证路由成功，路由器需要依靠路由表进行路由工作。

5.18.1　路由表

路由器将所有关于如何到达目的网络的最佳路径信息以数据库表的形式存储起来，这种专门用于存放路由信息的表被称为路由表（Routing Table）。路由器寻径的依据是传输路径上数据包经过的每台路由器中的路由表。路由表中的不同路由表项（Routing Entry）给出了到达不同目的网络所需要历经的路由器接口或下一跳（Next Hop）地址信息。路由表不包含从源网络到目的网络的完整路径信息，它只包含该传输路径中下一跳地址的相关信息。传输路径上所有中间路由器之间的路由信息都采用网络地址的形式，而不是特定主机的地址。只有在最终路由器的路由表中，目的地址才指向特定的主机而非某一网络。图 5-38 所示为通过 3 台路由器互联 4 个子网的示例。

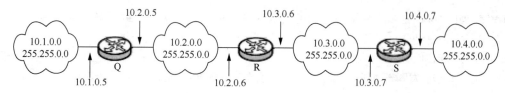

图 5-38　通过 3 台路由器互联 4 个子网的示例

> 路由表是指示数据包去往目的网络的前进表，表中主要有两项内容，一项是表示终点的目的网络，另一项是表示前进方向的"下一跳"地址信息。

表 5-11 所示为图 5-38 中路由器 R 的路由表。如果路由器 R 收到一个 IP 地址为 10.4.0.16 的 IP 数据包，那么它在进行路由选择时首先将该 IP 地址与路由表第一个表项的子网掩码 255.255.0.0 进行"与"操作。由于得到的操作结果 10.4.0.0 与本表项目的网络地址 10.2.0.0 不相同，说明路由选择不成功，需要对路由表的下一个表项进行相同的操作。当对路由表的最后一个表项进行查询操作时，IP 地址 10.4.0.16 与子网掩码 255.255.0.0 进行"与"操作的结果 10.4.0.0 同目的网络地址 10.4.0.0 一致，说明路由选择成功，于是路由器 R 将报文转发给该表项指定的下一路由器 10.3.0.7（即路由器 S）。当然，路由器 S 接收到该 IP 数据包后也需要按照自己的路由表决定该 IP 数据包的去向。

表 5-11　路由器 R 的路由表

子网掩码	目的网络地址	下一路由器
255.255.0.0	10.2.0.0	直接投递
255.255.0.0	10.3.0.0	直接投递
255.255.0.0	10.1.0.0	10.2.0.5
255.255.0.0	10.4.0.0	10.3.0.7

5.18.2　路由器的工作过程

对路由器而言，上述这种根据分组的目的网络地址查找路由表以获得最佳路径信息的功能被称为路由（Routing），而将从接收端口进来的数据帧按照输出端口所期望的帧格式重新进行封装并转发（Forwarding）出去的功能称为交换（Switching）。路由与交换是路由器的两大基本功能。

学思素材

> 在网络领域中，术语"交换"与"交换机"不止一重含义。单是交换机便有以太网交换机、帧中继交换机、三层交换机和多层交换机之分。在以太网技术领域中，交换是指根据目的 MAC 地址转发帧的行为；在电信领域中，交换则是在通话双方建立一条连接的行为；在路由选择领域中，交换则是在一台路由器上的两个接口之间转发数据包的过程。

路由器或主机将数据包封装（翻译）成适合链路传输的数据帧（以太网帧、PPP 帧等）后发送至链路上，当下一路由器接收到一个数据帧后会解封装此帧，得到源主机发送过来的数据包，根据数据包中的目的网络信息查找路由表，将数据包转发到能够到达目的网络的路由器的接口上后，再将数据包封装成适合下一条链路传输的数据帧后发送到链路上。在其他路由器上执行类似的过程，如此反复，最终将数据包从一台主机经路由器"逐跳"转发后到达目的主机。

路由器接收到数据帧后执行的动作有哪些？至少列举 3 个。

课堂同步

5.19 路由器的基本配置

以思科路由器为例来说明路由器的基本配置。

5.19.1 路由器的配置方法

对路由器进行配置，可以使用如图 5-39 所示的几种方法。

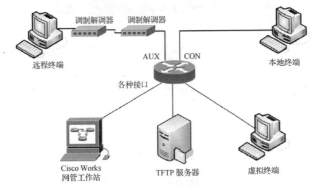

图 5-39 路由器的几种配置方法

1. 控制台接口

通过控制台接口（Console Port）直接对设备进行配置，设备连接方法如图 5-40 所示。

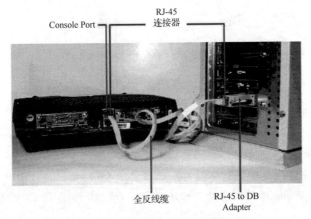

图 5-40 通过控制台接口直接对设备进行配置

2. 远程登录

可以通过远程登录（Telnet）程序对已设置 IP 地址的路由器进行远程配置。例如，如果路由器的 IP 地址被设置为 192.168.1.1，那么可以在 Windows 的命令提示符窗口中的命令提示符下输入"telnet 192.168.1.1"登录路由器。

此外，可以通过简易文件传送协议（Trivial File Transfer Protocol，TFTP）、基于 Web 页面、远程复制协议（Remote Copy Protocol，RCP）对路由器进行配置和管理。

5.19.2 路由器的工作模式

路由器主要有 3 种工作模式，即用户执行模式（User EXEC）、特权执行模式（Privileged EXEC）和全局配置模式（Global Configuration），这 3 种工作模式可以对路由器配置进行访问，同时赋予了一定的编辑路由器配置的功能，如图 5-41 所示。

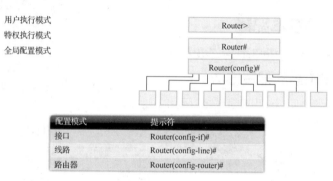

配置模式	提示符
接口	Router(config-if)#
线路	Router(config-line)#
路由器	Router(config-router)#

图 5-41 路由器的工作模式

路由器工作模式之间的相互转换如图 5-42 所示。

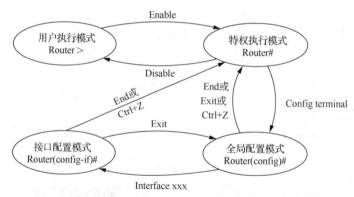

图 5-42 路由器工作模式之间的相互转换

动手实践

路由器基础配置

绘制如图 5-43 所示的网络拓扑图。主要任务如下：根据图 5-43 中规划的 IP 地址，在 PC 上完成 IP 地址等通信参数的基础配置；配置路由器接口 IP 地址和主机名；在 PC 上能 ping 通路由器接口的 IP 地址。

动手实践

动手实践 23

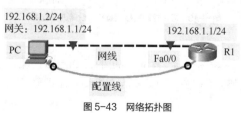

图 5-43 网络拓扑图

1. 与 R1 建立控制台连接

（1）从可用连接中选择控制台电缆。

（2）单击PC并选择RS-232。

（3）单击R1并选择控制台。

（4）单击PC，选择"Desktop"（桌面）选项卡，选择"Terminal"（终端）选项。

（5）单击"OK"按钮并按Enter键，开始配置R1。

2. R1 上的基础配置

（1）Router>	//用户执行模式
（2）Router>enable	//进入特权执行模式
（3）Router#	//特权执行模式
（4）Router#configure terminal	//进入全局配置模式
（5）Router(config)#	//全局配置模式
（6）Router(config)#hostname R1	//配置主机名为 R1
（7）R1(config)#interface fastEthernet 0/0	//选定路由器接口为 Fa0/0
（8）R1(config-if)#ip address 192.168.1.1 255.255.255.0	//配置路由器接口 IP 地址
（9）R1(config-if)#no shutdown	//激活接口
（10）R1(config-if)#end	//退回到特权执行模式
（11）R1#write	//保存配置

3. 验证路由器的配置

R1#show version	//查看路由器版本

从输出信息可知，该路由器的型号是_____，IOS镜像文件的名称是_____。

R1# show running-config	//查看当前配置文件信息

从输出信息可知，路由器的主机名是_____，该路由器有_____个快速以太网接口，有_____个吉比特以太网接口。

R1# show flash	//检查闪存的内容

从输出信息可知，闪存容量是_____，当前闪存已使用_____MB，IOS 映像的文件名是_____。

4. 与 R1 建立物理连接并配置 PC 的 IP 地址

（1）从可用连接中选择Copper Cross-over（铜缆交叉线）电缆。

（2）单击PC并选择FastEthernet0。

（3）单击R1并选择FastEthernet0/0。

（4）单击PC，选择"Desktop"（桌面）选项卡，选择"IP Configuration"（IP配置）选项，将"IPv4 Address"（IPv4 地址）设置为192.168.1.2，掩码设置为255.255.255.0，"Default-Gateway"（网关）设置为192.168.1.1。

（5）单击PC，选择"Desktop"（桌面）选项卡，选择"Command Prompt"选项，执行ping 192.168.1.1命令，观察结果能否ping通。

课后检测

一、填空题

1. 路由器的基本组件有_____、_____、_____、_____和_____。

2. 访问路由器的主要方法有_____和_____。

3. 路由表中存放着_____、_____和_____等内容。

二、选择题

1. 在 IPv4 环境中，路由器根据（　　）在不同的路由器接口之间转发数据包。

    A. 目的网络地址   B. 源网络地址

    C. 源 MAC 地址   D. 公认端口目的地址

2. OSI 参考模型第 3 层封装期间会添加（　　）。

    A. 源 MAC 地址和目的 MAC 地址

    B. 源应用程序协议和目的应用程序协议

    C. 源端口号和目的端口号

    D. 源 IP 地址和目的 IP 地址

3. 路由器使用网络层地址的（　　）转发数据包。

    A. 主机号   B. 广播地址   C. 网络号   D. 网关地址

4. 以下（　　）是路由表条目的组成部分。

    A. 路由器接口的 MAC 地址   B. 目的主机的端口号

    C. 目的主机的 MAC 地址   D. 下一跳地址

5. 图 5-44 中显示的所有设备均为出厂默认设置，其中具有（　　）个广播域。

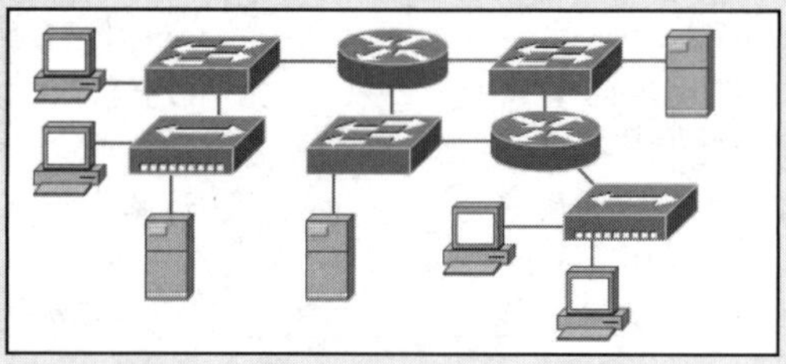

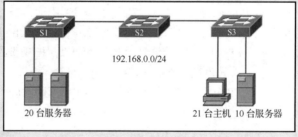

图 5-44　广播域

    A. 3   B. 4   C. 5   D. 7

6. 在图 5-45 中，网络管理员发现网络中存在过多广播流量。网络管理员采用（　　）两个步骤可以解决此问题。

图 5-45　隔离广播域

    A. 用一台路由器更换 S2   B. 将所有服务器连接到 S1

    C. 禁用 TCP/IP 广播   D. 对 192.168.0.0/24 网络划分子网

三、判断题

1. 路由器采用路由表是确定最优路径的依据。　　　　　　　　　　　　　　　（　　）

2. 在因特网中，IP 分组的传输需要经过中间路由器到达目的主机，通常中间路由器知道 IP 分组到达目的主机需要经过的完整路径。　　　　　　　　　　　　　　　　　　（　　）

3. 路由器转发分组的根据是报文的 IP 地址。　　　　　　　　　　　　　（　　）

四、简答题

简单描述路由器转发数据包的过程。

五、重要词汇（英译汉）

1. Random Access Memory 　　　　　　　　　　（　　　　　　　　　　　）
2. Flash Memory 　　　　　　　　　　（　　　　　　　　　　　）
3. Command Line Interface 　　　　　　　　　　（　　　　　　　　　　　）
4. Next Hop 　　　　　　　　　　（　　　　　　　　　　　）
5. Console Port 　　　　　　　　　　（　　　　　　　　　　　）

主题 7　静态路由配置

学习目标

通过本主题的学习达到以下目标。

知识目标

- ⊙ 理解静态路由的概念。
- ⊙ 掌握静态路由配置命令。
- ⊙ 掌握静态路由的优缺点和应用场合。

技能目标

- ⊙ 能够在小规模网络环境中配置静态路由。

素质目标

- ⊙ 通过对比静态路由算法和动态路由算法的优势及短板，告诉学生任何事物都有两面性，没有绝对的好坏，培养学生建立"对立统一"的思维。

课前评估

1. 路由器的路由表用于存放到达目的网络的路由信息，是＿＿＿＿＿＿数据包的依据。在现实生活中，当我们驱车到一个十字路口时，可以借助交警的手势或者北斗导航系统播报的信息，决定走哪个方向。路由器采用了类似的方法形成转发数据报的路由表，其路由信息的来源有 3 种，分别是＿＿＿＿＿、＿＿＿＿＿和＿＿＿＿＿。

2. 到达目标的路径可能不止一条，导航系统采用距离、时间、是否高速、是否拥堵等策略来选择走哪条路径，与此类似，路由器采用＿＿＿＿＿、＿＿＿＿＿、＿＿＿＿＿和＿＿＿＿＿等策略来决定最佳路径。

3. 作为对比，一辆车到达十字路口时，如果交警在岗且驾驶员开启了导航系统，则会按照交警的手势通过十字路口，这说明不同的导路方法具有不同的优先级。同理，若在路由器中同时运行了多种获取信息的协议，也只有其中的一种协议是最佳的，从路由信息来源上看，＿＿＿＿＿＿方法获取的路由信息是最佳的。

5.20　静态路由

本小节将详细介绍静态路由的概念、直连路由、静态路由配置命令、默认路由等内容。

5.20.1　静态路由的概念

静态路由（Static Routing）是指网络管理员根据所掌握的网络连通信息以手动配置方式创建的路由表表项，也称为非自适应路由。静态路由包括直连路由、手动配置静态路由和默认路由。只要网络管理员不进行修改，静态路由就不会改变，而当网络的拓扑结构或链路的状态发生变化时，需要网络管理员手动去修改路由表中的相关静态路由信息。静态路由信息在默认情况下是私有的，不会传递给其他的路由器。当然，网络管理员可以通过对路由器进行设置而使之成为共享的。

静态路由具有实现简单、可靠、开销较小、可控性强、网络安全和保密性高等优点，因此广泛用于安全性要求高的军事系统和较小的商业网络。静态路由的缺点是，配置静态路由要求网络管理员对网络的拓扑结构和网络状态有非常清晰的了解。另外，当网络拓扑结构或链路状态发生变化时，路由器中的静态路由信息需要进行大范围调整，且更新需要手动完成。所以，大型和复杂的网络环境通常不宜采用静态路由，静态路由适用于小而简单的网络，如出于安全考虑想隐藏网络的某些部分，或者网络管理员想控制数据转发路径等情况。在所有的路由中，静态路由的优先级最高。

5.20.2　直连路由

一旦定义了路由器的接口 IP 地址，并启用了此接口，路由器就自动产生并激活该接口 IP 地址所在网段的路由信息，即直连路由（Connected Routing），也称为接口路由。直连路由是由数据链路层协议发现的，不需要路由器通过某种算法计算获得，也不需要网络管理员维护，减少了维护工作，但不足的是，数据链路层只能发现接口所在的直连网段的路由，无法发现跨网段的路由。也就是说，路由器能"看清"自己"身边"的网络，但"远方"网络对路由器来说是未知的。

5.20.3　静态路由配置命令介绍

配置静态路由可以达到网络互通的目的，网络管理员可以通过使用 ip route 命令手动配置路由信息，配置步骤如下。

（1）在连接有网络的路由器接口上配置 IP 地址。

（2）确定每台路由器的直连网段路由信息。

（3）确定每台路由器的非直连网段（远程网络）的路由信息。

（4）在所有路由器上手动添加到达非直连网段的路由信息。

手动配置静态路由的命令格式如下。

```
router(config)#ip route 目的网络 子网掩码 下一跳地址/本地出接口
```

例如：

```
router(config)#ip route 192.168.10.0 255.255.255.0 172.16.10.1
```

要删除静态路由，只需要在命令的前面加上 no，例如：

```
router(config)#no ip route 192.168.10.0 255.255.255.0 172.16.10.1
```

下面是一个适合使用静态路由的实例。在图 5-46 所示的静态路由配置图中（图中的网络称为末节网络，这种类型的网络的特征是网络的边界只有一个出口），在路由器 A 上配置到达目的网络 172.16.1.0 的静态路由，采用的命令如下。

```
router(config)#ip route 172.16.1.0 255.255.255.0 172.16.2.1
```

或者

```
router(config)#ip route 172.16.1.0 255.255.255.0 serial 0
```

小贴士

配置静态路由时，若使用出接口方式，则仅用于点对点的链路（如串行线路），而不能用于像以太网这种多路访问的链路上，因为此时路由器不知道把数据报发往哪一台路由器，无法完成 ARP 的解析过程，从而不知道下一跳设备的 MAC 地址，自然也就不能完成数据链路层的数据封装。

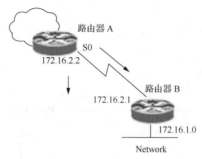

图 5-46　静态路由配置图

5.20.4　默认路由

默认路由（Default Routing）是在路由表中没有找到匹配的路由条目时使用的路由。因为默认路由不是路由器自动产生的，需要网络管理员人为设置，所以可以把它看作一条特殊的静态路由。默认路由在末节网络中应用得最多，大大简化了路由器的配置，减轻了网络管理员的负担，提高了网络的性能。

在路由表中，默认路由以 0.0.0.0/0（未知的目的网络或任何网络）的形式出现，它是在没有其他最佳路由时的最终选择。一般情况下，一台路由器只能指定一条默认路由。

配置默认路由的命令格式如下。

router(config)#ip route 0.0.0.0 0.0.0.0 下一跳地址/本地出接口

例如：

router(config)#ip route 0.0.0.0 0.0.0.0 172.16.10.1　　　//配置默认路由
router(config)#no ip route 0.0.0.0 0.0.0.0 172.16.10.1　　//删除默认路由

课堂同步

0.0.0.0/0 为什么可以代表任何网络？默认路由是路由表中可能最后才执行的一条路由，请解释原因。

动手实践

配置静态路由

在图5-47所示的静态路由配置拓扑图中，Internet路由器模拟因特网，Outside路由器是某组织的一台出口路由器，Inside路由器用于连接组织内部网络，配置静态路由确保组织内部网络连通和组织内部的主机能够访问Internet。

动手实践

动手实践24

1. 路由器基础配置

参考主题6动手实践——路由器基础配置，绘制图5-47所示的拓扑图，按其中规划的IP地址，在路由器Internet、Outside和Inside上分别完成主机名和接口IP地址的配置，并正确配置PC的IP地址。

2. 网络结构分析

由图5-47所示的拓扑图可知，共有＿＿＿＿＿＿＿＿个网络，直接连接到路由器Internet、Outside和Inside的网络数量分别是＿＿＿＿＿＿个、＿＿＿＿＿＿个和＿＿＿＿＿＿个。

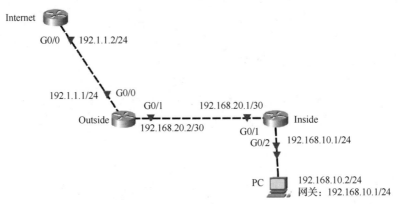

图 5-47　静态路由配置拓扑图

一般情况下，Internet路由器由ISP负责管理配置，不是用户操控的范围，因此不考虑其配置路由的情况。Outside路由器与Internet相连，是组织内部网络的唯一出口，并连接了组织内部网络。基于此，首先要考虑到达组织内部网络非直连网段＿＿＿＿＿＿的路由，其次要考虑出口路由器是不可能承载到达Internet的成千上万条路由信息的，因此需要在Outside路由器上配置一条到达Internet的＿＿＿＿＿＿路由。

为了确保组织内部终端PC能够访问Internet，在Inside路由器上需要一条指向Internet的＿＿＿＿＿＿路由。

3. 配置静态路由

（1）在Outside路由器上配置静态路由，具体命令如下。

```
Outside(config)# ip route 192.168.10.0 255.255.255.0 192.168.20.1
Outside(config)# ip route 0.0.0.0 0.0.0.0 192.1.1.2
```

小贴士　　在 Outside 路由器上配置静态路由时，可以想象为用户站在 Outside 路由器的内部，如果用户要去 Internet，则该向哪儿走呢？显然是斜向上走，下一跳指的是 Internet 路由器的 G0/0 接口，其 IP 地址是 192.1.1.2。如果用户前往组织内部网络，则该向哪儿走呢？显然是向右走，下一跳是 Inside 路由器的 G0/1 接口，其 IP 地址是 192.168.20.1。

（2）在Inside路由器上配置静态路由，具体如下。

```
Outside(config)# ip route 0.0.0.0 0.0.0.0 192.168.20.2
```

4. 配置结果验证

在Outside路由器上，使用ping 192.168.10.2命令，观察能否ping通；在PC上使用ping 192.1.1.1命令，观察能否ping通。

课后检测

一、填空题

1. 静态路由的主要优点是_____、_____、_____和_____等。

2. 配置静态路由的命令为_____。

二、选择题

1. 以下关于静态路由的说法正确的是（　　）。

    A. 静态路由都是由网络管理员手动配置的，比较简单，开销比较小

    B. 主机 A 与主机 B 之间有两条链路可达，管理员选择其中之一配置了静态路由，当这条链路出现故障时，路由器可自动选择另外一条链路完成报文转发

    C. 静态路由具有双向性，只需要配置一个方向即可实现互通

    D. 静态路由的特例是默认路由，它常用在末节网络中

2. 关于静态路由的说法不正确的是（　　）。

    A. 无须人工干预　　　　　　　　　　B. 节约带宽

    C. 适用于小规模网络　　　　　　　　D. 暴露网络拓扑

3. 下列关于推荐使用静态路由场合的说法错误的是（　　）。

    A. 为了提高网络的安全性

    B. 为了节省广域网的带宽

    C. 当只有一条到达目标设备的路径时

    D. 任何时候都不推荐使用静态路由选择

4. 默认路由的作用是（　　）。

    A. 提供优于动态路由协议的路由

    B. 给本地网络服务器提供路由

    C. 从 ISP 提供路由到一个末节网络

    D. 提供路由到一个目的地，这个目的地在本地网络之外，且在路由表中没有其明细路由

三、判断题

1. 静态路由和直连路由的配置相同。　　　　　　　　　　　　　　　　（　　）

2. 出于安全的考虑，若想隐藏网络的某些部分，则可以使用静态路由。　（　　）

3. 在一个小而简单的网络中，常使用静态路由，因为配置静态路由的过程更为简洁。

　　　　　　　　　　　　　　　　　　　　　　　　　　　　　　　　　（　　）

四、简答题

1. 简述静态路由的缺点。

2. 写出配置默认路由的命令。

五、重要词汇（英译汉）

1. Static Routing　　　　　　　　　　（　　　　　　　　）

2. Connected Routing　　　　　　　　（　　　　　　　　）

3. Default Routing　　　　　　　　　（　　　　　　　　）

学习目标

通过本主题的学习达到以下目标。

知识目标

- 了解动态路由协议的概念和工作过程。
- 了解动态路由协议的度量值及其分类。
- 了解 RIP 的特点及其应用场合。
- 掌握 OSPF 协议的工作过程及其应用场合。

技能目标

- 能够配置 OSPF 协议。

素质目标

- 通过分析 OSPF 协议的工作过程，明确 OSPF 路由器间需要妥善维持"邻居"关系、主动发布已知信息、相互协作才能实现全网互通，培养学生友善、互助、协作的处事准则。

课前评估

1. 静态路由要求网络管理员对整个网络的拓扑结构有深入的了解，因其是静态的，除非网络管理员干预，否则不会发生变化，所以网络安全保密性相对较高。那么，静态路由是不是只能用于小规模网络环境中呢？大规模网络环境中不能使用静态路由吗？静态路由只能手动生成吗？请举例说明。

2. 路由器在路由过程中要根据特定条件对路径进行合理选择，在确定最佳路径的过程中，核心参考要素是路由表。路由器会在众多路径中衡量路径的满意程度、评估路径开销、预计传输所需时间等，从而选择出一条最佳路径。那么，是否存在一条绝对的最佳路径呢？

5.21 动态路由协议概述

动态路由协议（Dynamic Routing Protocol）是路由器用来动态交换路由信息生成路由表的协议。通过在路由器上运行路由协议，并进行相应的路由协议配置，可保证路由器自动生成并动态维护有关路由信息，如图 5-48 所示。使用动态路由协议构建的路由表不仅能较好地适应网络状态的变化，如网络拓扑和网络流量的变化，还能减少人工生成与维护路由表的工作量。大型网络或网络状态

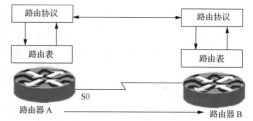

图 5-48　路由信息交换过程

变化频繁的网络通常会采用动态路由协议。但动态路由协议的开销较大，其开销一方面来自运行路由协议的路由器交换路由更新信息所消耗的网络带宽资源；另一方面来自处理路由更新信息、计算最佳路径所占用的路由器本地资源，包括路由器的 CPU 与存储资源（Storage Resource）。

5.21.1　动态路由协议的度量值

交换路由信息的最终目的在于通过路由表找到一条数据交换的"最佳"路径。例如，在图 5-49 中计算机 A 要访问计算机 B，可选择的路径有两条：一条是走以 56kbit/s 速率连接的通道；另一条是走以 E1

速率（2.048Mbit/s）连接的通道。那么这两条路径中哪一条比较有效呢？从距离上说，两条路径是一样的；从速率上说，应选择后者。

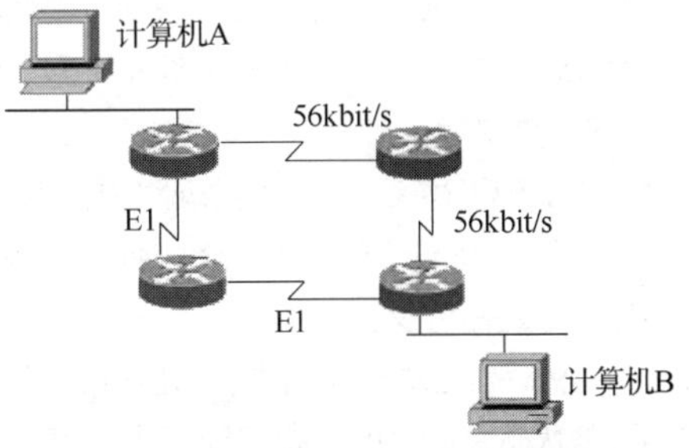

每一种路由算法都有其衡量"最佳"路径的标准。大多数动态路由算法使用一个度量值（Metric）来衡量路径的优劣，一般来说，度量值越小，路径越好。该度量值可以通过路径的某些特性进行综合评价，也可以以个别参数特性进行单一评价。动态路由协议度量值的几个比较常用的特征如下。

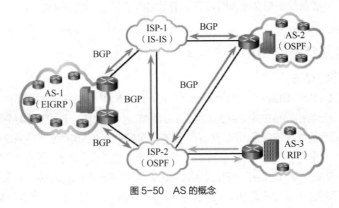
图 5-49　动态路由中"最佳"路由选择

（1）跳段计数（Hop Count）：IP 数据包到达目的地必须经过的路由器台数。

（2）带宽（Bandwidth）：链路的数据传输能力。

（3）时延：将数据从源端传送到目的地所需的时间。

（4）负载（Load）：网络中（如路由器或链路中）信息流的活动数，如 CPU 使用情况和每秒处理的分组数。

（5）可靠性（Reliability）：数据传输过程中的差错率。

（6）MTU：路由器端口所能处理的、以字节为单位的包的最大尺寸。

（7）开销（Cost）：一个变化的数值，通常可以根据建设费用、维护费用、使用费用等因素由网络管理员指定。

目前，网络中存在多种动态路由协议。虽然所有动态路由协议的作用都是为互联网中的每一台路由器找出通往互联网的最短路径，但是不同动态路由协议对最短路径的定义、对路由的消息格式和内容的约定等都是不同的。对于特定的动态路由协议，计算路由的度量值并不一定使用全部参数，而是有的使用一个参数，有的使用多个参数。例如，后面要介绍的路由信息协议（Routing Information Protocol，RIP）只使用跳段计数作为路由的度量值，而开放最短通路优先（Open Shortest Path First，OSPF）协议会使用接口的带宽作为路由的度量值。

5.21.2　动态路由协议的分类

动态路由协议按照作用范围和目标的不同，可以被分成内部网关协议（Interior Gateway Protocol，IGP）和外部网关协议（Exterior Gateway Protocol，EGP）。要了解 IGP 和 EGP 的概念，应该首先了解自治系统（Autonomous System，AS）的概念。AS 是共享同一路由选择策略的路由器集合，也称为路由域，如图 5-50 所示。AS 的典型示例是公司的内部网络和 ISP 的网络。

图 5-50　AS 的概念

由于互联网基于 AS，因此需要以下两种路由协议。

（1）IGP，在 AS 中实现路由，也称为 AS 内路由。公司、组织甚至互联网服务提供商都在各自的内部网络上使用 IGP。IGP 包括 RIP、增强型内部网关路由协议（Enhanced Interior Gateway Routing Protocol，EIGRP）、OSPF 协议和中间系统到中间系统（Intermediate System to Intermediate System，IS-IS）协议等。

（2）EGP，在 AS 间实现路由，也称为 AS 间路由。互联网服务提供商和大型企业可以使用 EGP 实现互联。边界网关协议（Border Gateway Protocol，BGP）是目前唯一可行的 EGP，也是互联网使用的官方路由协议。

另外，根据动态路由协议所执行的算法，动态路由协议一般分为两类：距离矢量路由协议（如 RIP 等）和链路状态路由协议（如 OSPF 协议等）。

5.21.3 距离矢量路由协议

RIP 最初是基于距离矢量算法（Distance Vector Algorithm）为 Xerox 网络系统 Xerox PARC 通用协议而设计的，即路由器根据距离选择路由，所以也称为距离矢量路由协议。距离矢量路由算法源于 1969 年的 ARPANET，是由贝尔曼-福特（Bellman-Ford）提出的，故也称为贝尔曼-福特算法。其基本思想是路由器周期性（Periodicity）地向相邻路由器广播自己知道的路由信息，用于通知相邻路由器自己可到达的网络和到达该网络的距离，相邻路由器可以根据收到的路由信息修改和刷新自己的路由表。运行距离矢量路由协议的路由器向它的"邻居"通告路由信息时包含两项内容，一项是距离（指分组经历的路由器跳数）；另一项是方向（指从下一跳路由器的哪一个接口转发），距离矢量图解如图 5-51 所示。在图 5-51 中，路由器 R1 知道到达网络 172.16.3.0/24 的距离是 1 跳，方向是从接口 S0/0/0 到路由器 R2。RIP 路由器使用广播（使用的 IP 地址为 255.255.255.255）方式在相邻路由器之间每隔 30s 交换一次路由信息，允许的最大跳数是 16，因此 RIP 适用于小规模的网络。

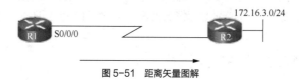

图 5-51　距离矢量图解

使用距离矢量路由协议的路由器并不了解到达目的网络的整条路径，距离矢量路由协议将路由器作为通往最终目的地路径上的路标，这就好比在高速公路上驾驶汽车，驾驶员仅根据高速公路前方的指示路牌了解下一站是哪里。

5.21.4 链路状态路由协议

1. 链路状态路由算法

链路状态路由算法（Link State Routing Algorithm）的基本思想是每台路由器周期性地向其他路由器广播自己与相邻路由器的连接关系，如链路类型、IP 地址、子网掩码、带宽、延迟、可靠性等，从而使网络中的各路由器能获取"远方"网络的链路状态信息，使各路由器都可以得出一张互联网拓扑图。利用互联网拓扑图和迪杰斯特拉（Dijkstra）提出的最短通路优先（Shortest Path First，SPF）算法，路由器就可以计算出自己到达各个网络的最短路径。此算法使用每条路径从源到目的地的累计开销来确定路由的总开销，如图 5-52 所示，每条路径都标有一个独立的开销值，路由器 R2 发送数据包至连接到路由器 R3 的 LAN 的最短路径的开销是 27。每台路由器会自行确定通向拓扑图中每个目的地的开销。换句话说，每台路由器都会站在自己的角度计算 SPF 算法并确定开销。

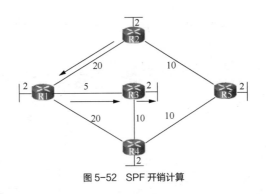

图 5-52　SPF 开销计算

小贴士

　　RIP 只能在相邻路由器之间交换路由信息，无法知道全网的网络拓扑结构，类似只能通过公路旁边的"路标"指示了解下一站在哪里。OSPF 协议则采用了完全不同的策略，路由器将自己所知的链路状态信息广播出去，收到该信息的路由器也会将此信息广播出去，确保其他所有路由器都能收到，所以运行 OSPF 协议的路由器知道全网的网络拓扑结构，这好比通过"地图"查阅下一站在哪里。

2. 链路状态路由协议的度量

　　在 OSPF 协议中，最短路径树的树干长度，即 OSPF 路由器至每一台目的路由器的距离，称为 OSPF 协议的开销，其算法为开销=1×10^8/链路带宽。这里，链路带宽以单位 bit/s 来表示。也就是说，OSPF 协议的开销与链路的带宽成反比，带宽越高，开销越小，OSPF 协议到目的网络的距离越近。例如，100Mbit/s 或快速以太网的开销为 1（1×10^8/（$100\times1000\times1000$）），E1 串行链路的开销为 48（1×10^8/（$2.048\times1000\times1000$）），10Mbit/s 以太网的开销为 10 等。

课堂同步

　　（1）64kbit/s 串行链路的开销为（　　　）。
　　（2）讨论：OSPF 协议在工作过程中是如何体现"分布式"精神的？

3. OSPF 协议的优点

　　与 RIP 相比，OSPF 协议的优点非常突出，并在越来越多的网络中取代 RIP 成为首选的路由协议。OSPF 协议的优点主要表现在以下 4 个方面。

　　（1）协议的收敛时间短。当网络状态发生变化时，执行 OSPF 协议的路由器之间能够很快重新建立起一个全网一致的关于网络链路状态的数据库，能快速适应网络变化。

　　（2）不存在路由环路。OSPF 路由器中的最佳路径信息是对路由器中的拓扑数据库（Topological Database）运用 SPF 算法得到的。通过运用该算法，会在路由器上得到一棵没有环路的 SPF 树，从该树中所提取的最佳路径信息可避免路由环路出现。

　　（3）节省网络链路带宽。OSPF 协议不像 RIP 那样使用广播发送路由更新信息，而是使用多播技术发布路由更新信息，并且只是发送有变化的链路状态更新信息。

　　（4）网络的可扩展性强。首先，在 OSPF 协议的网络环境中，对数据包所经过的路由器数目（即跳数）没有进行限制。其次，OSPF 协议为不同规模的网络分别提供了单域（Single Area）和多域（Multiple Area）两种配置模式，前者适用于小型网络。而在中型和大型网络中，网络管理员可以通过良好的层次化结构管理方式设计将一个较大的 OSPF 网络划分成多个相对较小且较易管理的区域。单域 OSPF 与多域 OSPF 的示意图如图 5-53 所示。

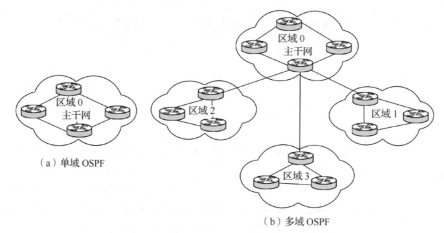

（a）单域 OSPF

（b）多域 OSPF

图 5-53 单域 OSPF 与多域 OSPF 的示意图

5.21.5 管理距离

考虑一个问题：一台路由器上同时运行了 RIP 和 OSPF 协议，这两种路由协议都通过更新得到了有关某一网络的路由，但下一跳地址是不一样的，路由器会如何转发数据包？读者可能想通过路由度量值进行衡量，这是不对的。只有在同种路由协议下，才能以度量值来进行比较。例如，在 RIP 中，只通过跳数来作为度量值的标准，跳数越少，也就是度量值的值越小，认为这条路径越好。而在不同的协议中，计算标准是不同的，

学思素材

如在 OSPF 协议中，并不是简单地用跳数进行衡量的，而是用带宽来计算度量值的，所以不同协议的度量值没有可比性，就如同问 1 kg 和 13 cm 哪个大一样，没有意义。

管理距离（Administrative Distance，AD）是路由器用来评价路由信息可信度（最可信意味着最佳）的指标。每种路由协议都有一个默认的管理距离。管理距离越小，协议的可信度越高，相当于这种路由协议学习到的路由最佳。为了使人工配置的路由（静态路由）和动态路由协议发现的路由处在同等的可比原则下，静态路由也有默认管理距离，参见表 5-12。默认管理距离的设置原则如下：人工配置的路由优于路由协议动态学习到的路由；算法复杂的路由协议优于算法简单的路由协议。从表 5-12 中可以看到，RIP 和 OSPF 协议的管理距离分别是 120m 和 110m。如果在路由器上同时运行这两种协议，则路由表中只会出现运行 OSPF 协议的路由条目。因为 OSPF 协议的管理距离比 RIP 的小，因此 OSPF 协议发现的路由更可信。路由器只使用最可靠协议的最佳路由。虽然路由表中没有出现 RIP 的路由，但这并不意味着 RIP 没有运行，它仍然在运行，只是它发现的路由在与 OSPF 协议发现的路由相比较后被淘汰了。

表 5-12 默认管理距离

路由来源	管理距离/m
直连路由	0
静态路由	1
OSPF 协议	110
IS-IS 协议	115
RIP	120
未知（不可信路由）	255（不被用来传输数据流）

动手实践

动态路由配置

在图5-54所示的OSPF动态路由网络拓扑图中，使用OSPF协议使PC1和PC2之间能相互连通。

1. 建立网络并配置设备的基本设置

（1）建立如图5-54所示的网络拓扑图。

（2）为图5-54中的每台路由器配置接口IP地址和主机名。

（3）配置主机PC1和PC2的IP地址。

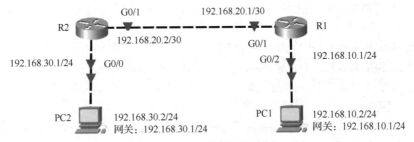

图 5-54　OSPF 动态路由网络拓扑图

2. 配置并验证 OSPF 路由

（1）在R1上，在全局配置模式下使用router ospf命令启用OSPF，具体配置如下。

R1(config)# router ospf 1　　//OSPF 进程 ID 具有本地意义，对网络中的其他路由器没有任何意义

（2）使用network语句为R1上的网络配置网络地址，区域ID为0，具体配置如下。

R1(config-router)# network 192.168.10.0 0.0.0.255 area 0　/*网络地址 192.168.10.0 后是通配符掩码，计算通配符掩码最简单的方法是用 255.255.255.255 减去网络子网掩码*/

R1(config-router)# network 192.168.20.0 0.0.0.3 area 0

（3）在R2上，重复执行步骤（1）和步骤（2），注意network语句后的网络号为192.168.20.0和192.168.30.0。

（4）在PC1上使用ping 192.168.30.2命令，观察两台PC能否ping通。

课后检测

一、填空题

1. 用度量值衡量路径的优劣时，常用的基本特征有_____、_____、_____和_____。

2. RIP 使用_____算法，OSPF 协议使用_____算法。

3. OSPF 协议的优先级比 RIP 的优先级_____。

二、选择题

1. 下列选项中（　　）不属于路由选择协议的功能。

A. 获取网络拓扑结构的信息　　　　　　B. 选择到达每个目的网络的最佳路由

C. 构建路由表　　　　　　　　　　　　D. 发现下一跳物理地址

2. 动态路由选择和静态路由选择的主要区别是（　　）。

 A. 动态路由选择需要维护整个网络的拓扑结构信息，而静态路由选择只需要维护部分网络的拓扑结构信息

 B. 动态路由选择可随网络的通信量和拓扑变化进行自适应的调整，而静态路由选择需要手动调整相关的路由信息

 C. 动态路由选择简单且开销小，静态路由选择复杂且开销大

 D. 动态路由选择使用路由表，静态路由选择不使用路由表

3. 在路由器上可以配置 3 种路由，即静态路由、动态路由和默认路由。一般情况下，路由器查找路由的顺序为（　　）。

 A. 静态路由、动态路由、默认路由　　　　B. 动态路由、默认路由、静态路由

 C. 静态路由、默认路由、动态路由　　　　D. 默认路由、静态路由、动态路由

4. 关于 OSPF 协议和 RIP，下列（　　）说法是正确的。

 A. OSPF 协议和 RIP 都适合在规模庞大的、动态的互联网上使用

 B. OSPF 协议和 RIP 比较适合在小型的、静态的互联网上使用

 C. OSPF 协议适合在小型的、静态的互联网上使用，而 RIP 适合在大型的、动态的互联网上使用

 D. OSPF 协议适合在大型的互联网上使用，而 RIP 适合在小型的互联网上使用

5. 关于链路状态路由协议的描述中错误的是（　　）。

 A. 仅相邻路由器需要交换各自的路由表　　B. 全网路由器的拓扑数据库是一致的

 C. 采用泛洪技术更新链路变化信息　　　　D. 具有快速收敛的优点

三、判断题

1. OSPF 协议和 RIP 都是链路状态路由协议。　　　　　　　　　　　　　　　　（　　）

2. 在 RIP 中，计算度量值的参数是"带宽"。　　　　　　　　　　　　　　　　（　　）

3. 在复杂网络环境中，一般会使用动态路由协议来生成动态路由。　　　　　　　（　　）

4. 动态路由协议 RIP 和 OSPF 需要认识整个网络拓扑来决定最佳路径。　　　　（　　）

四、简答题

1. 简述动态路由的工作过程。

2. 简述 OSPF 协议的优点。

3. 如图 5-55 所示，网络中已使用 OSPF 协议。OSPF 协议将会选择哪条路径将数据包从网络 A 发送至网络 B？

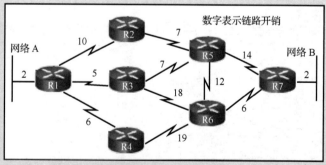

图 5-55　OSPF 协议网络

五、重要词汇（英译汉）

1. Dynamic Routing Protocol　　　　　　　　　　　　　　　　（　　　　　　　　　　　　）

2. Exterior Gateway Protocol　　　　　（　　　　　　　　　　）
3. Autonomous System　　　　　　　　（　　　　　　　　　　）
4. Routing Information Protocol　　　　（　　　　　　　　　　）
5. Open Shortest Path First　　　　　　（　　　　　　　　　　）
6. Interior Gateway Protocol　　　　　（　　　　　　　　　　）

拓展提高

互联网寻址、路由体系面临的挑战

TCP/IP 互联网从实验室诞生至今，发展速度远远超出人们的想象，在短短半个世纪的时间里就发展成为全球最重要的信息网络基础设施，极大地促进了人类文明的进步，根本地改变了人类生活的面貌。可以说，互联网的最大意义是它在真实的物理空间之外构建了一个虚拟的数字空间，这是以往任何技术和发明都无法做到的。这个空间既不是物理世界的缩影，又不是物理世界的模拟。

互联网越成功，人们对其的依赖性越强，TCP/IP 所代表的互联网体系结构、组网方式和协议标准面临的挑战就越大。目前 TCP/IP 已经变成一个庞大的协议栈，常用的协议就有近 100 种，尤其是针对协议栈中发挥关键作用的网络层进行了许多修订和增补。

通过不断"打补丁"的办法来完善 IPv4，但是 IPv4 框架一直没有发生根本性的改变。当互联网规模发展到一定程度时，局部的修改已无济于事，人们不得不研究一种新的网络层协议 IPv6，如图 5-56 所示。

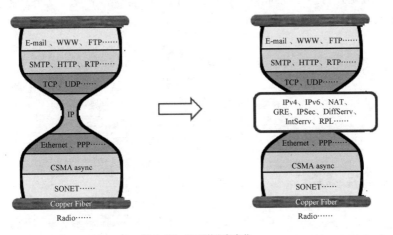

图 5-56　IP 重载和复杂化

请读者围绕网络层的基本功能——寻址和路由，认真梳理 IP 地址、路由技术的发展背景与发展阶段，探究当前在实际网络中使用 IPv6 地址体系和采用"自治系统与分层路由"的必要性，并说明从中得到的启示。

建议：本部分内容课堂教学为 1 学时（45 分钟）。

电子活页

拓展提高 5

模块6

续写网络美丽篇章——
Internet的应用

学习情景

　　计算机网络的本质活动是实现分布在不同地理位置的主机之间的进程通信，进而实现应用层的各种网络应用服务。Internet能够飞速发展的重要原因是提供了丰富多样、使用便捷的网络应用服务。将本书模块3到模块5实现的技术综合起来，可以描述如下：实现了本地主机经过互联网到远端主机之间的数据传输。这既是计算机网络的功能定位，又是在计算机网络体系结构中的定位。如何把在主机中运行的网络应用程序（网络进程）所产生的数据（通过互联网）可靠地传输到远端主机对应的网络进程呢？这就是本模块所要探讨的问题。

学习提示

　　本模块的思维导图如图6-1所示，包含传输层概述、传输层协议、搭建网络应用平台和网络资源共享服务4个主题，围绕可靠的数据传输这一任务，将计算机网络从数据通信层拓展到资源应用层，讨论传输层实现的基本工作任务、网络应用系统与应用层协议的实现方法。

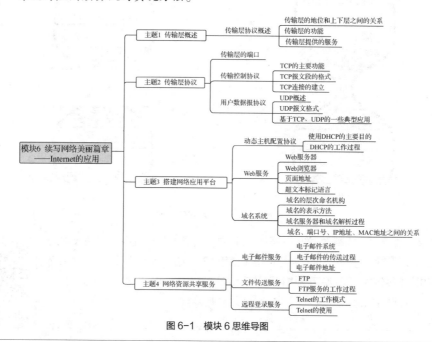

图6-1　模块6思维导图

学习目标

通过本主题的学习达到以下目标。

知识目标

- ⊙ 了解传输层在 OSI 参考模型中的地位。
- ⊙ 掌握传输层的功能及其提供的服务。

技能目标

- ⊙ 能使用网络命令查看网络连接状态。

素质目标

- ⊙ 通过对面向连接和无连接概念的介绍，明确这两种思维方式只有在特定年代、特定场合下有其存在的原因，引导学生树立正确的发展观。

课前评估

在现实生活中，人们都有过寄快递的生活经历。快递员通常根据收件人地址向目的地投递包裹，包裹到达目的地以后，根据收件人的信息，将包裹交给收件人，如图 6-2 所示。互联网上信息的传输过程也采用了类似的处理方式，当数据从源主机被传送到目的主机后，还需要交给不同的应用程序进行处理，这是传输层需要解决的问题。我们已经知道 TCP/IP 模型的传输层上有两种协议，分别是＿＿＿＿＿＿和＿＿＿＿＿＿，它们分别提供＿＿＿＿＿＿服务和＿＿＿＿＿＿服务，类似邮政通信系统中的平信服务和挂号信服务。

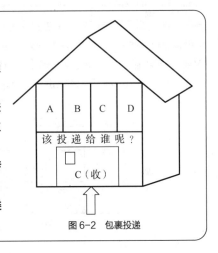

图 6-2 包裹投递

6.1 传输层协议概述

网络层涉及"主机到主机"的通信范围，但主机间的通信并不是最后的结果，产生和消耗数据的并不是主机，而是某项网络应用，真正需要通信的是主机中的应用进程（Application Process）。传输层是 TCP/IP 栈的关键层，主要为两台主机中进程之间的通信提供服务。由于一台主机可以同时运行多个进程，如可以同时运行 QQ、微信等，因此传输层应具有复用和分用功能。传输层在主机之间提供透明的数据传输，向上层提供可靠的数据传输服务，其可靠性是通过流量控制、分段/重组和差错控制等措施来保证的。另外，传输层上有一些协议是面向连接的，这就意味着传输层能保持对分段的跟踪，并且重新传输那些失败的分段，这也确保了主机之上的数据传输服务的可靠性。

6.1.1 传输层的地位和上下层之间的关系

传输层的地位如图 6-3 所示。

传输层是整个网络体系结构中的关键，屏蔽了底层通信子网的实现细节（如采用的网络拓扑结构、协议和技术等）。传输层使应用进程"看见"的好像是两个传输实体之间有一条端到端的逻辑通信信道。因此，从通信和信息处理的角度看，传输层是负责网络数据传输的高层，同时是负责主机之间的数据传送的最底层，是通信子网和资源子网的"分水岭"，起到了承上启下的作用。

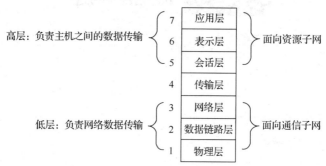

高层：负责主机之间的数据传输

7 应用层
6 表示层 } 面向资源子网
5 会话层

4 传输层

低层：负责网络数据传输

3 网络层
2 数据链路层 } 面向通信子网
1 物理层

图6-3　传输层的地位

6.1.2　传输层的功能

微课
微课 6.1

从功能实现上看，传输层和网络层之间的区别还是很大的。对于网络层，通信的两端是主机，用 IP 地址标识两台主机的网络连接（逻辑连接），并且可以把数据包传输到目的主机，但该数据包还是停留在主机的网络层，而没有交给主机的应用进程。对于传输层，通信的真正端点应该是主机中的应用进程，端到端（End-to-End）通信就是应用进程之间的通信。如图 6-4 所示，在用户终端的浏览器上远程访问一台 Web 服务器，因为浏览器和 Web 服务器都是在物理终端设备上运行的应用软件，所以用户终端浏览器和 Web 服务器的通信过程实际上就是两个应用进程（浏览器进程和 Web 服务器进程）之间的交互过程。传输层的主要功能如下。

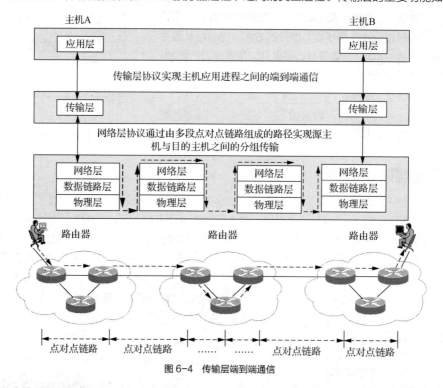

图6-4　传输层端到端通信

1. 分割与重组数据

大多数网络对单个数据包能承载的数据量有限制，因此要将应用层的报文（Message）分割成若干子报文并封装为段（Segment）或数据报。

2. 按端口号寻址

为了将主机上的数据流传输到适当的应用程序，传输层必须使用标识符来标识应用层上的不同进程，此标识符称为端口号。因此，在两个应用进程开始通信之前，不仅要知道对方的 IP 地址，还要知道对方的端口号。

3. 跟踪各个会话

在传输层中，源端应用程序和目的端应用程序之间传输的特定数据集合称为会话。每个应用程序都可与一台或多台远程主机上的一个或多个应用程序通信。传输层负责维护并跟踪这些会话，完成端到端通信链路的建立、维护和管理。

4. 差错控制和流量控制

传输层要向应用层提供可靠的通信服务，避免报文出现出错、丢失、延迟、重复、乱序等现象。TCP、UDP 同为传输层协议，TCP 提供的是一种可靠的服务，UDP 提供的是一种不可靠的服务，但这里为什么说传输层要向应用层提供可靠的通信服务呢？请读者思考。

> 传输层需要弥补网络层在技术、设计等方面的缺陷。造成网络中数据传输不可靠的主要原因是网络拥塞，所以传输层要有"调控网络"的功能，但是传输层在端计算机内，端计算机是无法控制中间的网络设备的。如何做到"网络调控"呢？在网络拥塞时，主机"改变自我"恰恰是解决问题的关键，如同生活中我们常说的一句话："你改变不了外部环境，只能改变自己。"

6.1.3 传输层提供的服务

传输层主要提供两种服务：一种是面向连接的服务（Connection-Oriented Service），它是一种可靠的服务，由 TCP 实现；另一种是无连接的服务（Connectionless Service），它是一种不可靠的服务，由 UDP 实现。

1. 面向连接的服务

（1）在服务进行之前，必须先建立一条逻辑链路，再进行数据传输，传输完毕后，再释放连接。在数据传输过程中，好像一直占用了一条逻辑链路。这条逻辑链路就像一个管道，发送方在一端放入数据，接收方从另一端取出数据，如图 6-5 所示。

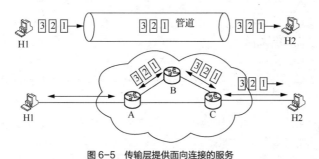

图 6-5 传输层提供面向连接的服务

（2）所有报文都在管道内传送，因此报文是按顺序到达目的地的，即先发送的报文先到达。

（3）通过可靠传输机制（跟踪已传输的数据段、确认已接收的数据、重新传输未确认的数据）保证报文传输的可靠性。

（4）由于通信过程中需要管理和维护连接，因此协议变得复杂，造成通信效率不高。

面向连接的服务方式适用于对数据的传输可靠性要求非常高的场合，如文件传输、网页浏览、电子邮件等。

小贴士

很多教材或参考资料都说 TCP 是一种面向连接的协议。但事实上，TCP 所面向的连接既不是网络中一条真实的物理连接，又不是一条虚拟的电路，甚至根本不是链路。那么，TCP 连接到底是什么呢？简单地说，TCP 连接就是主机内的数据结构的实例对象。有关 TCP 连接技术方面的内容，将在 6.2 节中进行详细讨论。

2. 无连接的服务

无连接的服务是指服务在进行之前，双方不需要事先建立一条通信链路，而是直接把每个带有目的地址的报文分组发送到网络上，由网络（如路由器）根据目的地址为报文分组选择一条恰当的路径并传输到目的地，如图6-6所示。

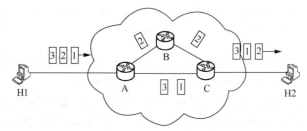

图 6-6　传输层提供无连接的服务

无连接的服务的特点如下。

（1）数据传输之前不需要建立通信链路。

（2）每个分组都携带完整的目的节点地址，各分组在网络中的传输是独立的。

（3）分组的传输是无序的，即后发送的分组有可能先到达目的地。

（4）可靠性差，容易出现分组丢失的现象，但是协议相对简单，通信效率较高。

传输层上的 UDP 提供的无连接的服务是网络层"尽最大努力投递"服务的进一步延伸，无法保证报文能够正确到达目的应用进程。

传输层上 TCP 的协议数据单元是（　　）。

A.　分组

B.　数据报

C.　报文段

D.　帧

课堂同步

动手实践

netstat 的使用

netstat是一个监控TCP/IP网络非常有用的命令，一般用于检测本机各端口的网络连接情况，如显示IP、TCP、UDP和ICMP相关的统计数据，可以让用户知道目前有哪些网络连接正在运行。

按Win+R组合键，打开资源管理器，输入"cmd"，单击"确定"按钮，在命令提示符窗口中输入"netstat /?"，查看netstat命令及其选项的用法，如图6-7所示。

```
命令提示符
C:\Users\think>netstat /?

显示协议统计信息和当前 TCP/IP 网络连接。

NETSTAT [-a] [-b] [-e] [-f] [-n] [-o] [-p proto] [-r] [-s] [-x] [-t] [interval
]

  -a            显示所有连接和侦听端口。
  -b            显示在创建每个连接或侦听端口时涉及的
                可执行程序。在某些情况下，已知可执行程序承载
                多个独立的组件，这些情况下，
                显示创建连接或侦听端口时
                涉及的组件序列。在此情况下，可执行程序的
                名称位于底部 [] 中，它调用的组件位于顶部，
                直至达到 TCP/IP。注意，此选项
                可能很耗时，并且在你没有足够
                权限时可能失败。
  -e            显示以太网统计信息。此选项可以与 -s 选项
                结合使用。
  -f            显示外部地址的完全限定
                域名(FQDN)。
  -n            以数字形式显示地址和端口号。
  -o            显示拥有的与每个连接关联的进程 ID。
  -p proto      显示 proto 指定的协议的连接；proto
                可以是下列任何一个：TCP、UDP、TCPv6 或 UDPv6。如果与 -s
                选项一起用来显示每个协议的统计信息，proto 可以是下列任何一个：
                IP、IPv6、ICMP、ICMPv6、TCP、TCPv6、UDP 或 UDPv6。
  -q            显示所有连接、侦听端口和绑定的
                非侦听 TCP 端口。绑定的非侦听端口
                 不一定与活动连接相关联。
```

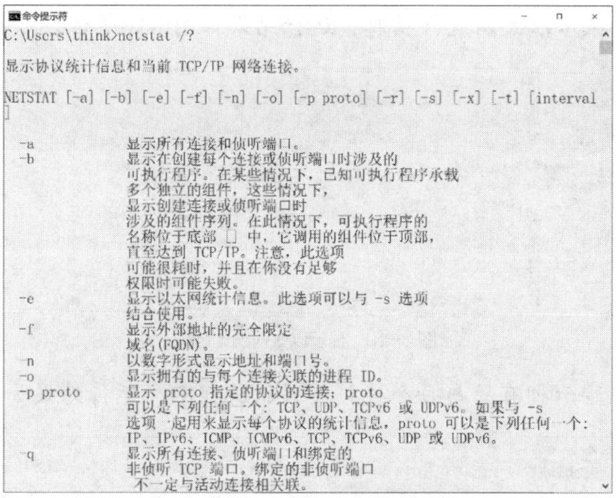

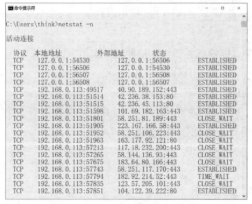

图 6-7　查看 netstat 命令及其选项的用法

netstat使用示例如下。

（1）netstat -a，显示所有连接和监听端口，运行结果如图6-8所示。

```
命令提示符
C:\Users\think>netstat -a

活动连接

  协议  本地地址          外部地址                状态
  TCP    0.0.0.0:135        DESKTOP-TJ1FAG4:0      LISTENING
  TCP    0.0.0.0:445        DESKTOP-TJ1FAG4:0      LISTENING
  TCP    0.0.0.0:902        DESKTOP-TJ1FAG4:0      LISTENING
  TCP    0.0.0.0:912        DESKTOP-TJ1FAG4:0      LISTENING
  TCP    0.0.0.0:5040       DESKTOP-TJ1FAG4:0      LISTENING
  TCP    0.0.0.0:5357       DESKTOP-TJ1FAG4:0      LISTENING
  TCP    0.0.0.0:7680       DESKTOP-TJ1FAG4:0      LISTENING
  TCP    0.0.0.0:8082       DESKTOP-TJ1FAG4:0      LISTENING
  TCP    0.0.0.0:38000      DESKTOP-TJ1FAG4:0      LISTENING
  TCP    0.0.0.0:39000      DESKTOP-TJ1FAG4:0      LISTENING
  TCP    0.0.0.0:49664      DESKTOP-TJ1FAG4:0      LISTENING
  TCP    0.0.0.0:49665      DESKTOP-TJ1FAG4:0      LISTENING
  TCP    0.0.0.0:49666      DESKTOP-TJ1FAG4:0      LISTENING
  TCP    0.0.0.0:49667      DESKTOP-TJ1FAG4:0      LISTENING
  TCP    0.0.0.0:49670      DESKTOP-TJ1FAG4:0      LISTENING
  TCP    0.0.0.0:50160      DESKTOP-TJ1FAG4:0      LISTENING
  TCP    0.0.0.0:64092      DESKTOP-TJ1FAG4:0      LISTENING
  TCP    127.0.0.1:4301     DESKTOP-TJ1FAG4:0      LISTENING
  TCP    127.0.0.1:9210     DESKTOP-TJ1FAG4:0      LISTENING
  TCP    127.0.0.1:10000    DESKTOP-TJ1FAG4:0      LISTENING
  TCP    127.0.0.1:10245    DESKTOP-TJ1FAG4:0      LISTENING
  TCP    127.0.0.1:27018    DESKTOP-TJ1FAG4:0      LISTENING
  TCP    127.0.0.1:35600    DESKTOP-TJ1FAG4:0      LISTENING
  TCP    127.0.0.1:35600    www:57040              ESTABLISHED
  TCP    127.0.0.1:53298    DESKTOP-TJ1FAG4:0      LISTENING
```

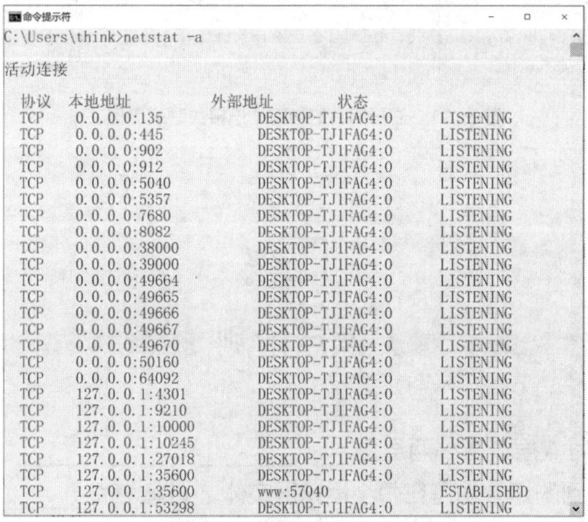

图 6-8　显示所有连接和监听端口

（2）netstat -n，以数字形式显示地址和端口号，运行结果如图6-9所示。

```
命令提示符
C:\Users\think>netstat -n

活动连接

  协议  本地地址              外部地址              状态
  TCP    127.0.0.1:54530        127.0.0.1:56506        ESTABLISHED
  TCP    127.0.0.1:56506        127.0.0.1:54530        ESTABLISHED
  TCP    127.0.0.1:56507        127.0.0.1:56508        ESTABLISHED
  TCP    127.0.0.1:56508        127.0.0.1:56507        ESTABLISHED
  TCP    192.168.0.113:49517    40.90.189.152:443      ESTABLISHED
  TCP    192.168.0.113:51514    42.236.38.153:80       ESTABLISHED
  TCP    192.168.0.113:51515    42.236.45.113:80       ESTABLISHED
  TCP    192.168.0.113:51598    101.69.182.163:443     ESTABLISHED
  TCP    192.168.0.113:51801    58.251.81.189:443      CLOSE_WAIT
  TCP    192.168.0.113:51905    223.167.166.58:443     ESTABLISHED
  TCP    192.168.0.113:51952    58.251.106.223:443     CLOSE_WAIT
  TCP    192.168.0.113:51963    163.177.92.121:80      CLOSE_WAIT
  TCP    192.168.0.113:57213    117.18.232.200:443     CLOSE_WAIT
  TCP    192.168.0.113:57265    58.144.136.93:443      CLOSE_WAIT
  TCP    192.168.0.113:57675    183.64.80.166:443      CLOSE_WAIT
  TCP    192.168.0.113:57743    58.251.117.170:443     ESTABLISHED
  TCP    192.168.0.113:57794    182.92.214.52:443      TIME_WAIT
  TCP    192.168.0.113:57835    123.57.205.101:443     CLOSE_WAIT
  TCP    192.168.0.113:57851    104.122.39.222:80      ESTABLISHED
```

图 6-9　以数字形式显示地址和端口号

（3）netstat -e，显示以太网统计信息，运行结果如图6-10所示。

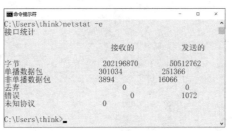

图6-10　显示以太网统计信息

（4）netstat -o，显示拥有的与每个连接关联的进程ID，运行结果如图6-11所示。

图6-11　显示拥有的与每个连接关联的进程 ID

课后检测

一、填空题

1. TCP/IP 模型分为 4 层，最高两层是＿＿＿＿＿＿＿和＿＿＿＿＿＿＿。

2. 传输层使高层看到的好像就是在两个运输层实体之间有一条＿＿＿＿＿＿、＿＿＿＿＿＿和＿＿＿＿＿＿通信通路。

3. 在 TCP/IP 网络中，物理地址与＿＿＿＿＿＿层有关，逻辑地址与＿＿＿＿＿＿层有关，端口号与＿＿＿＿＿＿层有关。

4. TCP 可以提供＿＿＿＿＿＿服务，UDP 可以提供＿＿＿＿＿＿服务。

二、选择题

1. 在 OSI 参考模型中，提供端到端传输功能的层次是（　　）。
   A. 物理层　　　　　B. 数据链路层　　　　C. 传输层　　　　　D. 应用层

2. 在 TCP/IP 栈中，UDP 工作在（　　）。
   A. 应用层　　　　　B. 传输层　　　　　　C. 网络层　　　　　D. 网络接口层

3. （　　）被认为是面向无连接的传输层协议。
   A. IP　　　　　　　B. UDP　　　　　　　C. TCP　　　　　　D. RIP

三、判断题

1. 传输层位于数据链路层的上方。（　　　）

2. 传输层属于网络功能部分，而不属于主机功能部分。（　　　）

四、简答题

简述传输层的主要功能。

五、重要词汇（英译汉）

1. End-to-End （   ）
2. Application Process （   ）
3. Connection-Oriented Service （   ）
4. Connectionless Service （   ）

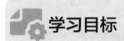

主题 2　传输层协议

学习目标

通过本主题的学习达到以下目标。

知识目标

⦿　掌握传输层端口的概念。

⦿　掌握 TCP 的 3 次握手过程。

⦿　掌握 TCP 和 UDP 的主要功能。

⦿　了解 TCP 和 UDP 的报文格式。

技能目标

⦿　能够使用协议分析工具捕获并分析 TCP 数据段。

素质目标

⦿　通过介绍 TCP 与 UDP 之间的关系，明确世界上的一切事物都处在普遍的联系之中，引导学生学会用"工程学"的方法来分析问题和解决复杂的网络问题。

课前评估

1. 不同网络中的主机之间依靠_____地址进行通信，每台主机上可能运行多个应用程序，当主机接收到来自其他主机发来的信息时，主机会交给谁来处理呢？如果能够识别出这些信息来自不同的应用程序，则问题将会变得很简单。如果人们在浏览器的地址栏中输入类似 http://www.cqcet.edu.cn:8080 这样的信息并访问，就能浏览网页信息；输入 ftp://www.cqcet.edu.cn:8023 并访问，就可以下载共享文件。虽然访问的是同一目的主机，但获得了不同服务，其中地址信息中包含的数字起到了关键作用。言外之意，特殊数字是可以用来标识不同的应用程序的，计算机网络中将这些数字称为_____。

2. 人们在生活中可能会有这样的经历：当两个素未谋面的人见面后，其中 A 想认识 B，于是 A 主动向 B 挥手（意味着接下来有握手的冲动），而 B 也向 A 挥手（对刚才 A 挥手的回应，同时发出愿意握手的信号给 A，询问 A 是否准备好了握手），这时候 B 表示同意与 A 握手，A 确认了 B 愿意握手后，才能走过去与 B 握手。请读者思考，如果将以上方法应用到传输层中，则其解决了数据传输过程中的什么问题？

6.2 传输层的端口

1. 端口的概念

微课
微课 6.2

传输层必须能够划分和管理具有不同传输要求的多个通信。当传输层接收到网络层传输上来的数据时，要根据端口号（Port Number）来决定上交给哪一个应用进程接收此数据，如图 6-12 所示。端口号的取值范围为 0～65535。端口号只有本地意义，在 Internet 中，不同主机中的相同端口号之间是没有联系的。

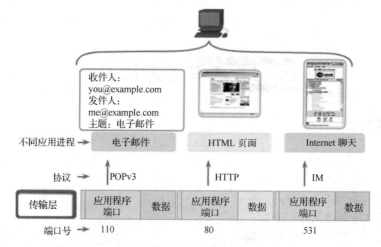

图 6-12 传输层上的端口

2. 源端口和目的端口

在传输层的协议数据单元——数据报的报头中，都含有源端口（Source Port）和目的端口（Destination Port）字段。源端口是本地主机上与始发应用程序相关联的通信端口；目的端口是此通信与远程主机上目的应用程序关联的端口，如图 6-13 所示。

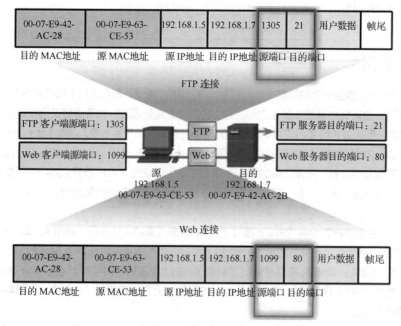

图 6-13 源端口与目的端口

在 TCP/IP 网络中，可用 IP 地址标识网络中主机的连接，用端口号标识主机中运行的应用程序，这样使用"IP 地址+端口号"的形式就可以唯一地标识进程了。考虑到网络中有多协议的特点，如 UDP、TCP，要唯一地标识进程，还应加上协议类型，即"协议类型+IP 地址+端口号"，这就是套接字（Socket）。

有了套接字，可以方便地使用某台特定主机上的各种网络服务，如图 6-13 中的 FTP 服务和 Web 服务。但是，如果有多个用户需要同时使用同一台主机上的同一个服务，如收发邮件服务，那么邮件服务器如何将各台主机送来的邮件信息区分开且不会产生通信混乱呢？这个问题实际上是如何进行标识连接的问题。

3. 连接技术

连接是一对进程进行通信的一种关系。进程可以用套接字唯一标识。因此，可以将连接两端进程的套接字组合在一起来标识连接，由于两个进程通信时，必须使用系统的协议，故在基于 TCP/IP 栈的网络中，连接表示为

连接={协议，源 IP 地址，源端口号，目的 IP 地址，目的端口号}

从连接的表示又可以提出一个问题：当一台主机中的多个进程与同一服务器的同一进程连接时，应如何区分这些连接？首先，在这些连接的表示中，协议、源 IP 地址、目的 IP 地址和目的端口号肯定是相同的，不可以改变。因此，唯一可以改变的是源端口号。图 6-14 给出的例子说明了端口的作用与连接表示的方法。

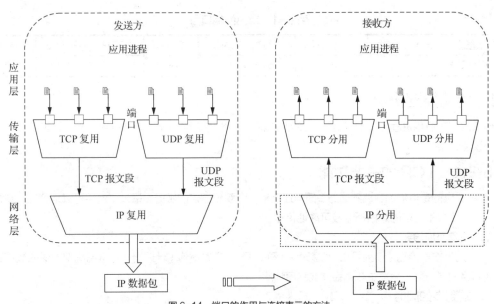

图 6-14 端口的作用与连接表示的方法

 传输层的复用是指发送方不同的应用进程都可以使用同一个传输协议传输数据，如图 6-14 所示的左半部分；分用是指接收方的传输层在剥去报文的首部后能够把这些数据正确交付给目的应用进程，如图 6-14 所示的右半部分。传输层的复用与分用和网络层的复用与分用功能是不同的，网络层的复用与分用针对的是协议。

4. 端口的分类

TCP 和 UDP 都使用端口与上层的应用进程进行通信，每个端口都使有一个称为端口号的整数标识符进行区分。按照 TCP 和 UDP 的规定，二者均允许长达 16 位的端口号，所以都可以提供 2^{16}（65536）个不同的端口，端口号的取值范围是 0~65535。端口分为 3 种类型——熟知端口（公认端口）、注册端口、动态端口，其端口号的取值范围划分如图 6-15 所示。

图 6-15　端口号范围划分

- 熟知端口：端口号的取值范围是 0～1023，由互联网名称与数字地址分配机构（Internet Corporation for Assigned Names and Numbers，ICANN）分配和控制。
- 注册端口：端口号的取值范围是 1024～49151，不由 ICANN 分配与控制，但必须在 ICANN 登记，以防止重复。
- 动态端口：端口号的取值范围是 49152～65535，既不用指派，又不用注册，可以由任意进程使用。

5. 常见的端口号

常见的端口号如表 6-1 所示。

表 6-1　常见的端口号

应用程序	FTP（控制）	FTP（数据）	SMTP	DNS	TFTP	HTTP	POPv3	SNMP
常见端口号	21	20	25	53	69	80	110	161

6.3　传输控制协议

传输层提供应用进程之间的通信。TCP/IP 栈包含两种传输层协议：传输控制协议（TCP）和用户数据报协议（UDP）。

6.3.1　TCP 的主要功能

TCP 提供的是可靠的、端到端的、面向连接的、全双工通信的服务，每一个连接可靠地建立，友好地终止，在终止发生之前的数据都会被可靠地传输。

1. 可靠的服务

TCP 通过按序传输（序列号）、消息确认（确认号）、超时重传（计时器）等机制确保发送的数据正确地传送到目的端，且不会发生数据丢失或乱序情况。

2. 端到端的服务

每一个 TCP 连接有两个端点。这里的端点不是主机、主机的 IP 地址、主机的应用进程或端口，而是套接字。由于端到端表示的 TCP 连接只发生在两个进程之间，因此 TCP 不支持多播和广播。

3. 面向连接的服务

面向连接的服务是指希望发送数据的一方必须先请求一个到达目的地的连接，再利用这个连接来传输数据。

4. 全双工通信的服务

TCP 连接的两端都设有发送缓冲和接收缓冲，TCP 允许通信双方的应用进程在任何时候能发送数据。

6.3.2　TCP 报文段的格式

TCP 报文段的格式如图 6-16 所示。从图中可以看出，一个 TCP 报文分为首部和数据两部分。TCP 报文段首部的前 20B 是固定的，后面的 4NB 是可有可无的选项（其中，N 为整数）。因此 TCP 首部的最小长度是 20B。首部提供了可靠服务所需的字段。

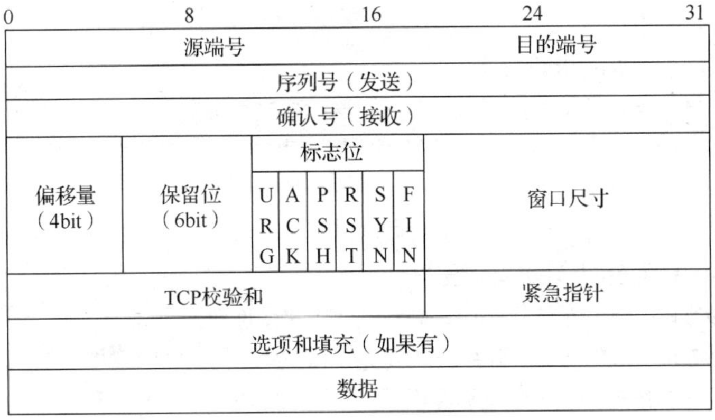

图 6-16 TCP 报文段的格式

下面对各个字段的含义进行简单的解释。

（1）源端口：一个标识发送方上发送应用程序的数字。

（2）目的端口：一个标识接收方上接收应用程序的数字。

（3）序列号（Sequence Number）：TCP 以字节作为最小处理单位，数据传输时是按照一个个字节（字节流）来传输的，所以在一个 TCP 连接中要对传输的字节流进行编号。该字段指出了 TCP 报文段中携带数据的第一个字节在发送字节流中的位置。

（4）确认号（Acknowledgement Number）：接收方希望从发送方接收的下一个字节，意思是已收到该字节之前的所有字节。

（5）偏移量（Offset）：标识报文段首部后数据开始的位置，该字段用 4bit 指出 TCP 报头的长度，数据偏移的最大值是 60B。如果没有 TCP 选项，则长度为 5 表示 TCP 报头长度为 20B。

（6）标志位（Flag Bit）：一个 TCP 首部包含 6 个标志位。它们的含义如下。

- URG：紧急数据标志位。如果 URG 为 1，则表示本报文段中有紧急数据，应尽快传输。
- ACK：确认标志位。如果 ACK 为 1，则表示报文段中的确认号字段是有效的。
- PSH：如果有 PSH 标志位，则接收方应尽快把数据传输给应用进程，而不是等到整个缓存都填满后再向上交付。
- RST：用来复位一个连接。RST 标志置位的数据包称为复位包。如果 TCP 收到的一个报文段明显不属于该主机上的任何一个连接，则向远端主机发送一个复位包。
- SYN：用来建立连接，让连接双方同步序列号。如果 SYN=1 且 ACK=0，则表示该数据包为连接请求；如果 SYN=1 且 ACK=1，则表示接受连接。
- FIN：表示发送端已经没有数据要求传输了，希望释放连接。

（7）窗口尺寸（Window Size）：允许对方发送的数据量。

（8）TCP 校验和：验证首部和数据。

（9）紧急指针（Urgent Pointer）：只有当 URG 标志位为 1 时才有效，用来指向该段紧急数据的末尾。将该指针加到序列号中，可以产生该段紧急数据的最后字节数。

（10）选项和填充：各种选项的保留位，常用的一个保留位是最大段尺寸，通常在连接建立期间由连接的两端指定。

6.3.3 TCP 连接的建立

TCP 使用 3 次握手（Three-way Handshake）协议来建立连接。TCP 连接可以由任何一方发起，也可以由双方同时发起。一旦一台主机上的 TCP 软件主动（Actively）发起连接请求，运行在另一台主机上的 TCP 软件就被动地（Passively）等待握手。图 6-17 所示为 3 次握手建立 TCP

动画

动画 24

连接的过程。

1. 第一次握手（同步请求阶段）

发送方向接收方发出连接请求的报文段，并在发送的报文段中将标志位字段中的 SYN 设置为"1"、ACK 设置为"0"。同时，分配一个序列号 SEQ=X，表明待发送数据第一个数据字节的起始位置，序列号的确认号 ack=0，因为此时未收到数据。

2. 第二次握手（回应同步请求阶段）

接收方收到该报文段，若同意建立连接，则发送一个接受连接的应答报文，其中标志位字段的 SYN 和 ACK 位均被设置为"1"，表示对第一个 SYN 报文段的确认，以继续握手操作；否则发送一个将 RST 位设置为"1"的应答报文，表示拒绝建立连接。确认号

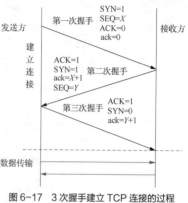

图 6-17　3 次握手建立 TCP 连接的过程

ack=X+1，表示已收到序列号 X 之前的数据，期望从（X+1）开始接收数据，并产生一个随机的序列号 SEQ=Y，告诉发送方发送的数据从序列号 Y 开始。

3. 第三次握手（同步确认阶段）

发送方收到接收方回应的接受建立连接的应答报文后，还有再次进行选择的机会，若确认要建立这个连接，则向接收方发送确认报文段，用来通知接收方双方已完成建立连接；若不想建立这个连接，则可以发送一个将 RST 位设置为"1"的应答报文来告诉接收方拒绝建立这个连接。此时 ACK=1，SYN=0 表示同意建立连接。确认号 ack=Y+1，表示已收到序列号 Y 之前的数据，期望从（Y+1）开始接收数据。

建立 TCP 连接后，进入数据的传输阶段。

小贴士

　　① TCP 规定 1。SYN 报文段不能携带数据，但要消耗一个序列号。如上例中，第一次握手发送的是 SYN 报文段，序号为 X，那么第三次握手时使用的序列号为（X+1），因为序列号 X 已经被 SYN 报文段使用了。

　　② TCP 规定 2。ACK 报文段（第三次握手）可以携带数据，如果不携带数据，则不消耗序列号。同样，在上例中，第三次握手时 ACK 报文段的序列号为（X+1），没有被消耗掉，在发送第四个报文段时可以继续使用。

6.4　用户数据报协议

本节内容将围绕 UDP 概述、UDP 报文格式和基于 TCP、UDP 的一些典型应用展开介绍。

6.4.1　UDP 概述

UDP 是无连接的协议，即通信双方并不需要建立连接，这种通信显然是不可靠的，但是 UDP 简单，数据传输速率快、开销小。虽然 UDP 只能提供不可靠的数据传输，但与 TCP 相比，UDP 仍具有一些独特的优势，具体如下。

（1）无须建立连接和释放连接，因此主机无须维护连接状态表，从而减少了连接管理开销，也减少了发送数据之前的时延。

（2）UDP 数据报只有 8B 的首部开销，比 TCP 的 20B 的首部要短得多。

（3）由于 UDP 没有拥塞控制，因此 UDP 的数据传输速率很快，即使网络出现拥塞也不会降低传输速率。这对实时应用（如 IP 电话、视频点播等）是非常重要的。

（4）UDP 支持单播、多播和广播的交互通信，而 TCP 只支持单播通信。

6.4.2　UDP 报文格式

UDP 的报文格式由两部分构成：首部和数据，如图 6-18 所示。首部字段很简单，只有 8B，由 4 个字段构成，每个字段的长度都是 2B，各字段的作用如下。

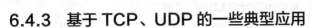

源 UDP 端口号	目的 UDP 端口号
UDP 长度	UDP 校验和
数据	
……	

图 6-18　UDP 报文格式

（1）源 UDP 端口号：源主机应用进程的端口号。

（2）目的 UDP 端口号：目的主机应用进程的端口号。

（3）UDP 长度：UDP 用户数据报的长度。

（4）UDP 校验和：用于检验 UDP 用户数据报在传输中是否出错。

课堂同步

如果用户程序使用 UDP 进行数据传输，那么（　　　）协议必须承担可靠性方面的全部工作。

    A.　数据链路层

    B.　网络层

    C.　传输层

    D.　应用层

6.4.3　基于 TCP、UDP 的一些典型应用

TCP 能提供面向连接的可靠服务，而 UDP 具有无须建立、简单高效且开销小的特点，均得到了广泛应用。表 6-2 所示为基于 TCP、UDP 的一些典型应用。

表 6-2　基于 TCP、UDP 的一些典型应用

应用	应用层协议	传输层协议
域名服务	DNS	UDP、TCP
路由信息协议	RIP	UDP
动态主机配置	DHCP	UDP
简单网络管理	SNMP	UDP
电子邮件发送	SMTP	TCP
远程登录	Telnet	TCP
Web 浏览	HTTP	TCP
文件传输	FTP	TCP

动手实践

分析 TCP 的 3 次握手过程

TCP 通过 3 个报文完成连接的建立，这个过程称为 3 次握手。本节的任务是通过一个简单的 Web 访问来观察 TCP 连接的建立过程，采用如图 6-19 所示的网络拓扑图。其中，Web Server 提供 Web 服务和 www.ryjiaoyu.com 域名解析服务，这两项服务已提前做好预配。

动手实践
动手实践 26

图6-19 网络拓扑图

1. 搭建网络环境

按照图6-19所示的网络拓扑图，建立PC和Web Server之间的连接，并按规划的IP地址配置主机IP地址，如图6-20所示。注意，PC上配置的DNS Server的地址为Web Server的IP地址，该服务器同时为DNS服务器。

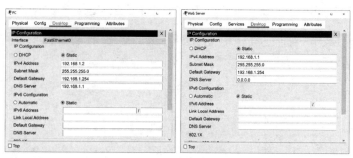

图6-20 IP地址配置

2. 网络服务配置

启用Web和DNS服务，并完成IP地址和域名的解析配置，如图6-21所示。

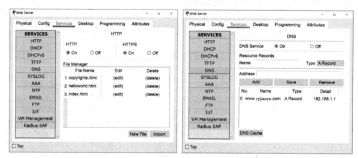

图6-21 Web和DNS服务配置

3. 验证域名解析服务

在PC的"Desktop"选项卡中选择"Web Browser"选项，在打开的浏览器中输入"www.ryjiaoyu.com"，单击"Go"按钮，弹出如图6-22所示的界面，说明Web和DNS服务工作正常。

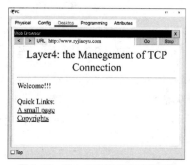

图6-22 Web和DNS服务工作正常

4. 捕获 TCP 报文

最小化模拟浏览器窗口，在Simulation模式下，单击"Edit Filters"按钮，仅选择TCP，设置捕获TCP报文，如图6-23所示。

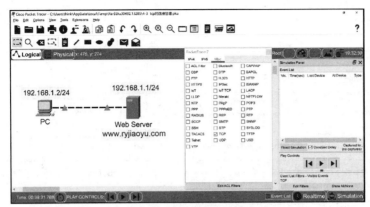

图 6-23 设置捕获 TCP 报文

再次弹出Web Server配置界面，在"Simulation Pannel"界面中单击▶|按钮，单步执行TCP的3次握手仿真过程。PC与Web Server之间的数据包交换动画如图6-24所示。

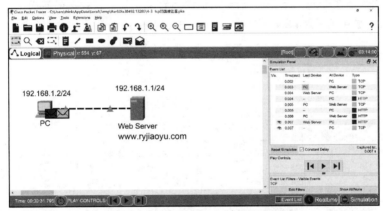

图 6-24 PC 与 Web Server 之间的数据包交换动画

在"Event List"（事件列表）列表框中找出TCP建立连接的3次握手事件。可以发现，图6-24中时间编号是0.003、0.004和0.005的单色框为建立TCP连接的3次握手过程。

5. 分析 TCP 的 3 次握手机制

分析TCP的3次握手的报文，在Simulation模式下的"Event List"列表框中单击"Type"列的单色框，弹出"PDU Information"对话框。

（1）第一次握手分析。单击时间编号为0.003的单色框，在弹出的界面中，单击"Next Layer"按钮，重点观察第4层（Layer 4）的PDU信息，如图6-25所示。

PC将连接状态设置为SYN_SENT（同步已发送），TCP将窗口大小设置为_____ B，并将首部中的选项字段的MSS（最大报文长度）设置为_____ B。PC向Web Server发送一个TCP同步（SYN）的报文，记录该报文字段中的序列号为_____，确认号为_____。

（2）第二次握手分析。单击时间编号为0.004的单色框，在弹出的界面中，单击"Next Layer"按钮，重点观察第4层的PDU信息，如图6-26所示。

PDU Information at Device: Web Server

OSI Model | Inbound PDU Details | Outbound PDU Details

At Device: Web Server
Source: PC
Destination: 192.168.1.1

In Layers	Out Layers
Layer7	Layer7
Layer6	Layer6
Layer5	Layer5
Layer 4: TCP Src Port: 1026, Dst Port: 80	Layer 4: TCP Src Port: 80, Dst Port: 1026
Layer 3: IP Header Src. IP: 192.168.1.2, Dest. IP: 192.168.1.1	Layer 3: IP Header Src. IP: 192.168.1.1, Dest. IP: 192.168.1.2
Layer 2: Ethernet II Header 0040.0B4E.404B >> 0060.7015.85CB	Layer 2: Ethernet II Header 0060.7015.85CB >> 0040.0B4E.404B
Layer 1: Port FastEthernet0	Layer 1: Port(s): FastEthernet0

1. The device receives a TCP SYN segment on server port 80.
2. Received segment information: the sequence number 0, the ACK number 0, and the data length 24.
3. TCP retrieves the MSS value of 1460 bytes from the Maximum Segment Size Option in the TCP header.
4. The connection request is accepted.
5. The device sets the connection state to SYN_RECEIVED.

Challenge Me   << Previous Layer   Next Layer >>

图6-25　TCP第一次握手

PDU Information at Device: PC

OSI Model | Inbound PDU Details | Outbound PDU Details

At Device: PC
Source: PC
Destination: 192.168.1.1

In Layers	Out Layers
Layer7	Layer7
Layer6	Layer6
Layer5	Layer5
Layer 4: TCP Src Port: 80, Dst Port: 1026	Layer 4: TCP Src Port: 1026, Dst Port: 80
Layer 3: IP Header Src. IP: 192.168.1.1, Dest. IP: 192.168.1.2	Layer 3: IP Header Src. IP: 192.168.1.2, Dest. IP: 192.168.1.1
Layer 2: Ethernet II Header 0060.7015.85CB >> 0040.0B4E.404B	Layer 2: Ethernet II Header 0040.0B4E.404B >> 0060.7015.85CB
Layer 1: Port FastEthernet0	Layer 1: Port(s): FastEthernet0

1. The device receives a TCP SYN+ACK segment on the connection to 192.168.1.1 on port 80.
2. Received segment information: the sequence number 0, the ACK number 1, and the data length 24.
3. The TCP segment has the expected peer sequence number.
4. The TCP connection is successful.
5. TCP retrieves the MSS value of 536 bytes from the Maximum Segment Size Option in the TCP header.
6. The device sets the connection state to ESTABLISHED.

Challenge Me   << Previous Layer   Next Layer >>

图6-26　TCP第二次握手

Web Server从端口＿＿＿＿＿＿＿＿收到PC发来的TCP同步报文，取出首部的选项字段的MSS的值，同意接收PC的连接请求，并将连接状态设置为SYN_RECEIVED（同步已接收）。Web Server向PC发送一个TCP的同步确认（SYN+ACK）报文段，记录该报文段中的序列号为＿＿＿＿＿＿＿，确认号为＿＿＿＿＿＿＿，报文段长度为＿＿＿＿＿＿＿B。

（3）第三次握手分析。单击时间编号为0.005的单色框，在弹出的界面中，单击"Next Layer"按钮，重点观察第4层的PDU信息，如图6-27所示。

PDU Information at Device: Web Server

OSI Model | Inbound PDU Details

At Device: Web Server
Source: PC
Destination: 192.168.1.1

In Layers	Out Layers
Layer7	Layer7
Layer6	Layer6
Layer5	Layer5
Layer 4: TCP Src Port: 1026, Dst Port: 80	Layer4
Layer 3: IP Header Src. IP: 192.168.1.2, Dest. IP: 192.168.1.1	Layer3
Layer 2: Ethernet II Header 0040.0B4E.404B >> 0060.7015.85CB	Layer2
Layer 1: Port FastEthernet0	Layer1

1. The device receives a TCP ACK segment on the connection to 192.168.1.2 on port 1026.
2. Received segment information: the sequence number 1, the ACK number 1, and the data length 20.
3. The TCP segment has the expected peer sequence number.
4. The TCP connection is successful.
5. The device sets the connection state to ESTABLISHED.

Challenge Me   << Previous Layer   Next Layer >>

图6-27　TCP第三次握手

PC向Web Server发送一个同步确认（ACK）报文段，记录该报文段中的序列号为＿＿＿＿＿＿＿，确认号为＿＿＿＿＿＿＿，报文段长度为＿＿＿＿＿＿＿B。Web Server收到PC发来的TCP确认报文，该报文段中的序号也正是原先期望收到的，说明连接成功。

课后检测

一、填空题

1. TCP建立连接的过程分为＿＿＿＿＿＿、＿＿＿＿＿＿和＿＿＿＿＿＿这3个阶段。

2. 传输层上所设置的端口号的最大取值为_____。

3. FTP 服务使用的 TCP 端口号为_____。

二、选择题

1. 为了保证连接的可靠建立，TCP 通常采用（　　）。

    A. 3 次握手机制　　　　　　　　　　B. 窗口控制机制

    C. 自动重发机制　　　　　　　　　　D. 端口机制

2. 下列说法中（　　）是错误的。

    A. UDP 提供了无连接的、不可靠的传输服务

    B. 由于 UDP 是无连接的，因此它可以将数据直接封装在 IP 数据报中进行发送

    C. 在应用程序利用 UDP 传输数据之前，需要建立一个到达主机的 UDP 连接

    D. 当一个连接建立时，连接的每一端分配一块缓冲区来存储接收到的数据，并将缓冲区的尺寸发送给另一端

3. 关于 TCP 和 UDP 端口，下列说法中（　　）是正确的。

    A. TCP 和 UDP 分别拥有自己的端口号，它们互不干扰，可以共存于同一台主机

    B. TCP 和 UDP 分别拥有自己的端口号，但它们不能共存于同一台主机

    C. TCP 和 UDP 的端口没有本质区别，它们可以共存于同一台主机

    D. TCP 和 UDP 的端口没有本质区别，它们互不干扰，不能共存于同一台主机

三、判断题

1. TCP 允许通信双方的应用进程在任何时候都能发送数据。　　　　　　（　　）

2. TCP 允许发送方随时中断数据的传输。　　　　　　　　　　　　　（　　）

3. 传输层上端口号的最大值为 65536。　　　　　　　　　　　　　　（　　）

四、简答题

1. 简述 TCP 的 3 次握手过程。

2. 比较 TCP 和 UDP 的应用场合。

五、重要词汇（英译汉）

1. Port Number　　　　　　　　　　（　　　　　　　　　　　）

2. Socket　　　　　　　　　　　　　（　　　　　　　　　　　）

3. Transmission Control Protocol　　（　　　　　　　　　　　）

4. User Datagram Protocol　　　　　（　　　　　　　　　　　）

5. Three-way Handshake　　　　　　（　　　　　　　　　　　）

主题 3　搭建网络应用平台

学习目标

通过本主题的学习达到以下目标。

知识目标

- ⊙ 掌握 DHCP 的作用及工作过程。

- ⊙ 了解 Internet 信息服务的基本概念。

◉ 掌握 DNS 的作用、层次结构及查询方式。

技能目标

◉ 能够配置 Web、DHCP 和 DNS 服务。

素质目标

◉ 通过对 Web 作用的介绍，让学生明白每个人既是信息资源的接收者和享用者，又是信息资源的发布者和贡献者，引导学生树立"我为人人，人人为我"的道德准则。

🔍 课前评估

1. 随着 Internet 的发展，商业化的服务越来越多。虽然不同的网络服务有不同的通信方式，但是总体上有一个共同的方式，即_____。为了完成一次具体的网络服务，总有一方是主动发起通信的，而另一方是被动发起通信的。请尽可能列举类似模式的常见网络服务。

2. 计算机网络终端之间的通信依赖 IP 地址，随着网络规模的扩大，终端的数量大于可供分配的 IP 地址数量；随着移动终端的广泛应用且位置不断变化，相应的 IP 地址也必须更新。IP 地址在更新过程中面临工作量大、容易出错等问题，是否有应对这些问题的解决方案？请举例说明。

3. 在数据通信网络中，使用 IP 地址标记连接以便通过网络发送和接收数据。在 Internet 上，IP 地址不计其数且很难记忆；如果需要修改 IP 地址，则要告诉用户，不能做到对用户透明，请问如何解决这些问题呢？

4. 企业希望建立一个对外宣传的窗口，在 Internet 中实现企业产品的对外宣传和远程终端业务数据处理，实现办公自动化和无纸化办公，提高办公效率和节约成本。请思考该如何满足这些企业需求？

6.5 动态主机配置协议

本节内容将围绕使用 DHCP 的主要目的和 DHCP 的工作过程两方面展开介绍。

6.5.1 使用 DHCP 的主要目的

在较大的网络中，一般会使用 DHCP 服务器对 IP 地址进行自动管理和配置。在日常的网络管理工作中，使用 DHCP 服务主要有以下 3 个方面的原因。

1. 安全可靠的配置

DHCP 避免了要在每台主机上输入值引起的配置错误。DHCP 有助于防止在网络上配置新的主机时重用以前指派的 IP 地址引起的地址冲突情况的发生。

2. 减少配置管理的工作量

一些用户由于经常移动办公，给网络管理员带来很多管理和配置方面的负担，使用 DHCP 服务器可以大大减少用于配置和重新配置网络中主机相关信息的时间。

3. 动态分配 IP 地址可以解决 IP 地址不够用的问题

因为 IP 地址是动态分配的，所以只要 DHCP 服务器上有空闲的 IP 地址可供分配，DHCP 客户机就可获得 IP 地址。当 DHCP 客户机不需要使用此 IP 地址时，DHCP 服务器就收回此 IP 地址，并提供给其他的 DHCP 客户机使用。

6.5.2 DHCP 的工作过程

DHCP 的工作过程如图 6-28 所示，主要包括以下 4 个阶段。

动画　　　　微课

动画 25　　　微课 6.3

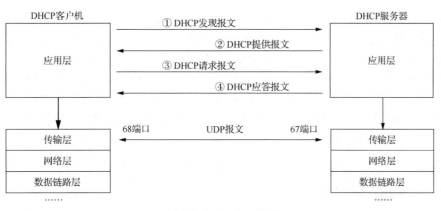

图 6-28 DHCP 的工作过程

1. 发现报文阶段

DHCP 工作的第一个过程是 DHCP 发现报文阶段。DHCP 客户机向 DHCP 服务器发出请求，要求租借一个 IP 地址。此时的 DHCP 客户机上的 TCP/IP 没有初始化，还没有 IP 地址，因此，只能使用广播的方式向网络中的所有 DHCP 服务器发出租借请求。DHCP 发现报文阶段的作用是查找网络上的 DHCP 服务器。

2. 提供报文阶段

DHCP 工作的第二个过程是 DHCP 提供报文阶段。当网络中的任何一台 DHCP 服务器（同一个网络中可能存在多台 DHCP 服务器）收到 DHCP 客户机的 DHCP 发现报文后，若该 DHCP 服务器能够提供 IP 地址，则利用广播方式通告给 DHCP 客户机。DHCP 提供报文阶段的作用是告诉 DHCP 客户机："我是 DHCP 服务器，我能给你提供协议配置参数"。

3. 请求报文阶段

DHCP 工作的第三个过程是 DHCP 请求报文阶段。一旦 DHCP 客户机收到第一个由 DHCP 服务器提供的应答信息，就进入此过程，并以广播的方式发送一个 DHCP 请求信息给网络中的所有 DHCP 服务器。DHCP 请求信息中包含所选择的 DHCP 服务器的 IP 地址。DHCP 请求报文阶段的作用是请求对应的 DHCP 服务器为其配置协议参数。

4. 应答报文阶段

DHCP 工作的最后一个过程是 DHCP 应答报文阶段。一旦被选择的 DHCP 服务器接收到 DHCP 客户机的 DHCP 请求信息，就将已保留的这个 IP 地址标识为已租用，然后以广播方式发送一个 DHCP 应答信息给 DHCP 客户机。该 DHCP 客户机在接收 DHCP 应答信息后，就完成了获得 IP 地址的过程，便开始利用这个租借到的 IP 地址与网络中的其他主机进行通信。

小贴士

本地网络内 DHCP 工作的 4 个过程都采用广播方式，因此 DHCP 客户机与 DHCP 服务器不在一个网段时，DHCP 的广播报文不能跨网段传播，这时要想让 DHCP 服务器正常工作，就需要使用 DHCP 中继。

6.6 Web 服务

Web 服务也称为万维网服务，是目前互联网上最方便和最受欢迎的信息服务类型之一，它可以提供包括文本、图形、图像、声音和视频在内的多媒体信息的浏览。事实上，它的影响力已远远超出了专业技术本身的范畴，并且已经进入广告、新闻、销售、电子商务与信息服务等诸多领域。Web 服务的出现是 Internet 发展中的一个里程碑。Web 是基于客户机/服务器（Client/Server，C/S）模式的信息发布技术和超文本技术的综合。Web 服务器通过超文本标记语言（Hypertext Markup Language，HTML）把信息组织成为图文并茂的超文本，Web 浏览器则为用户提供基于 HTTP 的用户界面。用户使用 Web 浏览器通过 Internet 访问远端 Web 服务器上的 HTML 页面。

> **Web 并非某种特殊的计算机网络，它是一个大规模的、联机式的信息场所，是运行在互联网上的一个分布式应用，最初由欧洲粒子物理实验室的蒂姆•伯纳斯•李（Tim Berners-Lee）于 1989 年 3 月提出。**

6.6.1 Web 服务器

Web 服务器可以分布在互联网的各个位置，每台 Web 服务器都保存着可以被 Web 客户共享的信息。Web 服务器上的信息通常以页面的方式进行组织。页面一般是超文本文档，也就是说，除了普通文本，还包含指向其他页面的指针（通常称这个指针为超链接）。利用 Web 页面上的超链接，可以对 Web 服务器上的一个页面与互联网上其他服务器的任意页面及图形、图像、音频、视频等多媒体进行关联，使用户在检索一个页面时，可以方便地查看其他相关页面和信息。

Web 服务器不但需要保存大量的 Web 页面信息，而且需要接收和处理浏览器的连接请求。通常，Web 服务器在 TCP 的 80 端口上监听来自 Web 浏览器的连接请求。当 Web 服务器接收到浏览器对某一页面的连接请求时，服务器会搜索该页面，并将该页面返回给用户的浏览器。

6.6.2 Web 浏览器

Web 的客户程序称为 Web 浏览器（Browser），它是用来浏览服务器中 Web 页面的软件。

在 Web 服务系统中，Web 浏览器负责接收用户的请求（如用户的键盘输入或鼠标输入），并利用 HTTP 将用户的请求传送给 Web 服务器。在服务器将请求的页面送回到浏览器后，浏览器将对页面进行解释，并显示在用户计算机的屏幕上。

通常，利用 Web 浏览器，用户不仅可以浏览 Web 服务器上的 Web 页面，还可以访问互联网中其他服务器（如 FTP 服务器等）的资源。

6.6.3 页面地址

互联网中存在众多的 Web 服务器，而每台 Web 服务器中又包含很多页面，那么用户如何指明要请求和获得的页面呢？这就要求助统一资源定位符（Uniform Resource Locator，URL）了。利用 URL，用户可以指定要访问什么协议类型的服务器、互联网上的哪台服务器和服务器中的哪个文件。URL 一般由 4 部分组成：<协议>://<主机名>:<端口号>/<路径及文件名>。例如，重庆电子工程职业学院网络实验室 Web 服务器中一个页面的 URL 为

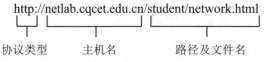

其中，http 指明协议类型；netlab.cqcet.edu.cn 指明要访问的服务器的主机名，主机名可以是该主机的 IP 地址，也可以是该主机的域名；student/network.html 指明要访问页面的路径及文件名。HTTP 默认的 TCP 端口号为 80，可省略不写。

实际上，URL 是一种较为通用的网络资源定位方法。除了指定 http 访问 Web 服务器，URL 还可以通过指定其他协议来访问其他类型的服务器。例如，可以通过指定 ftp 访问 FTP 服务器、通过指定 gopher 访问 Gopher 服务器等。表 6-3 所示为 URL 可以指定的主要协议类型。

表6-3 URL可以指定的主要协议类型

协议类型	描述
http	通过HTTP访问Web服务器
ftp	通过FTP访问FTP服务器
gopher	通过Gopher协议访问Gopher服务器
telnet	通过Telnet协议进行远程登录
file	在所连的计算机上获取文件

6.6.4 超文本标记语言

HTML是ISO标准8879——标准通用标记语言（Standard General Markup Language，SGML）在Web上的应用。标记语言就是格式化的语言，它使用一些约定的标记对Web上的各种信息（包括文字、声音、图形、图像、视频等）、格式及超链接进行描述。当用户浏览Web信息时，浏览器会自动解释这些标记的含义，并将其显示为用户在屏幕上所看到的网页。

6.7 域名系统

IP地址是Internet上的连接标识，数字型的IP地址对计算机网络来讲自然是最有效的，但是对使用网络的用户来讲具有不便记忆的缺点。与IP地址相比，人们更喜欢使用具有一定含义的字符串来标识Internet上的主机。因此，在Internet中，用户可以使用各种方式命名自己的主机。但是在Internet上这样做很可能出现重名，如提供Web服务的主机都命名为WWW，提供E-mail服务的主机都命名为EMAIL等，不能唯一地标识Internet上主机的位置。为了避免重复，因特网协会采取了在主机名后加上后缀名的方法，这个后缀名被称为域名，用来标识主机的区域位置，域名是通过申请合法得到的。

DNS的作用就是帮助人们在Internet上用名称来唯一标识自己的主机，并保证主机名和IP地址之间是一一对应的关系。DNS的本质是提出一种分层次、基于域的命名方案，并且通过一个分布式的数据库系统及查询机制来实现域名服务。

6.7.1 域名的层次命名机构

在Internet上，采用了层次树状结构的命名方法，称为域树结构。图6-29所示为关于域名空间分级结构的示意图，整个形状如一棵倒立的树。每一层构成一个子域，子域名之间用圆点"."隔开，自上而下分别为根域、顶级域、二级域……子域及最后一级的主机名。

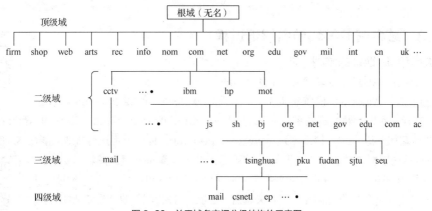

图6-29 关于域名空间分级结构的示意图

在Internet中，由中央管理机构（又称顶级域）将顶级域名划分成若干部分，包括一些国家代码；又因为Internet的形成有其历史的特殊性，Internet的主干网都在美国，因此在顶级域名中还包括各种机构的域名与其他国家的国家代码，它们都为顶级域名。常见的顶级域名如表6-4所示。

表6-4　常见的顶级域名

顶级域名	含义	顶级域名	含义
com	商业组织	edu	教育机构
gov	政府机构	mil	军事机构
net	网络服务机构	int	国际组织
org	非营利机构	cn	中国

220

 小贴士　上述这种按等级管理命名的方法便于维护域名的唯一性，也容易设计出高效的域名查询机制。域名只是一个逻辑概念，并不代表计算机所在的物理位置。

6.7.2　域名的表示方法

Internet的域名结构是由TCP/IP栈的DNS定义的。域名结构和IP地址结构基本类似，也采用了典型的层次化结构，级别最低的域名写在最左边，级别最高的顶级域名写在最右边，其通用格式如图6-30所示。

四级域名	.	三级域名	.	二级域名	.	顶级域名

图6-30　域名的通用格式

例如，在www.cqcet.edu.cn域名中，www为主机名，由服务器管理员命名；cqcet.edu.cn为域名，由服务器管理员合法申请后使用。其中，cqcet表示重庆电子工程职业学院，edu表示教育机构，cn表示中国。www.cqcet.edu.cn表示中国教育机构重庆电子工程职业学院的www主机。

课堂同步

DNS的组成不包括（　　　）。

A. 域名空间
B. 分布式数据库
C. 域名服务器
D. 从内部IP地址到外部IP地址的翻译程序

6.7.3　域名服务器和域名解析过程

微课
微课6.4

1. 域名和IP地址的映射方法

实现域名和IP地址的相互转换有以下两种方法。

（1）通过改写Windows操作系统目录C:\Windows\System32\drivers\etc下的hosts文件实现。例如，要实现域名www.cqcet.edu.cn和IP地址222.11.0.89的相互转换，只需在hosts文件中增加一行"222.11.0.89　www.cqcet.edu.cn"即可。但这种方法只能在本地有效，其他主机无法使用这对映射关系；当主机很多时，不仅工作量大，查询速度还慢。

（2）在网络通信中，采用DNS服务器来实现网络中每台主机的域名和IP地址的映射关系。DNS服务器的主要功能是回答有关域名、地址、域名到IP地址或IP地址到域名的映射询问，以及维护关于询问类型、分类或域名的所有资源记录列表。

动画
动画26

2. 域名的解析方式

域名解析方式分为正向解析和反向解析。

（1）正向解析是将域名解析成 IP 地址，如将 www.sina.com.cn 解析成 113.207.45.9。

（2）反向解析是将 IP 地址解析成域名，如将 113.207.45.9 解析成 www.sina.com.cn。

3. DNS 的查询方式

动画 27

DNS 的查询方式分为递归查询与迭代查询两种。

（1）递归查询：客户机发送出查询请求后，DNS 服务器必须告诉客户机正确的数据（IP 地址）或通知客户机找不到其所需数据。如果 DNS 服务器内没有所需要的数据，则 DNS 服务器会代替客户机向其他的 DNS 服务器查询。客户机只需接触一次 DNS 服务器，即可得到所需数据。

（2）迭代查询：客户机发送出查询请求后，若该 DNS 服务器中不包含所需数据，则它会告诉客户机其他 DNS 服务器的 IP 地址，让客户机自动转向另一台 DNS 服务器进行查询，以此类推，直到查询到数据，否则由最后一台 DNS 服务器通知客户机查询失败。

6.7.4 域名、端口号、IP 地址、MAC 地址之间的关系

域名是应用层使用的主机名称；端口号是传输层的进程通信中用于标识进程的号码；IP 地址是网络层使用的逻辑地址；MAC 地址是在传输以太网帧的过程中使用的物理地址。如果一台主机通过浏览器访问另一台主机的 Web 服务，则需要使用域名、端口号、IP 地址、MAC 地址来唯一地标识主机、寻址、路由、传输，实现网络环境中的分布式进程通信，完成 Internet 的访问过程。图 6-31 所示为域名、端口号、IP 地址、MAC 地址关系示意图。

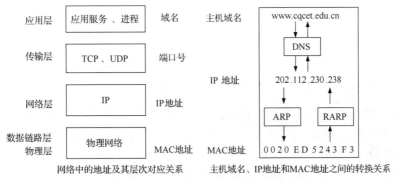

图 6-31 域名、端口号、IP 地址、MAC 地址关系示意图

动手实践

构建网络应用基础平台

在图6-32所示的网络拓扑图中，交换机上连接了一台服务器，用于提供 DHCP、Web和DNS服务，使PC1和PC2能够动态获取IP地址，使用域名 www.ryjiaoyu.com访问Web服务。

动手实践 27

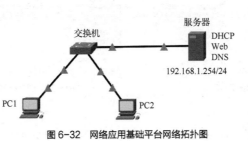

图 6-32 网络应用基础平台网络拓扑图

1. 拓扑图构建和配置服务器 IP 地址

（1）使用Packet Tracer，构建图6-32所示的网络拓扑图。

（2）单击服务器，选择"Desktop"（桌面）选项卡，选择"IP Configuration"（IP配置）选项，将"IPv4 Address"（IPv4 地址）设置为192.168.1.254，子网掩码设置为255.255.255.0，如图6-33所示。

（3）服务器和PC都在同一个网络，交换机用于扩展端口，无须任何配置。

2. 配置 DHCP 服务

（1）选择"Services"（服务）选项卡，选择左侧的"DHCP"选项。

（2）在弹出的界面中，选中"On"单选按钮，在"Pool Name"文本框中输入"DHCP"，在"Default Gateway"文本框中输入"192.168.1.254"，在"DNS Server"文本框中输入"192.168.1.254"，在"Start IP Address"文本框中输入"192.168.1.1"，在"Subnet Mask"文本框中输入"255.255.255.0"，在"Maximum Number of Users"文本框中输入"100"，单击"Add"按钮，如图6-34所示。

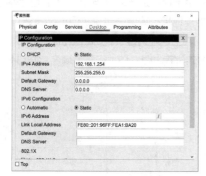

图6-33　服务器 IP 地址配置界面

图6-34　DHCP 服务配置界面

（3）打开PC配置界面，将PC中获取IP地址的方式改为DHCP，以便PC从DHCP服务器中动态获取IP地址，如图6-35所示。

3. 配置 DNS 服务

（1）单击服务器，在"Desktop"（桌面）文本框中输入"Services"（服务），选择左侧的"DNS"选项。

（2）在弹出的界面中，选中"On"单选按钮，在"Name"文本框中输入"www.ryjiaoyu.com"，在"Address"文本框中输入"192.168.1.254"，单击"Add"按钮，如图6-36所示。

图6-35　配置 DHCP

图6-36　DNS 服务配置界面

4. 配置 Web 服务

默认情况下，服务器的HTTP服务已打开，无须其他配置，如图6-37所示。

5. 验证配置结果

（1）测试HTTP服务，结果如图6-38所示。

图 6-37　HTTP 服务配置界面

图 6-38　测试 HTTP 服务

（2）测试DNS服务，结果如图6-39所示。

图 6-39　测试 DNS 服务

课后检测

一、填空题

1. DNS 实际上是一款服务软件，运行在指定的服务器上，完成＿＿＿＿＿＿的映射。

2. 在 Internet 中，主机之间直接利用＿＿＿＿＿＿进行寻址，因而需要将用户提供的域名转换成 IP 地址，这个过程称为＿＿＿＿＿＿。

3. DHCP 通常提供可用 IP 地址是＿＿＿＿＿＿租用。

4. Web 服务器上的信息通常以＿＿＿＿＿＿方式进行组织。

5. Web 服务以 HTML 和＿＿＿＿＿＿两种技术为基础，为用户提供界面一致的信息浏览系统，实现各种信息的链接。

二、选择题

1. 为了实现域名解析，客户机（　　　）。

　A. 必须知道根域名服务器的 IP 地址

　B. 必须知道本地域名服务器的 IP 地址

　C. 必须知道本地域名服务器的 IP 地址和根域名服务器的 IP 地址

　D. 知道互联网中任意一台域名服务器的 IP 地址即可

2. 在 Internet 域名体系中，域还可以划分子域，各级域名用圆点分开，按照（　　　）。

   A. 从左到右越来越小的方式分 4 层排列

   B. 从左到右越来越小的方式分多层排列

   C. 从右到左越来越小的方式分 4 层排列

   D. 从右到左越来越小的方式分多层排列

3. 下列关于 DNS 的叙述错误的是（　　　）。

   A. 子节点能识别父节点的 IP 地址

   B. DNS 采用客户机/服务器的工作模式

   C. 域名的命名原则是采用层次结构的命名树

   D. 域名不能反映计算机的物理地址

4. 下列 Internet 域名格式错误的是（　　　）。

   A. www.sohu.net   B. 163.edu

   C. www-nankai-edu-cn   D. www.sise.com

5. 下列选项中表示超文本传送协议的是（　　　）。

   A. RIP   B. HTML   C. HTTP   D. ARP

6. 在 Internet 上浏览网页时，浏览器和 Web 服务器之间传输网页使用的协议是（　　　）。

   A. SMTP   B. HTTP   C. FTP   D. Telnet

7. 下列（　　　）的 URL 的表达方式是错误的。

   A. http://www.site.com.cn

   B. ftp://172.16.3.250

   C. rtsp://172.16.102.101/hero/01.rm

   D. http:www.sina.com.cn

8. 关于 DHCP 的工作过程，下列说法错误的是（　　　）。

   A. 新入网的计算机一般可以从 DHCP 服务器取得 IP 地址，获得租约

   B. 若新入网的计算机找不到 DHCP 服务器，则该计算机无法取得 IP 地址

   C. 当在租期内计算机重新启动，且没有改变与网络的连接时，允许该计算机维持原租约

   D. 当租约执行到 50%时，允许该计算机申请续约

三、判断题

1. DHCP 工作过程的 4 个阶段发送的都是广播报文。   （　　　）

2. Web 服务器使用的默认端口号为 80。   （　　　）

3. 网络服务器的 IP 地址可以使用 DHCP 进行动态管理。   （　　　）

4. Web、DHCP 和 DNS 采用相同的网络服务模式。   （　　　）

四、简答题

1. 简述 DHCP 的工作原理。

2. 简述 MAC 地址、IP 地址、端口号和域名之间的区别与联系。

五、重要词汇（英译汉）

1. Dynamic Host Configuration Protocol   （　　　　　　　　　　　）

2. Hypertext Transfer Protocol   （　　　　　　　　　　　）

3. Uniform Resource Locator   （　　　　　　　　　　　）

4. Domain Name System   （　　　　　　　　　　　）

主题4　网络资源共享服务

学习目标

通过本主题的学习达到以下目标。

知识目标

- ⊙　了解电子邮件服务的组件及工作原理。
- ⊙　掌握 FTP 服务的应用及工作原理。
- ⊙　了解 Telnet 服务的作用及工作原理。

技能目标

- ⊙　能够搭建 FTP 服务器。

素质目标

- ⊙　通过介绍 FTP 的概念和作用，倡导资源共享理念以实现网络资源效用最大化，引导学生树立共享发展理念。

课前评估

1. FTP 对大家而言并不陌生，FTP 采用＿＿＿＿＿＿＿＿＿工作模式，它既是应用层上基于＿＿＿＿＿＿＿协议的一种应用，又是应用层上的一种＿＿＿＿＿＿＿。使用 FTP 传输数据时，需要建立＿＿＿＿＿＿＿次 TCP 握手。

2. @符号简洁、生动、直观，正好是"at"（在……）的缩写，不论是书写、朗读还是主机解析，它都显得完美无瑕。请尽可能列举信息通信中关于@符号的应用。

6.8　电子邮件服务

电子邮件（Electronic mail, E-mail）是 Internet 上最受欢迎、使用最广泛的应用之一。电子邮件服务是一种通过计算机网络与其他用户进行联系的快速、简便、高效、廉价的通信手段。

6.8.1　电子邮件系统

电子邮件系统采用 C/S 工作模式。电子邮件服务器（简称为邮件服务器）是电子邮件系统的核心，一方面负责接收用户发来的邮件，并根据目的地址，将其传送到对方的邮件服务器中；另一方面负责接收从其他邮件服务器发来的邮件，并根据不同的收件人将邮件分发到各自的电子邮箱（简称为邮箱）中。

邮箱是在邮件服务器中为每个合法用户开辟的一个存储用户邮件的空间，类似人工邮递系统中的信箱。邮箱是私人的，拥有账号和密码，只有合法用户才能阅读邮箱中的邮件。

在电子邮件系统中，用户发送和接收邮件需要借助装载在客户机中的电子邮件应用程序来完成。电子邮件应用程序一方面负责将用户要发送的邮件送到邮件服务器，另一方面负责检查用户邮箱并读取邮件。

动画

动画 28

6.8.2　电子邮件的传送过程

在互联网中，邮件服务器之间使用 SMTP 相互传送电子邮件。而电子邮件应用程序使用 SMTP 向邮件服务器发送邮件，邮件服务器之间也会使用 SMTP 相互通信，以便邮件从一个域转发到另一个域。也就是说，发送电子邮件时，电子邮件客户端并不会直接与另外一个电子邮件客户端通信，而是双方客户端均依靠邮件服务器来传输邮件。客户端使用 POPv3 或因特网邮件访问协议（Internet Mail Access Protocol，IMAP）从邮件服务器的邮箱中读取邮件，如图6-40所示。

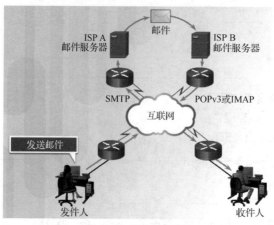

图6-40　电子邮件系统

从邮件在 TCP/IP 互联网中的传送和处理过程可以看出，利用 TCP 连接，用户发送的电子邮件可以直接由源邮件服务器传递到目的邮件服务器，因此，互联网的电子邮件系统具有很高的可靠性和传递效率。

6.8.3　电子邮件地址

传统的邮政系统要求发信人在信封上写清楚收件人的姓名和地址，这样邮递员才能投递信件。互联网上的电子邮件系统也要求用户有一个电子邮件地址。互联网上电子邮件地址的一般形式如下。

<用户名>@主机域名

其中，用户名指用户在某个邮件服务器上注册的用户标识，通常由用户自行选定，但在同一个邮件服务器上必须是唯一的；@为分隔符，一般将其读为英文的 at；主机域名是指邮箱所在的邮件服务器的域名。例如，wang@sina.com 表示在新浪邮件服务器上的用户名为 wang 的用户邮箱。

6.9　文件传送服务

文件传送（FTP）服务是指将文件通过网络从一台主机传输到另一台主机上，并且保证其传输的可靠性。人们也把 FTP 服务看作用户执行 FTP 所使用的应用程序。因为 Internet 采用了 TCP/IP 栈作为其基本协议，所以与 Internet 连接的两台主机，无论地理位置相距多远，只要都支持 FTP，它们之间就可以随时随地相互传送文件。更为重要的是，Internet 上许多公司、大学的主机上都存储着数量众多的公开发行的各种程序与文件，这是 Internet 上巨大和宝贵的信息资源。利用 FTP 服务，用户就可以方便地访问这些信息资源。

6.9.1　FTP

FTP 是用于在基于 TCP/IP 栈的网络上的两台主机间进行文件传输的协议，它位于 TCP/IP 栈的应用层，也是最早用于 Internet 的协议之一。FTP 允许在两个异构体系之间进行 ASCII 或 EBCDIC（扩充的二-十进制交换码）字符集的传输，这里的异构体系是指采用不同操作系统的两台主机。

6.9.2　FTP 服务的工作过程

与大多数 Internet 服务一样，FTP 服务也使用 C/S 模式，即由一台主机作为 FTP 服务器提供文件传输服务，而由另一台主机作为 FTP 客户机提出文件服务请求并得到授权的服务。FTP 服务器与 FTP 客户机之间使用 TCP 作为实现数据通信与交换的协议。然而，与其他 C/S

模式不同的是，FTP 客户机与 FTP 服务器之间建立的是双重连接：一个是控制连接（Control Connection），另一个是数据传送连接（Data Transfer Connection）。控制连接主要用于传输 FTP 控制命令，告诉服务器将传送哪个文件。数据传送连接主要用于数据传送，完成文件内容的传输。图 6-41 所示为 FTP 服务的工作模式。

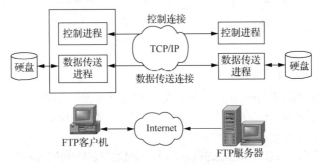

图 6-41 FTP 服务的工作模式

课堂同步

    FTP 客户机发起对 FTP 服务器连接的第一阶段是建立（   ），使用的端口号是（   ）。匿名 FTP 访问通常使用（   ）作为用户名。

6.10 远程登录服务

在分布式计算环境中，常常需要调用远程主机上的资源同本地主机进行协同工作，这样就可以用多台主机来共同完成一个规模较大的任务。这种协同操作的工作方式要求用户能够登录远程计算机去启动某个进程，并使进程之间能够相互通信。为了达到这个目的，人们开发了远程登录协议，即 Telnet 协议。Telnet 协议是 TCP/IP 栈的一部分，它精确地定义了客户机远程登录服务器的交互过程。

6.10.1 Telnet 的工作模式

Telnet 采用了 C/S 工作模式。当人们用 Telnet 登录远程计算机系统时，相当于启动了两个网络进程。一个是在本地终端上运行的 Telnet 客户机程序，它负责发出 Telnet 连接的建立与拆除请求，并完成作为一个仿真终端的输入输出功能，如从键盘上接收输入的字符串，将输入的字符串变成标准格式并传送给远程服务器，同时接收从远程服务器发来的信息并将信息显示在屏幕上等。另一个是在远程主机上运行的 Telnet 服务器程序，该程序以后台的方式守候在远程计算机上，一旦接收到 Telnet 客户机的连接请求，就马上完成连接建立的相关工作；建立连接之后，该进程等候 Telnet 客户机的输入命令，并把执行 Telnet 客户机命令的结果送回给 Telnet 客户机。

在远程登录过程中，用户的实际终端采用用户终端的格式与本地 Telnet 客户机程序进行通信，远程主机采用远程系统的格式与远程 Telnet 服务器程序通信。通过 TCP 连接，Telnet 客户机程序与 Telnet 服务器程序之间采用了网络虚拟终端（Network Virtual Terminal，NVT）标准来进行通信。NVT 将不同的用户终端格式统一起来，使得各个不同的用户终端格式只与标准的 NVT 格式交互，而与各种不同的本地终端格式无关。Telnet 客户机程序与 Telnet 服务器程序一起完成用户终端格式、远程主机系统格式与标准 NVT 格式的转换，如图 6-42 所示。

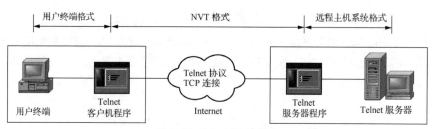

图 6-42 Telnet 的工作模式

6.10.2　Telnet 的使用

为了防止非授权用户或恶意用户访问或破坏远程计算机上的资源，在建立 Telnet 连接时会要求提供合法的登录账号，只有通过身份验证的登录请求才可能被远程计算机所接受。

因此，用户进行远程登录时应具备两个条件。

① 用户在远程计算机上应该具有自己的用户账户，包括用户名与用户密码。

② 远程计算机提供公开的用户账户，供没有账户的用户使用。

用户在使用 Telnet 命令进行远程登录时，首先应在 Telnet 命令中给出对方计算机的主机名或 IP 地址，然后根据对方系统的询问，正确输入自己的用户名与用户密码，有时还要根据对方的要求回答自己所使用的仿真终端的类型。

Internet 有很多信息服务机构提供开放式的远程登录服务，登录到这样的计算机时，不需要事先设置用户账户，使用公开的用户名就可以进入系统。这样，用户就可以使用 Telnet 命令，使自己的计算机暂时成为远程计算机的一个仿真终端。一旦用户成功地实现了远程登录，用户就可以像远程主机的本地终端一样工作，并可使用远程主机对外开放的全部资源，如硬件、程序、操作系统、应用软件等。

用户可以使用 Telnet 远程检索大型数据库、公共图书馆的信息资源库或其他信息。Telnet 也适用于公共服务或商业服务。

动手实践

文件服务的配置与应用

动手实践 28

本节采用与本模块主题3完全相同的网络拓扑结构，如图6-43所示。在服务器上配置FTP服务，在PC端实现文件的上传与下载。

本实验的PC中已有一个默认的文件sampleFile.txt，如图6-44所示。

也可以根据需要自行创建文本文件，在PC的"Desktop"选项卡中单击"Text Editor"按钮，在弹出的界面中输入"这是一个测试文件！"，然后在"File"下拉列表中选择"Save"选项，如图6-45所示。输入文件名称"Test"，单击"OK"按钮即可。

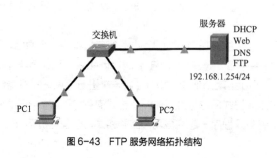

图 6-43　FTP 服务网络拓扑结构

图 6-44　PC 中的默认文件

1. 配置 FTP 服务

（1）选中服务器，选择"Desktop"（桌面）选项卡，选择"Services"（服务）选项，单击左侧的"FTP"超链接。

（2）在弹出的界面中，FTP服务默认为"On"，在"Username"文本框中输入"cqcet"，在"Password"文本框中输入"cqcet"，勾选"Write""Read""Delete""Rename""List"复选框，单击"Add"按钮，如图6-46所示。

图6-45　在 PC 中创建文件

图6-46　FTP 服务配置界面

2. FTP 服务配置结果验证

（1）在PC的命令提示符窗口中输入"dir"命令，查看PC的本地文件列表，如图6-47所示。此时可以看到PC的本地文件有两个：Test.txt和sampleFile.txt。

（2）在PC上测试搭建的FTP服务器。输入创建的FTP账号，登录成功，如图6-48所示。

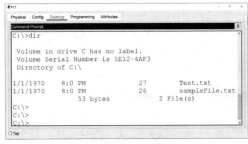

图6-47　查看 PC 的本地文件列表

图6-48　登录 FTP 服务器

（3）查看FTP服务器的文件列表。使用dir命令查看FTP服务器的文件列表，此时没有Test.txt和sampleFile.txt，如图6-49所示。

图6-49　查看 FTP 服务器的文件列表

（4）上传文件到FTP服务器。使用put sampleFile.txt命令将PC端的sampleFile.txt文件上传到FTP服务器，如图6-50所示。

图 6-50 上传文件到 FTP 服务器

在FTP服务器中，查看到已上传的sampleFile.txt文件，如图6-51所示。

（5）从FTP服务器上下载文件。在FTP服务器中使用get命令，将文件asa842-k8.bin下载到PC端，此过程要持续一段时间，结果如图6-52所示。

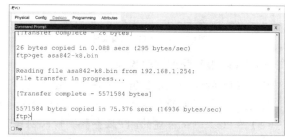

图 6-51 文件已上传到 FTP 服务器   图 6-52 从 FTP 服务器上下载文件

在PC端使用dir命令查看文件列表，此时可以看到已下载的asa842-k8.bin文件，如图6-53所示。

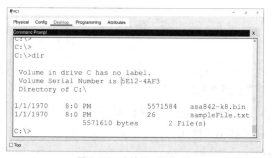

图 6-53 文件已下载到 PC

请读者在FTP服务器上使用rename和delete命令自行验证FTP的服务权限。

课后检测

一、填空题

1. SMTP 服务器通常在_____的_____端口守候，而 POPv3 服务器通常在_____的_____端口守候。

2. 在互联网中，电子邮件应用程序向邮件服务器发送邮件时使用＿＿＿＿＿＿协议，电子邮件应用程序查看邮件服务器中自己的邮箱时使用＿＿＿＿＿＿或＿＿＿＿＿＿协议，邮件服务器之间相互传递邮件时使用＿＿＿＿＿＿协议。

二、选择题

1. 电子邮件系统的核心是（　　）。

　A. 邮箱　　　　　　　B. 邮件服务器　　　　　C. 邮件地址　　　　　D. 邮件客户机软件

2. 电子邮件地址 zhang@163.com 中没有包含的信息是（　　）。

　A. 发送邮件服务器　　　　　　　　　　B. 接收邮件服务器

　C. 邮件客户机　　　　　　　　　　　　D. 邮箱所有者

3. 下列电子邮件地址格式不合法的是（　　）。

　A. zhang@sise.com.cn　　　　　　　　B. ming@163.com

　C. jun%sh.online.sh　　　　　　　　　D. zh_mjun@eyou.com

4. 关于 FTP 的工作过程，下面（　　）说法是错误的。

　A. 在传输数据前，FTP 服务器用 TCP 21 端口与客户机建立连接

　B. 建立连接后，FTP 服务器用 TCP 20 端口传输数据

　C. 数据传输结束后，FTP 服务器同时释放 21 和 20 端口

　D. FTP 客户机的端口是动态分配的

三、判断题

1. Telnet 协议和 FTP 在进行连接时不需要用到用户名和密码。　　　　　　　　（　　　）

2. Telnet、FTP、SMTP 等协议依赖于 TCP。　　　　　　　　　　　　　　　（　　　）

四、简答题

简述 FTP 的工作原理。

五、重要词汇（英译汉）

1. Electronic mail　　　　　　　　　　　（　　　　　　　　　　　　　　）

2. Simple Mail Transfer Protocol　　　　（　　　　　　　　　　　　　　）

3. Post Office Protocol version 3　　　　（　　　　　　　　　　　　　　）

4. File Transfer Protocol　　　　　　　　（　　　　　　　　　　　　　　）

5. Telnet　　　　　　　　　　　　　　　（　　　　　　　　　　　　　　）

拓展提高

计算机之间是如何通过互联网传输信息的

　　学习一门课程如同爬一座高山，是一个非常艰辛的过程。本书以"TCP/IP 模型"这座高山为目标，沿着"从下向上"的路径一直朝前，跨越物理层、数据链路层、网络层、传输层，到达 TCP/IP 模型的最高层——应用层，结束爬山之旅。"会当凌绝顶，一览众山小"，在山顶上，每个人看到风景后的感受是不一样的。学习与此类似，在学完知识后既要朝前看，又要朝后看。

　　现在以 TCP/IP 模型为线索，总结计算机网络的层次划分，如图 6-54 所示。

（1）主机、端系统、通信子网和网络中节点间的物理连接处，应划分为一个层次，用于实现物理连接，位置在网络中的各个节点上，实现（点对点）比特流的透明传输。

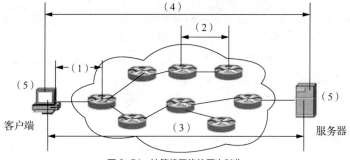

图 6-54　计算机网络的层次划分

（2）网络中相邻节点（点到多点）之间实现可靠的数据传输，应划分为一个层次，位置在相邻节点上。

（3）源主机和目的主机节点之间（主机到主机）实现跨网络（异构网络）的数据传输，应划分为一个层次，位置在传输路径上的各个节点上。

（4）源主机和目的主机上实现不同应用进程（端到端）的可靠传输，应划分为一个层次，位置在端节点上。

（5）网络应用进程（分布式进程）之间分布式通信的可靠传输，应划分为一个层次，位置在端节点上。

因此，要掌握如图 6-54 所示的互联网的工作过程，需要具备以上 5 个层次的知识，本书也根据上述 5 个层次的知识体系来组织内容，最终实现把主机中运行的网络应用程序所产生的数据，通过互联网安全、可靠地传送到远端主机（服务器）对应的网络程序上进行处理。

请读者根据以上提示，系统回顾所学内容，解释图 6-54 中客户端生成的数据是怎样通过网络传输到服务器的 Web 应用程序的。

建议：本部分内容课堂教学为 1 学时（45 分钟）。

电子活页

拓展提高 6